KB124783

우주로 가는 물리학

THIS WAY TO THE UNIVERSE

마이클 다인 지음 이한음 옮김

우주로 가는 물리학

미시세계에서 암흑물질까지,
우주의 실체를 향한 여정

은행나무

고전역학, 양자역학, 전자기학, 상대론, 시간과 공간, 소립자, 그리고 우주.
이런 주제들을 드문드문 알고 있던 독자라면 이 책을 읽어볼 가치가 있다.
여러 이론들의 흥망성쇠 이야기를 속사정까지 정확하게 들을 수 있는 것은
저자가 물리학계에서는 이른바 '인싸' 현장 전문가이기 때문이다.
또한 여태까지 나온 책들 중에서 이 책만큼 여성이나 동양인 등
소수 과학자에 대해 균형 있게 소개한 책은 없다.

— 이순칠 카이스트KAIST 물리학 교수
《퀀텀의 세계》저자

마이클 다인은 현대 물리학이 이룬 놀라운 발견
그리고 우리에게 남아 있는 엄청난 도전과제들을 강조함으로써
이론물리학과 실험물리학 양쪽의 세계를 흥미롭고도 폭넓게 보여준다.
다인은 이론물리학계의 지도자로서 자신이 직접 겪고 참여한 일들을 토대로
지난 수십 년 동안 물리학계에서 일어난 이야기들을 들려준다.

— 에드워드 위튼Edward Witten 프린스턴고등연구소 교수
물리학자이자 수학자로 필즈상 수상자, 초끈이론의 대가

탁월한 물리학자이자 이목을 사로잡는 이야기꾼이 들려주는,
흥미진진하면서 포괄적인 현대 물리학과 우주론에 관한 역사서다.
현대 물리학의 주역인 저자가 최신의 물리학 이론과 실험의 발전 양상을
직접 보여준다. 지적 호기심을 자극하는 걸작이다.

— 프리얌바다 나타라잔Priyamvada Natarajan 예일대학교 천문학 및 물리학 교수
《천체 지도 만들기Mapping the Heavens》저자

이 책은 출간 자체로 희귀 사건이다.
진정한 대가가 현대 기초 물리학의 주요 개념들을 탁월하게 개괄하기 때문이다.
마이클 다인은 물리학의 실험과 관찰의 세부 사항들을 깊이 파헤쳐 이해하고
있는, 탁월한 이론가라는 평판이 자자한 인물이다.
심오한 통찰과 경험적 토대를 조합한 아주 드문 사례로서
이 책은 많은 독자들에게 즐거움을 안겨줄 것이다.

– 숀 캐럴Sean Carroll 이론물리학자, 팟캐스트 〈마인드스케이프Mindscape〉 진행자
《다세계》,《현대물리학, 시간과 우주의 비밀에 답하다》 저자

현대 물리학의 대가 중 한 명이 쓴 이 책은
우주와 우주를 지배하는 법칙에 관해 우리가 아는 것, 우리가 알고 싶은 것,
우리가 모르는 것을 돌아보는 탁월한 여행기다.
이 주제를 다룬 여느 책들과 달리,
저자는 자신이 애지중지하는 이론을 설파하려고 애쓰지 않는다.
명쾌하면서 솔직한 태도로, 현대 물리학이 마주한 모든 중요한 문제,
수수께끼, 잠정적 해답을 펼쳐보인다.

– 레너드 서스킨드 스탠퍼드대학교 이론물리학 교수
《물리의 정석》,《블랙홀 전쟁》 저자

멜라니, 애비바, 제레미, 시프라, 매트, 오런에게

차례

──────────── 첫 번째 걸음 ────────────

──────────── 두 번째 걸음 ────────────

첫 번째 질음

1장

우주 들여다보기

　지금은 특별한 시기인 듯하다. 한편으로 우리는 엄청난 도전 과제들에 직면해 있다. 기후 변화, 세계적 유행병, 핵전쟁 위협이 그렇다. 다른 한편으로, 우리는 하나의 종種으로서 한 세기 전만 해도 그 누구도 상상조차 하지 못한 수준으로 우리 주변 세계와 우주에 대한 지식을 갖추고 있다. 무슨 일이 일어나고 있든 간에, 우리는 자연 세계를 유례없는 수준으로 이해하고 있고, 우리가 일상에서 경험하고 있는 세계는 전체에 비하면 미미한 일부분에 불과하다. 우리 삶은 cm, m, km, 더 나아간다면 아마 수천 km 규모로 펼쳐질 것이다. 그러나 우리는 더 작은 규모, 원자핵의 크기보다 훨씬 더 작은 규모의 자연도 안다. 또 상상도 할수 없을 만치 먼 거리까지 펼쳐진 우주도 안다. 더욱 놀라운 점은 수십억 년 전 우주에서 일어난 사건들도 알며(정말로 안다) 앞으로 수백억 년 뒤에 어떤 일이 일어날지도 거의 확실히 말할 수 있다는 것이다. 정말로 특별한 시기다.

멀리 있는 별과 은하가 어떠어떠하다는 이야기, 수십억 년 전쯤에 빅뱅big bang으로 우주가 생겨났다는 이야기는 누구든 어렴풋하게나마 들어보았을 것이다. 그런데 우주는 정확히 얼마나 크고 또 얼마나 오래되었을까? 우주는 어디에서 생겨났을까? 우주는 결국 어떻게 될까? 이런 질문들의 답을 어떻게 찾아낼 수 있을까?

우리는 원자라는 것이 있음을 알며, 원자보다 더 작은 것들이 있다는 사실도 어찌어찌하여 안다. 그런데 가장 성능 좋은 현미경으로도 볼 수 없을 만치 작은 원자핵을 아는 것이 어떻게 가능할까? 이런 작은 것들이 어떻게 샌드위치 만들기, 신용카드 쓰기, 차를 몰고 출근하기 같은 일뿐만 아니라, 우주 전체의 활동을 통제하는 것일까? 가장 큰 규모에서 가장 작은 규모에 이르기까지, 우리 우주는 이해 불가능한 수수께끼처럼 보이기도 한다. 이때 우리에게 우주의 건축 구조와 그 건축 재료를 그저 추측하는 것 외에 달리 할 수 있는 일이 있을까? 그런 어마어마한 규모에서 일어나는 현상에 관한 질문들에 답하기 위한 실험을 고안하는 것이 가능할까?

이 글을 쓰는 지금 우리는 여전히 코로나 팬데믹을 지나고 있다. 이 시련을 겪으며 우리는 10의 거듭제곱이 지닌 의미에 친숙해졌다. 코로나 대발생 초기에 미국의 감염자 수는 매주 그 바로 앞주의 환자 수에 10을 곱하는 식으로 늘어났다. 이 추세가 이어진다고 할 때 미국의 감염자 수가 얼마나 될지를 예로 들어 살펴보자.

2020년 3월 2일	100
2020년 3월 10일	1,000
2020년 3월 18일	10,000
2020년 3월 25일	100,000
2020년 4월 3일	1,000,000
2020년 4월 7일	10,000,000

　겨우 5주 사이에 환자가 100명에서 1,000만 명으로 늘었다. 이 추세가 그대로 이어졌다면 이후로는 감염자 수의 증가 속도가 느려졌을 것이다. 바이러스에 아직 감염되지 않은 사람을 만나기가 점점 더 어려워졌을 것이기 때문이다. 다행히도 감염자 수의 증가가 시작된 지 2주가 채 지나기 전인 2020년 3월 11일부터 각 주와 지역 공동체는 자택대기명령shelter-in-place restrictions을 실시했다. 바이러스에 노출된 뒤 가시적인 증상이 나타나는 데 걸리는 기간과 비슷한 약 2주 뒤에, 부분적인 격리 조치의 효과가 나타나기 시작했다. 그래서 3월 10일에는 감염자 수가 우리가 예상한 1,000명에 조금 모자라는 994명이었고, 3월 18일에는 10,000명보다 좀 더 적은 9,307명이었다. 그러나 3월 25일에는 사회적 거리두기의 효과가 뚜렷해지면서 감염자 수는 6만 8,905명이 되었다. 4월 3일에는 25만 명, 4월 11일에는 5만 9,000명이었다. 최악의 시나리오와 비교해 200분의 1 수준이었다. 사회 전체에 과감한 조치를 취한 덕분에 수백만 명이 목숨을 구한 셈이다. 더 일찍 조치를 취했다면 더 많은 사람을 구했을 테

고, 더 늦게 조치를 취했다면 더욱 큰 재앙이 펼쳐졌을 것이다. 실제로 더 일찍 조치를 취한 주와 지역일수록 대체로 상황이 더 나았다. 전 세계에서 이와 비슷한 상황이 펼쳐졌다. 몇 달 동안 바이러스는 불어나다가 사람들의 행동 및 치료 전략 개선, 이윽고 백신의 개발로 이어지면서 줄어들었다.

그러나 10의 거듭제곱이 반드시 그런 우울한 이야기만 들려주는 것은 아니다. 이는 자연을 살펴보는 데 요긴한 도구이기도 하다. 우리 인류는 드넓은 우주에서 한 작은 행성을 차지하고 있다. 한편, 훨씬 더 작은 것들로 이루어진 세계도 있다. 분자, 원자, 양성자protons, 중성자neutrons, 전자electrons로 이루어진 세계 말이다. 10의 거듭제곱은 그런 것들을 향한 행복한 탐색에도 유용한 개념이다. 1977년 대학원생이었던 나는 형과 함께 스미소니언박물관에 갔다가 찰스와 레이 임스Charles and Ray Eames(산업 디자인 분야의 활동으로 가장 잘 알려진 부부)가 만든 〈10의 거듭제곱Powers of Ten〉이라는 동영상을 보았다. 이 멋진 영상은 당시 인류가 가장 큰 규모와 가장 작은 규모에서 자연을 어떻게 이해하고 있는지를 요약하고 있다. 영상은 사방 2m쯤 되는 공간에서 아름다운 봄날을 즐기는 부부의 모습에서 시작하여, 규모를 10배씩 늘리면서 공원, 도시, 주, 국가, 지구, 태양계, 은하, 은하단에 이르기까지 나아간다. 그런 뒤 반대로 점점 더 작은 규모로도 나아간다. 인체의 해부구조, 이어서 세포, 원자, 원자핵까지 다 다룬다. 영상은 내가 전공 분야에서 배우고 있던 내용을 꽤 잘 요약하고 있었다. 솔직히 그 영상에는 내가 미처 모르고 있던 내용도 많이 있었다.

그 뒤로 수십 년이 흐르는 동안 많은 일이 있었다. 지금 우리는 그보다 10의 몇 제곱 더 큰 규모와 더 작은 규모에서 자연을 이해하고 있으며, 양쪽 방향으로 10의 거듭제곱이 훨씬 더 멀리 뻗어나갈 것이라는 단서도 갖고 있다. 나는 이런 발전을 많이 목격해왔으며, 때로는 그 과정에 직접 참여하기도 했다. 이 방대한 규모에서 일어나는 자연의 이야기를 들려주고자 하는 것이 바로 이 책의 목표다. 이 이야기는 물리학, 천체물리학, 우주론 분야에서 이루어진 발전을 따라갈 것이다. 또한 생물학, 의학, 컴퓨터과학, 인지과학 등의 분야에서 지난 세기에 이루어진 놀라운 발견들도 일부 언급하고자 한다.

이런 발전은 실험자와 이론가가 이루어낸 헌신적인 노력의 산물이다. 이 둘을 구분하는 것은 때로 혼란스러운 일이지만, 한 가지 명확히 말해둘 것이 있다. 학생 시절 실험물리학자의 길을 진지하게 생각하면서도, 학생답게 이론물리학에도 푹 빠져 있었다. 직장 구하는 문제를 생각하면 후자는 위험한 선택이었다. 나를 지도하던 교수님들은 경쟁이 너무 심한 분야라며 뜯어말렸다. 나는 교수님들 말이 옳다고 믿었다. 게다가 이론물리학을 좋아하긴 했지만 과연 그 분야를 전공할 수 있을지 확신하지 못했다. 대학원생 시절 나는 당시 접근할 수 있는 가장 작은 규모의 현상들을 연구하고 있었다. 원자핵 크기의 약 3분의 1, 즉 10^{-14}cm(100조 분의 1cm) 규모에서 일어나는 일들이었다. 고백하건대 나는 결코 명석한 학생이 아니었지만 교수님들은 나를 믿어주었고 결국 나는 캘리포니아 멘로 파크에 있는 스탠퍼드선형가속기센터Stanford Linear Accelerator Center, SLAC에 박사후 연구원 postdoc(박사학위를 받은 후 정규 교수로 채용되기 전에 거치는 연구 과정-옮긴이)으로 들어갔다. 그곳에서 더욱더 작은 규모의 실험을 해석하는 일에 참여했다. 핵무기 감축에 앞장섰던 시드니 드렐Sidney Drell과 스탠퍼드대학교로 온 지 얼마 되지 않은 활달한 젊은 이론가 레너드 서스킨드Leonard Susskind가 내 지도교수였다. 그렇다고 해도 나는 여전히 내 길에 대해 고민하고 있었다. 내가 연구하고 있던 문제들이 별로 와 닿지가 않았다.

스탠퍼드대학교에서 2년을 보낸 뒤 나는 프린스턴고등연구소Institute for Advanced Study의 비슷한 자리로 옮겼다. 프린스턴고등연구소는 오로지 이론만 연구하는 기관이며, 초기 교수진 덕분에 어느 정도의 명성을 얻었다. 가장 저명한 인물은 알베르트 아인슈타인Albert Einstein이지만, 제2차 세계대전 때 로스앨러모스에서 원자폭탄 개발을 이끈 J. 로버트 오펜하이머J. Robert Oppenheimer, 컴퓨터 분야의 개척자인 요한 폰 노이만John von Neumann, 냉전 초기 미국의 대소련 정책에서 많은 부분을 설계한 외교관 조지 케넌George Kennan 같은 인물들도 있었다. 에드워드 위튼Edward Witten, 네이선 세이버그Nathan Seiberg, 후안 말다세나Juan Maldacena, 니마 아르카니하메드Nima Arkani-Hamed 같은 현재의 교수진은 세계 최고의 이론물리학자들이다. 그곳에서 나는 내 과학적 적성을 찾았고, 당시의 이해 수준을 넘어선 질문들을 탐구하기 시작했다. 이어서 뉴욕시립대학교의 교수로 5년간 활발하게 연구 활동을 한 뒤, 집안 사정으로 서부 해안인 산타크루스에 있는 캘리포니아대학교University of California at Santa Cruz, UCSC로 자리를 옮겨 이곳에서 30년째 지내는 중이다.

이 대학교는 높이 자란 삼나무 숲에 둘러싸여 있고, 멀리 몬터레이만이 보인다. 1965년 설립될 당시에는 1960년대의 급진적인 교육관과 사회 참여 열기가 만연해 있었다. '우리는 버클리가 아니다'가 비공식 표어였다. 교수진과 대학 당국이 연구만 하는 것이 아니라 학생들에게도 정성을 쏟는다는 의미였다. 그 지향점은 지금도 유지되고 있지만, 뜻하지 않은 우연한 이유들 덕분에 UCSC는 활발한 연구 중심지로도 자리를 잡았다. 모든 캘리포니아대학교의 천문학 연구 중심지인 릭 천문대는 본부를 해밀턴산에서 산타크루스 교정으로 옮겼다. 지구과학자들은 주요 단층대가 가까이 있다는 이유로 이곳 교정으로 왔고, 해양생물학자들도 인근 만의 풍부한 생태계에 끌렸다. 생물학자, 화학자, 수학자도 이곳의 아름다운 자연 풍경 속에서 연구할 기회를 얻고자 애썼다. 또 UCSC는 입자물리학의 한 중심지가 되었다. 인근 스탠퍼드선형가속기센터에 혁신적인 새 입자물리학 장치가 도입되면서다.

나는 훨씬 뒤인 1990년에 이곳에 도착했다. 숲속에 위치한 인습 타파적인 기관을 상상하면서 말이다. 이곳은 내가 상상한 그대로이면서 동시에 풍성한 지적·과학적 환경이기도 했다. 산타크루스로 오게 된 바로 그 사적인 이유 때문에, 나는 산타크루스 산맥의 반대편, 즉 '언덕 너머' 실리콘밸리에 속한 새너제이에 집을 구했다. 이곳에 오자마자 운 좋게도 동료들과 카풀을 할 수

있었다. 당시 카풀 집단에는 스탠퍼드선형가속기센터, 페르미국
립가속기연구소(시카고 인근에 있는 페르미랩), 유럽 제네바에 있는
대형 연구소인 유럽입자물리연구소CERN에서 일하는 고에너지
물리학자 4명도 포함되어 있었다. 또 천문학자도 2명 있었다. 실
험물리학자 2명은 당시 텍사스 댈러스 인근에 짓기 시작한 세계
최대의 입자가속기인 초전도초대형입자가속기Superconducting Super
Collider, SSC 사업에서 주도석인 역할을 맡고 있었다. 두 양성자 빔
을 엄청난 에너지를 지닐 때까지 가속시킨 뒤 충돌시켜서 쪼개
져 나온 산물들을 조사하는 데 쓸 장치였다. 박사 연구원 수천
명이 참여하는 그 수십억 달러짜리 사업에서 내 카풀 동료들은
충돌로 튕겨 나오는 입자들을 추적하는 분야의 연구 책임자였
다. 그리고 한 천문학자는 행성을 연구하고 있었다. 당시에는 태
양계 너머에 행성이 존재하는지 그 여부를 추측하는 수준의 문
제를 다루고 있었다. 그러다가 1995년에 태양계 바깥에서 행성
이 최초로 발견되면서 모든 것이 달라졌다. 산타크루스의 천문
학자들은 이 돌파구를 연 기술과 그 토대가 된 행성 이론에 중요
한 기여를 했다. 또 다른 천문학자는 우주론자였는데, 암흑물질
black matter이 어떻게 별과 은하를 생성하는지를 다룬 이론의 창안
자 중 하나였다.

1993년 빌 클린턴 대통령은 초전도초대형입자가속기 건설비
가 늘어나 정부 예산을 둘러싼 정치적 공세에서 점점 불리해진
다고 판단했다. 결국 의회는 어느 가을 그 사업을 폐기했다. 나
는 동료들이 며칠 동안 비통해하면서 지내겠거니 했는데, 다음

날 아침 차 안에서 듣자 하니 그들이 스위스 제네바의 큰 연구소에서 걸려온 전화를 받았다고 했다. 대형강입자가속기Large Hadron Collider, LHC를 건설하려는 계획이 초기 단계에 있는데 참여하지 않겠냐는 제안이라고 했다. 그들은 참여하기로 했고, 그 즉시 ATLAS라는 대형 소립자 검출기를 개발하는 연구에 착수했다. 이 가속기는 작동 준비를 끝내기까지 15년이 걸렸고 그동안 과학, 기술, 예산 문제로 수없이 성공과 좌절을 반복해야 했다. 가장 심각한 위기에 처한 것은 2008년에 자석이 고장 나는 바람에 장치가 심하게 손상되었을 때였다. 이를 복구하는 데 2년이 걸렸다. 2010년에 마침내 가속기가 완공되었고 제대로 작동했다. 그리고 2012년에 대형강입자가속기의 두 실험 연구진은 힉스 입자를 발견했다.

이론가로서 나는 실험의 결과를 이해하고 앞으로 어떤 실험이 가능한지 예측하는 연구도 한다. 실험자 동료들과 긴밀한 관계를 맺은 덕분에 나는 실험으로 검증 가능한 방식을 통해 답을 내놓을 수 있는 질문, 아니 적어도 그런 검증이 가능한 것과 그렇지 않은 것을 구별할 수 있을 만한 질문들에 초점을 맞출 수 있었고, 바로 그런 문제들을 분류하는 연구에 많은 노력을 쏟았다. 힉스 보손Higgs boson의 질량을 무엇으로 설명하면 적절할까? 암흑물질은 무엇으로 이루어져 있으며, 찾을 수 있으리라 기대할 만한 상황은 무엇일까? 끈이론을 실험으로 검증할 수 있을까? 함께 차를 타고 가면서 우리는 자녀, 식당, 스포츠, 정치(현실 정치와 학계 정치) 이야기도 종종 했지만, 주로 과학 이야기를 나누었다. 카풀 동료들이 내게 강렬한 복사 분출을 견딜 수 있는 전자 장치 제작 문제를 이해시키려고 애쓴 것만큼이나 그들에게 나는 최신의 이론적 개념과 그 전망 그리고 한계를 설명하느라 진을 빼곤 했다.

UCSC의 학생들도 과학계에서 흥분을 일으키는 문제에 내가 계속 집중할 수 있도록 동기를 부여했다. 나는 '현대 물리학'이라는 과목을 종종 가르친다. 아인슈타인과 상대성이론에서 시작하여 양자역학의 발전을 거쳐서, 20세기와 21세기 초에 이루어진 놀라운 발전들을 다룬다. 이 책에서도 이런 개념들을 더욱 폭넓게 살펴볼 텐데, 나는 현재 우리 인류가 이해한 것들에 얼마나 흥분하고 있는지, 우리가 현재 직면한 수수께끼가 얼마나 대단한 것들인지 제대로 전달할 수 있었으면 하는 마음이다.

힉스 입자, 암흑물질과 암흑에너지의 발견, 빅뱅에 관한 상세한 연구는 인류가 지금까지 알아낸 그 어떤 것보다도 더 우주에서 우리가 어떤 위치에 있는지를 이해하는 데 도움이 된다. 한편, 우리는 온갖 질문들을 쏟아내고 있기도 하다. 이런 질문 중에는 답으로 나아가는 명확한 경로가 보이는 것도 있고, 덜 그런 것도 있다. 나는 과학이 이해하고 있는 것 그리고 가장 절박하게 질문하고 있는 것 모두가 우리 삶의 일상적인 사건들과 아주 멀리 떨어져 있다고 보지 않는다. 나는 앞으로 10년 이내에 실험이나 새 이론을 통해 해결될 가능성이 높은 질문들은 무엇이고, 그럴 가능성이 낮은 질문들은 또 무엇인지를 보여주고자 한다.

이 책에서 우리는 〈10의 거듭제곱〉 영상 제작자들은 상상도 하지 못한 수준의 규모를 살펴볼 것이다. 거시적 그리고 미시적 규모 양쪽을 다 살펴볼 뿐 아니라, 시간의 규모도 다룰 것이다. 우리의 시계는 빅뱅을 t=0으로 잡는다. 이 시계는 지금이 약 130억 년, 즉 13×10^9년이 흐른 뒤라고 말한다. 우리는 먼저 현재로부터 시간을 거슬러 올라가서 별과 은하가 형성되기 시작한 때(빅뱅으로부터 10억 년이 흐른 뒤)까지 갔다가, 더 올라가서 우리가 온전히 이해하고 있는 가장 오래된 시점인 빅뱅으로부터 3분 뒤까지 나아갈 것이다. 뜨거운 우주 수프에서 수소와 헬륨이 생긴 시점이다. 또 거기에서부터 훨씬 더 이전까지 거슬러 올라갈 것이다. 단편적인 증거만 존재하는 시점, 즉 빅뱅으로부터 약 10억 분의 1초, 물질 자체가 생겨났으리라고 보는 시점까지다. 그런 뒤 더 나아가 빅뱅의 커튼 뒤쪽을 엿보면서 빅뱅 이전에는 무엇이 있었는지 질문하고, 다중우주multiverse 같은 논쟁적인 개념들도 다룰 것이다. 다중우주 개념은 자연의 가장 큰 수수께끼 중 하나(아마 하나는 아니겠지만)에 압도적인 설명을 제공한다. 이 기이한 가능성을 판단할 관측 증거를 찾을 수 있지 않을까 하는 상상도 해볼 수 있다.

실험과 이론

아마 물리학은 다른 대다수의 과학 분야들보다 더 쪼개져 있을 것이다. 그래서 어려워 보일지 모르겠지만, 그 덕분에 과학은 아주 기이한 많은 것들을 원칙적이고 질서정연하게 탐구할 수 있다. 물리학자들은 두 집단으로 나뉜다. 실험을 설계하고, 구성하고, 진행하며, 도출된 데이터를 분석하는 일에 많은 시간을 투입하는 집단, 그리고 이론을 창안하고, 실험을 제안하며, 어떤 결과가 나올지 예측하고, 실험 결과를 이론과 비교하는 집단이다. 이론 중에는 기존의 실험 결과를 설명하기 위해 고안된 것도 있고, 자연과 그 법칙에 관한 거의 이해되어 있지 않은 수수께끼 같은 특징을 설명하기 위해 만들어진 것도 있다. 그러나 이 구분이 반드시 다 들어맞는 것은 아니다. 현대 물리학 분야를 형성하는 데·많은 기여를 한 뉴턴은 실험자이자 동시에 이론가였다. 예를 들어, 그는 빛의 특성을 알아내기 위해 중요한 측정을 했다(악명 높을 정도로 잘못된 결론에 이르긴 했지만 말이다). 그는 현대 이론가와 실험자에게 가장 중요한 도구 중 하나인 미적분을 창안했고, 거의 200년 동안 생채기 하나 나지 않은 채 살아남은 중력 이론뿐 아니라 운동의 기본 법칙도 내놓았다. 그러다가 19세기 말에 이르러 이론은 나름의 전문 분야, 몇 안 되는 사람들이 추구하는 것이 되었다. 이는 어느 정도 실험이 기술적으로 섬섬 정교해지고, 수학적 이론 분석을 요구하는 사례들이 늘어나고 있다는 사실을 반영한 결과이기도 했다. 당시까지만 해도 아직 양쪽이 완벽하게 분리된 것은 아니었다. 1860년대에 전기와 자기의 법칙을 최종 형태로 정립한 스코틀랜드 물리학자 제임스 클러크 맥스웰James Clerk Maxwell도 색깔의 특성을 조사하는 실험을 했고, 만년에는 케임브리지대학교에 캐번디시연구소를 설립했다. 주목할 만한 초기의 순수 이론가로는 네덜란드 물리학자 헨드릭 로런츠Hendrik Lorentz가 있다. 그는 여러 업적을 이루었지만, 그중에서도 아인슈타인의 상대성이론의 선행 사례에 해당하는 이론을 내놓았고, 초기의 전기 이론도 개발했다.

물론 현대 이론가의 모범 사례는 알베르트 아인슈타인이다. 아인슈타인은 1905년 놀라운 세 논문을 내놓으면서 혜성처럼 등장했다. 그중 특수상대성이론과 광전 효과, 이 두 가지가 가장 유명하다. 후자는 그에게 노벨상을 안겨주었다. 그러나 대부분의 물리학 학생들이 그가 브라운 운동을 연구했다는 사실은 잘 모른다. 이 연구는 원자의 실상을 정립하는 데 많은 기여를 했고, 물 1cm³ 안에 원자가 몇 개 있는지를 합리적으로, 꽤 정확히 추정했으며(아보가드로 수), 물리학뿐 아니라 화학과 생물학에도 지대한 영향을 미쳤다. 이 연구들은 모두 어느 정도는 순수한 사고와 기존 실험 자료 분석을 조합한 산물이었다. 그리고 스스로를 이론물리학자라고 부르는 모든 이들이 모방하려고 시도하는 모범 사례이기도 하다. 한편 아인슈타인은 실험물리학과 이론물리학 양쪽을 다루고 싶다는 열망을 피력하기도 했다. 그는 뉴턴에 관해 이렇게 썼다. "그에게 자연은 펼쳐진 책이었다. … 실험가, 이론가, 기술자, 특히 전람회의 화가가 그 한 몸에 다 들어 있었다. … 그는 우리 앞에 당당하게 홀로 서 있다. 모든 단어와 모든 숫자에서 그가 창조와 세세한 부분의 정확성에 기쁨을 느낀다는 것이 분명하다."[1]

이론가와 실험자를 분리하는 이분법적 사고의 20세기에 존재한 예외 사례로 엔리코 페르미Enrico Fermi를 들 수 있다. 1901년 이탈리아에서 태어난 그가 초기에 했던 양자역학 이론 연구는 화학의 주기율표 이해와 중성미자 물리학에 대단히 중요하다. 그는 핵물리학 분야에서 중요한 실험을 했고, 그 연구로 1938년 노벨상을 받았다.

그는 아내 로라 페르미와 함께 상을 받으러 스톡홀름으로 간 후 이탈리아로 돌아가지 않았다. 로라가 유대인이었기에 파시즘 이 판치는 이탈리아에서 박해를 받을까 봐 미국으로 향했다. 그 는 컬럼비아대학교에 자리를 구했고 이후 시카고대학교로 자리 를 옮겨 실험으로 핵무기와 원자력 개발에 핵심적인 역할을 했 다. 그 뒤로 그는 가장 중요한 전후 세대 이론가와 실험자를 다 수 배출했지만, 자신처럼 양쪽 재능을 모두 겸비한 인물은 나오 지 않았다.

카풀 덕분에 나는 실험물리학 분야의 다양한 현안들을 알게 되었을 뿐 아니라, 실험을 통해 추진되거나 규명될 수 있는 문제 들에 계속 집중하면서 솔직한 태도를 유지할 수 있었다. 이 카풀 구성원이 되기 위한 실질적인 요구 조건은 사신이 하고 있는 일 을 상대방에게 설명할 수 있는 능력을 지녀야 한다는 것이었다.

이 책을 통해 우리는 현재 살아 있는 역사적 인물들인 이론가 및 실험자를 포함하여 많은 물리학자를 만날 것이다. 그중에는 다양한 국적과 성별을 가진 사람들이 있지만 소수 국가의 남성 이 이 분야를 주도해왔다는 현실을 외면하기는 쉽지 않다. 이 주 역들 중에는 인종적·민족적·성적으로 차별적이며 역겨운 견해를 취한 이들도 있다. 그럼에도 나는 이 책에서 우리가 마주하게 될 질문들이 때때로 우리를 분열시키는 경계선을 뛰어넘는 공통의 관심사임에 틀림없다고 믿는다. 이 질문들을 공유함으로써 우리 모두가 하나가 될 수 있기를 바란다.

2장

공간과 시간은 당연한 것일까?

일상생활의 영역 그리고 아주 큰 세계와 아주 작은 세계의 탐구라는 영역은 대개 공간과 시간이라는 관점에서 기술된다. "미안, 좀 늦을 거야.", "로스엔젤레스는 뉴욕보다 3시간 더 늦지?" 같은 문자 메시지를 보내거나 이렇게 말한다. "에베레스트산은 높이가 겨우 8,000m에 불과하지 않아?" 우리 모두는 공간과 시간이라는 현실에 어느 정도 경험적인 직관을 갖고 있다. 그러나 자연법칙은 공간과 시간 자체에 디 명확한 의미를 부여하고 있다.

아이작 뉴턴Isaac Newton(1643~1727)은 복잡한 인물이었고, 그의 과학 혁명도 마찬가지로 복잡했다. 그의 부친은 그가 태어나기 직전에 세상을 떠났고, 어려서 그는 얼마 동안 어머니로부터 버려진 적도 있었다. 그는 다혈질이고 까다로운 성격이었기에, 그와 오래 인간관계를 맺은 사람이 거의 없었다. 그는 종교에 푹 빠져 있었고, 종종 연금술에 매달리곤 했다. 말년에 그는 케임브리지를 떠나 런던으로 가서 과학 연구는 거의 포기한 채 조폐국장이 되었다. 이 마지막 자리는 친구들을 통해 얻은 것이었다. 그는 명예직이었을 법한 이 자리에 열정을 품기에 이르렀다. 그는 더 표준화된 새 화폐를 주조하고자 애썼지만 위조범을 수사하거나 때로는 비밀리에 체포, 처형하는 쪽에 훨씬 더 많은 에너지를 쏟았다. 처형은 주로 목을 매단 뒤 장기를 적출하고 사체를 네 등분하는 방식을 썼다.

우리가 자연에서 목격하는 현상들이 법칙의 통제를 받고, 이 법칙이 정확한 수학 용어를 통해 표현될 수 있다는 개념은 뉴턴의 선배들 혹은 그와 동시대를 살았던 저명한 인물들이 아닌 바로 뉴턴에게서 나온 것이다. 그래도 그가 던진 질문들은 당대 학자들이 구축한 세계관에서 나온 것이었다. 그는 분명히 갈릴레오에게 영향을 받았지만, 자신과 **경쟁** 관계에 있던 동시대 인물들, 특히 영국 과학자 로버트 후크Robert Hooke에게도 영향을 받았다. 그들의 경쟁심은 매우 치열했다. 후크는 뉴턴이 부당하게도 자신의 중력법칙을 훔쳤다고 느꼈다. 하지만 뉴턴은 누가 그런 말을 넌지시 건네는 것조차 거부했다. 그는 후크에게 보낸 편지에서 자신의 업적을 자부하면서 이런 유명한 표현을 남겼다. "내가 남보다 더 멀리 보았다면, 거인들의 어깨 위에 올라서 있었기 때문이다." 이 이야기는 흔히 과학적 겸손을 보여주는 사례로 인용되곤 하지만, 내 천문학자 동료의 말에 따르면 후크는 키가 아주 작았다고 한다. 그 동료는 후크가 난쟁이였다는 표현을 썼는

데 물론 비하하려는 의도로 한 말은 결코 아니다. 이 분야에 자신을 꽤 높게 보는 동료들도 있긴 하지만, 그렇다고 해서 그런 잔인한 말을 내뱉을 사람은 거의 없다. 오히려 정반대일 때가 많다.

아무튼 뉴턴은 생애의 여러 시기에 화학을 연구하고 빛과 관련된 현상들도 살펴보았다. 그는 백색광이 다양한 색깔의 빛들이 혼합된 것이라고 올바르게 관찰했다. 하지만 빛이 입자, 즉 '미립자corpuscle'로 이루어져 있다는 그의 이론은 그다지 들어맞지 않았다. 우리가 이 책에서 다루고자 하는 질문들의 관점에서 보자면, 행성과 달의 운동을 이해하고자 한 뉴턴의 연구가 가장 중요하다.

뉴턴과 물리법칙의 특성

이 소제목은 1964년 리처드 파인먼Richard Feynman의 강연에서 따온 것이다. 우리는 '물리법칙' 또는 '자연법칙'이라는 말을 무심코 쓰지만, 파인먼은 이렇게 물었다. 그 말은 무슨 의미로 쓰는 것일까? 물리법칙에 관한 현대의 과학적 패러다임은 뉴턴의 운동법칙과 그의 중력법칙에서 나온 것이다. 뉴턴이 자신의 법칙과 방법을 태양계 천체들의 운동에 성공적으로 적용한 것이야말로 이 세계관의 첫 번째 위업이었다.

뉴턴이 스스로 말한 것처럼, 우리는 그가 정원에 앉아서 사과가 떨어지는 모습을 지켜보다가 깨달음을 얻었다고 상상할 수도 있다. 현대적인 관점에서 보자면, 뉴턴의 법칙은 두 유형으로 구분할 수 있다. 첫 번째는 다양한 물리 현상들에 적용 가능한 법칙들의 집합, 즉 기본 틀에 해당하는 운동법칙이다. 운동 제1법칙은 운동하는 물체에 어떤 힘이 작용하지 않는 한 물체는 그 운동 상태를 유지한다(동일한 속도로 움직인다)는 것이다. 이 말은 언뜻 직관적으로는 타당해 보이는데 동시에 이런 의문이 떠오른다. 어떤 힘 말인가? 뉴턴은 운동 제2법칙을 통해서 그 힘을 정의했다. 힘은 가속도, 즉 속력이나 속도의 변화를 일으키는 것을 말한다. 이 법칙은 자동차처럼 특정한 질량을 지닌 물체에 가해지는 힘이 더 셀수록 가속도가 더 커진다고 말한다. 힘이 일정하다면, 가속도는 질량이 클수록 더 작다. 따라서 가해지는 힘이 동일할 때, 내 자동차 프리우스C는 대형 트럭보다 훨씬 더 빨리 가속된다. 마찬가지로 내가 페달을 밟아서 엔진의 힘을 2배로 높인다면, 그 힘은 내 자동차가 고속도로를 달리는 속도를 2배로 가속한다. 이 두 법칙은 사물들의 운동을 설명한다. 테니스공, 총알, 미사일 같은 일상적으로 접하는 물체들뿐 아니라, 행성, 별, 은하 같은 거대한 천체의 운동까지도 설명한다.

뉴턴은 공간과 시간에서의 운동에 관한 이 기본 틀(운동학 kinematics)을 정립한 다음 중력을 정의하는 중요한 단계로 나아갔다. 인류는 고대부터 행성들의 운동을 관측했다. 뉴턴보다 한 세기 전 학자들은 행성의 운동을 예전보다 더 정확히 묘사하기에 이르렀다. 16세기 덴마크 천문학자 튀코 브라헤Tycho Brahe(1546~1601)는 덴마크 왕의 후원으로 지은 천문대에서 행성들의 궤도를 꼼꼼하고 정확히 측정했다. 그의 측정이 유달리 놀라운 것은 그가 망원경도 없이 고대로부터 유래한 육분의sextant(배의 위치를 판단하기 위해 천체와 수평선 사이의 각도를 측정하는 광학 장치-옮긴이)와 사분의quadrant(망원경 이전의 천체관측기구로 0~90도의 눈금이 있는 4분원의 금속환을 통해 별의 천정거리를 잴 수 있다-옮긴이)라는 기구에 의지하여 행성들과 별들의 위치를 꼼꼼히 측정했다는 사실이다. 브라헤의 조수인 요하네스 케플러Johannes Kepler(1571~1630)는 그 측정 자료를 분석하여 행성의 움직임을 세 가지 '법칙'으로 요약했다. 첫 번째 법칙은 행성 궤도의 모양을 설명했다. 두 번째 법칙은 행성이 궤도를 나아가는 속도를 다루었다. 세 번째 법칙은 한 해의 길이, 즉 행성이 궤도를 한 바퀴 도는 데 걸리는 시간이 태양과의 거리에 따라 달라진다고 말한다. 이 법칙들은 그 어떤 명명백백한 직관에서 나온 것도 아니었고, 그 연구를 처음 시작할 때 케플러 자신이 지녔던 선입견에도 반하는 것이라는 점에서 놀라웠다. 또한 이 법칙들은 내용적인 측면에서도 놀라웠다. 케플러는 행성의 궤도가 원이라고 선언할 수도 있었을 것이다. 사실 당시까지 일러진 보는 행성들의 궤도는 거의 원에 가까웠지만 완전한 원이 아닌 타원이었다. 명왕성이 행성에서 왜소행성으로 지위가 격하되기 전, 나는 학생들에게 궤도가 거의 원에 가깝지 않은 행성은 명왕성뿐이라고 말하곤 했다.

위에서 케플러가 법칙이라고 선언했기에 나 역시 따옴표를 붙여 **법칙**이라고 적었지만, 튀코 브라헤의 관측 자료를 체계적으로 정리하는 방법으로 제시된 그 법칙은 나중에 뉴턴이 정립할 법칙과는 의미가 달랐다. 이 차이는 미묘하면서 우아하다. 이 구별의 첫 번째 요소는 뉴턴 법칙의 폭넓은 응용 가능성과 관련이 있다.

실화든 아니든 간에 뉴턴의 사과 이야기가 주는 교훈은 뉴턴이 물체가 낙하한다는 것을 어떻게 발견했냐가 아니다. 중력이 **보편적**이라는, 특히 사과가 땅으로 떨어지는 것과 동일한 법칙에 따라서 달이 지구를 향해 떨어지고 지구가 태양을 향해 떨어지고 있다는 그의 깨달음이다. 그는 이 깨달음을 힘, 즉 태양과 행성 사이의 힘이 태양의 질량에 행성의 질량을 곱한 값을 양쪽 사이의 거리를 제곱한 값으로 나눈 결과에 비례한다는 명제로 번역했다. 이 말은 금성이 지구와 질량이 비슷하지만 태양에 더 가까이 있으므로(약 1억km 대 1억 5,800만km) 태양의 인력이 지구보다 금성에서 약 2배 더 크다는 뜻이다. 따라서 금성은 지구보다 훨씬 더 빨리 궤도를 도는 반면, 지구 바깥쪽에 있는 행성은 지구보다 더 느리게 움직인다. 사과가 달보다 질량이 훨씬 작기에 지구가 사과에 가하는 중력은 달에 가하는 중력보다 더 작으며, 달에 비해 사과와 지구 중심 사이의 거리가 훨씬 짧지 않다면 감지되지도 않을 것이다. 뉴턴은 이 힘의 법칙으로 사실상 케플러의 세 법칙을 모두 설명할 수 있었다. 게다가 뉴턴의 법칙은 훨씬 더 정확한 예측을 할 수 있었기에 케플러의 법칙보다 훨씬 더 강력했다. 뉴턴은 행성들의 궤도가 **정확히** 타원은 **아니라**는 사실을 깨달았다. 행성들은 태양뿐 아니라 다른 행성들과 달들에도 끌린다. 행성은 태양보다 훨씬 작으므로 이런 효과들도 작지만, 뉴턴의 연구는 행성의 운동을 훨씬 더 상세히 연구할 수 있는 가능성을 열었고, 그 연구는 지금까지도 계속되고 있다. 아인슈타인이 일반상대성이론을 통해 뉴턴 법칙에 미세한 균열이 일어나리라는 예측을 내놓은 것은 그로부터 2세기가 지난 뒤였다. 그 예측은 실험을 통해 입증되었다.

케플러 법칙과 뉴턴 법칙의 차이점이라는 문제로 돌아가자면, 케플러의 법칙은 자신이 자료에서 관찰한 규칙성을 요약한 것이었다. 그 법칙들은 엄밀하지 않았고(비록 그는 엄밀하다고 믿고 싶어 했지만), 더 중요한 점은 케플러가 자신의 법칙이 얼마나 정확한지를 선험적으로 말할 수 없었다는 것이다. 뉴턴은 케플러 법칙에 어긋나는 사소한 사례들을 설명할 **수 있었다**. 아인슈타인의 상대성원리는 **뉴턴**의 운동법칙과 중력법칙을 다 아우르고 초월했으며, 뉴턴의 법칙이 타당할 때와 적용되지 않을 때를 구별할 수 있었다.

이런 문제들을 제외하고 말하자면, 뉴턴의 운동학 기본 틀은 다양한 기술의 토대가 되었다. 밑바탕에 놓인 힘들을 태양과 행성 사이의 중력 같은 단순한 방식으로 기술할 수 없을 때에도, 토목공학적 과제에서 발사체(포탄, 미사일)의 운동, 깃털의 특징 등 아주 많은 것들 그리고 앞으로 더 나올 수 있는 많은 것들에 이르기까지 온갖 문제들은 뉴턴의 운동법칙을 써서 기술할 수 있다.

뉴턴, 공간, 시간

우리 대다수는 시간을 추적하고 공간의 어디에 위치해 있는 지를 정확히 파악하는 장치들에 둘러싸여 있다. 시계가 으레 1~2분쯤 어긋나던 시절이 있었다는 사실도 잊은 상태다. 우리 휴대전화는 1초에 한참 못 미치는 오차 범위 내에서 시간을 계속 정확히 재고 있다. 내비게이션 앱은 자동차나 도보나 자전거로 목적지까지 가는데 시간이 얼마나 걸릴지를 예측하며, 교통 상황, 걷는 속도, 운전 습관까지 고려한다. 뉴턴은 우리 일상 경험에 얽매여 있던 시간과 공간의 기준을 자연법칙에 얽매인 것으로 전환하는 데 지대한 공헌을 했다.

역사적으로 볼 때, 거리 측정은 처음에 인간의 해부구조와 결부되어 있었던 듯하다. 아래팔의 길이인 큐빗cubit과 피트가 그런 사례. 마일은 원래 로마 병사의 1,000걸음에 해당하는 거리였다. 이런 단위들은 분명히 표준화에 문제가 있었다. 마일은 병사가 얼마나 크고 얼마나 잘 먹고 얼마나 잘 쉬었는지에 따라 달라졌을 것이다. 훨씬 더 뒤에 나온 미터는 처음에는 북극점에서 적도까지의 거리의 1,000만 분의 1이라고 정의했다. 이 척도도 꽤 임의적이긴 하지만, 적어도 거리가 얼마인지를 놓고 작은 오차 범위에서 모두가 동의할 수 있다는 장점이 있다.

시간 측정의 표준을 제시할 때에는 다른 문제들이 생긴다. 하루는 시간의 경과를 추적하기에 좋은 출발점임이 명백하며, 우리는 하루를 시, 분, 초로 나눈 고대 바빌로니아인의 방식을 따르고 있다. 그러나 하루의 길이는 한 해를 거치는 동안 크게 달라진다. 이윽고 평균 하루라는 개념이 등장하면서 이런 척도들에 어느 정도 표준화가 이루어질 수 있었다. 음력은 편리하지만, 한 태양년에서 달의 수가 고정되어 있지 않다. 지구가 태양 주위 궤도를 한 바퀴 도는 데 걸리는 기간인 태양년은 연간 1초도 안 되는 차이가 날 뿐 꽤 일정하다(이 차이는 때때로 '윤초'를 끼워 넣어서 조성한다). 물론 공전 궤도에서 지구가 어디에 있는지를 믿을 만하게 측정할 수 있게 된 것은 인류 역사에서 비교적 최근의 일이다.

갈릴레오는 진자의 운동을 연구하여, 진자를 살짝 밀었을 때 진자가 한 번 흔들리는 데 걸리는 시간이 얼마나 크게 흔들리는지가 아니라 그저 진자의 길이에 달려 있음을 발견함으로써, 시간 측정을 새로운 차원으로 끌어올렸다. 이 '법칙'을 이용하면 진자가 흔들리는 횟수를 써서 시간의 경과를 믿을 만하게 측정할 수 있었다. 2명의 시간 측정자는 진자의 길이를 비교함으로써 시간이 얼마나 지났는지 합의할 수 있게 되었다.

이 큰 도약이 뉴턴의 시간 개념으로 이어졌다. 시간과 공간은 그의 운동법칙과 중력법칙이 작동하는 **무대**였지만, 그 법칙이 작동한다는 사실로부터 시간 자체를 정의할 수 있게 되었다. 이는 갈릴레오의 진자 관찰을 극적으로 일반화한 것이었다.

자연법칙 개념을 뉴턴과 연관 지어 말한다고 놀랄 독자는 없을 것이다. 그 법칙의 개념은 그의 성격과 딱 들어맞는다. 그는 아주 엄격한 인물이었을 것이다. 그는 세상이 자신이 말한 대로 돌아간다고 주장하곤 했고, 비판이나 견해 차이를 용납하지 못했다. 다른 견해를 용납하지 못하는 이 태도는 그가 시간을 묘사한 대목에서 뚜렷이 드러난다. 그에게 시간은 절대적인 것이었다. 자명하면서 의문의 여지가 없는 개념이었다. 그가 다음과 같이 쓴 것은 그가 시간이나 공간, 그 의미를 따지는 모든 논쟁을 차단하려고 시도한 것이라고 주장할 수도 있다.

절대적이면서 진정한 수학적 시간은 그 자체로 그리고 시간의 특성상 외부의 어떤 것과도 무관하게 한결같이 흐른다. 절대적 공간은 그 자체로 안정적인 무엇과도 관계가 없으며, 늘 비슷하면서 확고하게 남아 있다.

만일을 대비하여 뉴턴은 신神을 자신의 권위로 삼는다.

절대시간absolute time은 지각의 대상이 아니다. 신은 영구히 존속하고 어디에나 존재하며, 언제나 어디에나 존재함으로써, 시간과 공간을 구성한다.

아마 뉴턴이 겸손함을 보였다면 이 부분에서일 것이다. '뉴턴 법칙'을 '신'으로 바꾼다면, 이 진술은 어느 정도 맞는 셈이다. 뉴턴의 운동법칙은 시간과 공간의 특성과 결부되어 있으며, 동시에 시간과 공간의 정의를 제시한다. 뉴턴은 자신의 법칙을 써서 갈릴레오의 진자 '법칙'을 쉽게 이해할 수 있었고, 그것을 다른 유형의 시계들에까지 일반화할 수 있었다. 예를 들어 옛날 시계의 스프링이나 휴대전화의 시계 안에 든 원자의 행동에 작용하는 힘을 안다면, 스프링이나 원자가 왔다 갔다 진동하는 횟수를 세어봄으로써 한쪽을 다른 쪽의 시간을 재는 척도로 삼을 수 있다. 시간이나 공간이 절대적이라기보다는 뉴턴의 법칙이 절대적으로 참이고 정확하기에 그 법칙 자체가 시간의 정의를 제공하는 것이다.

신을 논외로 친다면, 시간의 경과가 어디에서나 언제나 동일하다는 것을 무엇으로 증명할까? 사실 이 질문은 19세기 후반에 오스트리아에서 활동한 물리학자이자 철학자인 에른스트 마흐 Ernst Mach가 제기했다. 아인슈타인을 자신의 지적 영웅으로 여겼던 마흐는 뉴턴이 주장한 절대시간을 이렇게 평했다. "절대시간은 쓸모없는 형이상학적 개념이며, 경험을 통해서는 나올 수 없다. 뉴턴은 실제적인 사실을 조사할 때 자신이 표명한 의도에 반하는 행동을 했다." 그러나 뉴턴의 법칙이 이 절대시간을 정의하고, 그 법칙에 아무런 문제가 없다면, 절대시간이라는 개념에도 아무런 문제가 없다고 해야 할 것이다. 거의 2세기 동안 뉴턴의 운동과 중력에 관한 법칙은 안전하게 그 왕좌를 유지해왔다. 여기에 처음으로 도전장을 던진 사람은 알베르트 아인슈타인이었다. 이 도전장은 원래 제임스 클러크 맥스웰이 정립한 전자기 법칙에 숨겨져 있던 것을 아인슈타인이 찾아냈다.

제임스 클러크 맥스웰이 입증한 전자기장의 구조

중력은 우리가 땅에 발을 디딜 수 있는 것에서부터 지구가 태양 주위에 공전 궤도를 그리며 머무는 것, 달을 지구의 궤도에 붙들어놓는 것에 이르기까지, 일상생활에서 큰 비중을 차지한다. 따라서 중력이 자연에서 물리법칙의 지배를 받는다고 본 첫 번째 영역이라고 해도 놀랍지 않다. 그러나 적어도 그에 못지않게 중요한 다른 부류의 현상들이 있다. 전기와 자기라는 현상들이다. 뉴턴 이후에 과학자들은 자연히 이런 현상들에 적용될 만한 중력법칙과 비슷한 무언가가 있는지 찾아 나섰다. 그러나 그 전모를 밝혀내기까지는 거의 2세기가 걸렸다.

발전을 가로막은 한 가지 장애물은 전기와 자기가 우리 일상생활을 좌우한다는 내 주장에 담겨 있다. 이 말은 사실이지만, 오늘날 대부분의 사람들이 그 점을 피부로 실감한다고는 할 수 없으며, 20세기가 시작될 무렵에는 더욱더 그랬다. 전기력은 원자에서 전자를 원자핵에 붙잡고 있고, 물질의 구조와 모든 화학의 원천이다. 전기 신호는 우리 몸의 운동을 통제하고, 우리 일상생활을 좌우하는 또 다른 요소인 마찰력은 중성 원자들 사이에 존재하는 작은 전기력에서 생긴다. 대다수의 사람들이 아주 어릴 때부터 잘 알고 있는 자석은 철 같은 특수한 물질에 든 전자에 수반되는, 아주 복잡한 현상들의 산물이다. 사실 양자역학을 모르면 자석을 제대로 이해하는 일은 아예 시작조차 할 수 없다. 양자역학은 나중에 살펴볼 텐데, 사실상 1920년대에야 등장한 분야다. 그리고 어느 면에서 보면 더욱 모호한 것도 있는데, 빛, 전파, 요리할 때 쓰는 마이크로파, 의사와 치과의사가 쓰는 X선은 모두 전기와 자기가 조화롭게 협력한 결과다. 이들은 바로 **전자기**electromagnetism의 산물이다.

이 퍼즐의 조각들은 아주 천천히 끼워 맞춰졌다. 벤저민 프랭클린Benjamin Franklin을 비롯한 이들은 실험을 통해서 전기가 전하 운동의 결과임을 확인했다. 프랑스의 공학자이자 과학자 샤를 오귀스탱 드 쿨롱Charles-Augustin de Coulomb은 1700년대 말에 뉴턴의 중력법칙과 여러 면에서 비슷한 법칙에 따라 하전입자charged particle(전하를 띠고 있는 입자-옮긴이)들이 서로 끌리거나 밀어낸다는 것을 밝혀냈다. 사실 쿨롱 법칙과 뉴턴 법칙의 주된 차이점은 힘의 세기이며, 또 뉴턴의 이론에서는 질량을 지닌 모든 물체가 서로 끌린다고 보는 반면 쿨롱의 이론에서는 전하가 반대인 물체끼리는 서로 끌리지만 전하가 같은 물체끼리는 밀어낸다고 본다. 중력과 전기력의 이 차이는 반중력을 다루는 과학소설에 영감을 주었다.

전기와 자기의 연관성은 쿨롱의 발견으로부터 그리 오래 지나지 않은 1800년대 초 영국 과학자 마이클 패러데이Michael Faraday가 처음 발견했다. 패러데이는 전기와 자기의 **장**field이라는 개념을 정립했다. 전하가 **전기**장에 둘러싸여 있다는 개념이었다. 그런 장을 지나는 하전입자는 힘을 받는다. 그 힘은 장이 커지거나 작아짐에 따라서 커지거나 작아진다. 공간을 지나는 하전입자는 **자기**장을 생성한다. 그 결과 전류가 흐르고 있는 전선은 자기장을 생성한다. 그런 자기장을 지나는 전자 같은 하전입자도 힘을 받지만, 그 힘은 장의 세기뿐 아니라 입자가 움직이는 속도에 따라서도 달라지기 때문에 더 복잡하다(많은 대학생들에게 좌절감을 일으킬 정도다).

패러데이에게 장은 전하의 효과를 파악하는 유용한 장치이기는 했지만, 장은 그저 전하와 전류의 노예일 뿐이었다. 즉 결코 독자적으로 존재하는 것이 아니었다. 이 관점은 1865년 스코틀랜드 물리학자 제임스 클러크 맥스웰의 연구로 바뀌었다. 아인슈타인은 이렇게 말했다.

물리학에 새로운 개념이 출현했다. 뉴턴 이후의 가장 중요한 발명이다. 바로 장이다. 물리 현상을 기술하는 데 가장 본질적인 것은 전하도 입자도 아니라 전하와 입자 사이의 공간에 있는 장임을 깨닫는 데에는 위대한 과학적 상상력이 필요했다. 장 개념은 전자기장의 구조를 기술하는 맥스웰 방정식의 정립으로 이어짐으로써 성공적임이 입증되었다.

맥스웰은 쿨롱과 패러데이, 그리고 암페어라는 단위의 어원인 앙드레 마리 앙페르André-Marie Ampère의 방정식을 받아들였지만, 그것들이 불완전하다는 사실을 깨달았다. 그는 다른 항을 추가했고, 그럼으로써 전기와 자기가 정말로 전자기 복사electromagnetic radiation를 일으킨다는 것을 발견했다. 전자기 복사는 빛도 **설명했다**. 빛이 뉴턴의 '미립자corpuscles'가 아니라, 전기장과 자기장의 파동이라는 것이다. 맥스웰의 이론은 그 자체로 충격적이었을 뿐 아니라 전자기 복사가 많은 다양한 형태로 나타날 수 있다고도 예측했다. 특히 그는 전파radio wave의 존재를 예측했는데, 나중에 하인리히 헤르츠Heinrich Hertz가 이를 발견했다(우리가 듣는 라디오로 주파수의 단위에 바로 그의 이름이 붙어 있다). 그럼으로써 마침내 전기와 자기를 하나로 통합한 그림이 나왔고, 장 개념은 그 그림의 중요한 구성 요소였다.

아인슈타인과 절대시간의 몰락

마흐가 말했듯이, 공간과 시간이 절대적인 특성을 지닌다는 뉴턴의 주장은 흔들리는 토대 위에 서 있었다. 그렇지만 철학적으로 어떤 반대를 하든 간에, 적어도 뉴턴의 운동법칙과 중력법칙은 유지되었다. 그런데 맥스웰의 방정식에는 뉴턴의 절대시간과 마찬가지로 절대공간 개념을 무너뜨리는 요소도 포함되어 있었다.

맥스웰의 이론이 제기한 수수께끼는 빛의 속도와 관련이 있었다. 이 이론이 이룬 한 가지 업적은 광속이 다른 측정된 양들과 연관될 수 있다는 것이었다. 그런데 그 방정식에 따르면 빛이 **무슨 일이 있어도** 같은 속도로 움직인다는 것이 문제였다. 19세기 말의 물리학자들에게는 이 점이 터무니없게 여겨졌다. 그들은 빛의 파동이 물결과 비슷하다고 추론했다. 물에 돌을 던지면,

돌이 빠진 지점으로부터 특정한 속도로 퍼지는 물결이 생긴다. 움직이는 배에서 돌을 던지면, 물결은 마치 배가 정지해 있는 것처럼 보일 정도의 속도로 퍼진다. 따라서 해안에서 지켜보는 사람에게는 물결이 더 빨리 움직이는 것처럼 보인다. 그런데 맥스웰의 방정식은 이를 허용하지 않는 듯했다. 서 있는 사람의 손에 든 전등에서 나오는 빛의 파동이 빠른 로켓에 단 전등에서 나오는 빛의 파동과 똑같은 속도로 나아간다는 것이다.

맥스웰과 동시대 사람들은 사실 이 점을 별로 개의치 않았다. 그들은 빛의 파동이 그 자체로 실체라고 상상할 수 없었다. 대신에 그들은 액체를 통해 전파되는 교란인 물결처럼, 빛 또한 어떤 매체의 교란이라고 믿었고, 그 매체를 **에테르**aether라고 했다. 에테르는 모든 공간을 투과했다. 그들은 맥스웰 방정식에서 말하는 광속이 이 에테르에 대한 상대적인 속도라고 믿었다. 그러나 에테르 가설은 1887년(아인슈타인이 자신의 이론을 내놓기 전)에 이미 문제에 직면해 있었다. 클리블랜드에 있는 케이스웨스턴리저브대학교의 앨버트 A. 마이컬슨Albert A. Michelson과 에드워드 W. 몰리Edward W. Morley는 지구가 에테르에 대해 상대적으로 움직인다는 증거를 찾아낼 수 있어야 한다고 추론했다. 그들은 유명한 실험을 통해서 에테르 가설이 지지될 수 없다는 것을 밝혀냈다. 이 실험이 아인슈타인에게 얼마나 영향을 미쳤는지는 불분명하지만, 아마 그리 중요한 역할은 하지 않았을 것이다.

아인슈타인이 '위대한 과학적 상상력'을 이야기할 때, 그 말은 맥스웰을 향한 듯하지만 사실 자기 자신을 말한 것이라고 해야 더 정확할 것이다. 아인슈타인은 에테르라는 고안물을 버리고 장을 나름의 실체라고 받아들였다. 그는 광속이 장 고유의 양이라고 주장했다. 그럼으로써 그는 맥스웰의 방정식과 에테르의 딜레마를 해결했지만, 대신 절대공간과 절대시간이라는 개념은 포기해야 했다. 그 가능성은 위대한 프랑스 수학자 앙리 푸앵카레Henri Poincaré가 이미 예견한 바 있었다. 그는 마이컬슨-몰리 실험의 결과를 에테르 개념과 조화시키려 애쓰고 있었다. "우리는 두 시간이 동등하다는 직접적인 직관을 전혀 지니고 있지 않을 뿐더러 서로 다른 장소에서 일어나는 두 사건의 동시성에 관한 직접적인 직관도 전혀 지니고 있지 않다." 푸앵카레는 아인슈타인의 상대성에 **거의** 다다랐지만, 에테르 개념에 빠져 허우적대는 바람에 마지막 단계에 이르지 못했다.

아인슈타인의 '기적의 해'

1905년 스위스 베른의 특허국에서 계약직으로 일하던 26세의 아인슈타인은 세 가지 원대한 도약을 이루었다. 첫째, 특수상대성이론의 개발이다. 물리학을 몇 년쯤 배우지 않았다면, 아인슈타인의 상대성이론이라는 주제가 불편하게 느껴질 수도 있을 것이다. 미리 양해를 구한다. 혼란의 첫 번째 원인은 아인슈타인의 상대성이론이 **두 가지**라는 데 있다. **특수상대성이론**과 **일반상대성이론**이다. 왜 같은 이름을 택했는지는 좀 모호하다. 둘은 전혀 다른 이론이고, 일반상대성이론은 단순히 특수이론을 일반화한 것이 아니기 때문이다. 특수이론은 잘 이해되고 있고, 한 세기 넘게 실험을 통해 검증되었다. 일반이론은 지금에 와서는 뒷받침할 증거들이 압도적으로 많아지긴 했지만, 입증하기가 훨씬 더 어렵다. 그 이야기는 다음 장에서 하기로 하자. 여기서는 특수상대성이론에 초점을 맞추고자 한다.

특수상대성이론은 뉴턴이 주장했던 절대적인 시간과 공간의 개념을 대폭 수정했다. 아인슈타인은 맥스웰 방정식을 받아들여 광속이 절대적이라고 주장했다. 광원에 대해 움직이든 정지해 있든 상관없이 관찰자에게 빛의 속도는 1초에 30만km로 동일해 보인다는 것이다. 광속은 대개 영문자 c로 표시한다. 바로 이 점이 문제다. 움직이는 열차의 앞쪽, 중간, 뒤쪽에 세 승객이 있다고 하자. 중간에 탄 승객이 손전등 불빛을 깜박인다. 양쪽 끝에 있는 승객은 각자 시계를 보고 불빛이 같은 시각에 도달하는 것을 안다. 문제는 지상에 있는 관찰자가 볼 때는 승객들이 움직이고 있으므로 빛이 뒤쪽에 있는 승객보다 앞쪽에 있는 승객에게 가는 거리가 틀림없이 더 멀다. 따라서 광선이 같은 속도로 움직인다면, 빛이 앞쪽 승객에게 더 늦게 다다르는 것을 보게 된다. 이것이 바로 푸앵카레가 고민한 난제였다. 열차의 승객들에게는 동시에 일어난 사건이 지상의 관찰자에게는 동시에 일어나지 않는다. 동시성이라는 개념 자체가 상대적이다. 그러나 모든 것이 상대적이지는 않다. 빛의 속도는 일정하다.

아인슈타인은 서로 상대적으로 움직이는 관찰자들이 측정한 시간과 공간의 간격과 관련된 방정식을 써서 이 모든 것을 정확히 규명했다. 특히 놀라운 점은 아인슈타인의 상대성원리가 공간과 시간을 뒤섞는다는 것이다. 시간이라고 말할 때 우리가 의미하는 바는 우리가 어디에서 어떻게 움직이는가에 따라 달라진다. 따라서 시간과 공간은 통합된 실체, 즉 시공간이라고 보아야 한다. 우리는 3차원에서 산다고 말하는 대신에, 시간이 네 번째 차원인 **4차원**에서 산다고 인정해야 한다. 시간은 더 이상 절대적이지 않다. 관찰자마다 다르게 흐른다. 한 예로, 내가 아주 빠른 로켓에 타고 있다면 땅에서 나를 지켜보는 관찰자보다 내게는 시간이 더 느리게 흐른다. 이상할 뿐 아니라, 두 사건이 동시에 일어난다는 개념 자체도 상대적이다.

에너지와 운동량 같은 개념도 상대적이다. 이 원리가 충족될 수 있도록, 아인슈타인의 특수상대성은 정지 상태의 입자가 $E=mc^2$의 에너지를 지닌다고 했다(이때 'E'는 에너지, 'm'은 질량, 'c'는 광속을 의미한다-옮긴이). 모든 과학을 통틀어 가장 유명한 방정식 중 하나다. 더 일반적으로 보자면, 그는 뉴턴 운동학의 새로운 개정판을 내놓은 셈이다. 이 법칙은 실험을 통해 아주 성확히 검증되었다.

반면에 물체의 운동이 광속 c에 비해 느린 상황에서는 뉴턴의 법칙이 옳고 정확하다는 점도 강조해야겠다. 광속으로 여행한다면 1초에 약 8번 지구를 돌 수 있으며, 달까지 약 1.5초에 갈 수 있다. 하지만 어느 누구도 광속에 가까운 속도를 낼 수 없다. 가장 빠른 로켓조차도 빛이 1초에 가는 거리를 가는 데 1시간 넘게 걸린다.

아마 더 흥미로운 점은 원자 속 전자의 속도일 텐데, 광속의 약 1퍼센트다. 따라서 원자에서는 상대성의 효과가 아주 작지만, 그래도 아주 상세히 측정하자 아인슈타인의 이론에 들어맞았다. 현재의 입자가속기는 입자를 거의 광속으로 움직이며, 우주에서 우리가 관측하는 천체들도 마찬가지다. 양쪽 사례에서 상대성은 우리가 보는 현상들 중 상당수를 설명한다.

특수상대성이론은 뉴턴의 공간과 시간의 모습을 처음으로 대폭 수정한 사례였다. 두 번째 사례는 10년 뒤에 나온 아인슈타인의 일반상대성이론이었다. 시간과 공간이 아주 커다란 질량이나 에너지, 즉 별, 은하, 블랙홀black hole이 있을 때 변형된다는 이론이다. 뉴턴의 운동법칙을 대폭 수정한 아인슈타인의 특수상대성이론은 뉴턴 물리학의 기본 틀은 온전히 놔두었다. 일반상대성이론도 마찬가지이긴 하지만, 수정의 폭이 더욱 크다. 뉴턴과 아인슈타인이 우리에게 물려준 구조는 오늘날 **고전물리학**이라고 불린다. 훨씬 더 극적인 격변은 양자역학이 등장하면서 일어났다. 이 기적의 해에 아인슈타인은 양자역학의 출범에도 기여했다. 그러나 이 혁명이 일어나기까지는 좀 더 시간이 걸렸다. 먼저 일반상대성이론의 놀라운 점부터 살펴보기로 하자.

3장

'우주'란 무엇을 뜻할까?

1905년 물리학자들은 두 종류의 힘을 관장하는 법칙들을 얼마간 이해하고 있었다. 바로 전기와 자기의 법칙, 중력의 법칙이다. 우리는 맥스웰 방정식으로 정립된 전기와 자기의 법칙 때문에 가장 기본적인 공간과 시간에 관한 개념을 재고할 수밖에 없었음을 살펴보았다. 하지만 뉴턴의 중력법칙은 어떨까? 절대시간과 절대공간이라는 개념을 어떻게 몰아낼 수 있을까?

특수상대성이론을 내놓은 지 2년 뒤인 1907년 아인슈타인은 그 주제로 평론을 써달라는 요청을 받았다. 평론을 쓰다가 그는 바로 그 질문과 맞닥뜨렸다. 뉴턴의 중력 이론은 아인슈타인 자신의 원리와 어떻게 들어맞을까? 간단하게 답하면, 들어맞지 않는다. 사실 이 문제는 뉴턴이 중력의 법칙을 발표할 당시부터 명확했던, 한 가지 미흡한 부분과 관련이 있었다. 뉴턴은 **원격**작용 action at a distance이라 불리는 이론의 특성 때문에 매우 곤란을 겪었

48

다. 아마 그 문제는 그의 비판자들이 더 중요하게 여겼을 것이다. 뉴턴의 법칙은 태양이 갑자기 '도약하면'(어떤 외계 침입자가 태양을 홱 밀어낸다고 상상하자), 태양계 행성들에 즉시 효과가 미칠 것이라고 본다. 행성이 멀리 떨어져 있다고 해도 그렇다. 예를 들어, 해왕성은 햇빛이 다다르는 데 4시간이 걸릴 정도로 아주 멀리 떨어져 있음에도, 태양이 갑작스럽게 움직이면 그 즉시 반응한다고 보는 것이다. 바로 이 점 때문에 뉴턴은 비판을 받았다. 어떤 더 지고한 존재가 별과 행성 사이의 힘에 영향을 미치고 있다고 말하는 것이 아닐까? 그러나 그의 법칙은 대단히 성공적이었고 거의 2세기 동안 연구자들은 대체로 이 질문을 외면했다. 사실 뉴턴 이론의 이 불편한 특성을 진지하게 검증할 가능성이 생긴 것은 20세기 초가 되어서였다.

특수상대성이론이 등장하자, 더 이상 이 질문을 외면할 수 없게 되었다. 이 원리가 전자기에는 적용되지만 중력에는 적용되지 않는다는 것은 말이 안 되었다. 아인슈타인의 주장, 즉 한 장소와 시간에서 일어난 사건이 적어도 빛이 한 곳에서 다른 곳까지 갈 만한 시간이 지난 뒤에만 다른 사건들에 영향을 미칠 수 있다는 주장이 어떻게 다른 자연법칙에는 적용될 수 없다는 것인지 도무지 납득이 가지 않았다. 다만 이는 명백히 실험이나 관찰의 문제였으므로 위기라고 볼 수는 없었다. 광속은 아주 빠르기 때문에 뉴턴의 이론이 아주 잘 들어맞는다. 뉴턴이 법칙을 내놓은 지 2세기 동안 천문학자들이 마주친 대부분의 상황에서는 빛의 속도가 워낙 빨랐기에, 정보와 상호작용이 유한한(무한함의 반대로서!) 전파 속도로 전달된다고 할 때 어떤 효과가 나타날지 알 수 없었다. 그럼에도 아인슈타인은 엄청난 성공을 거둔 뉴턴 이론을 유지하면서도 이를 상대성이론에 맞추어 수정할 방법을 생각하기 시작했다. 다시 말해, 이 새로운 법칙은 연구 대상이 빛의 속도보다 훨씬 더 느리게 움직이는 상황이나 중력이 **그다지** 강하지 않은 상황에서는 뉴턴의 법칙으로 환원되어야 한다는 의미였다.

아인슈타인은 비범한 과학적 통찰력으로 몹시 힘든 연구 작업을 거쳐 8년 동안 갖은 노력을 쏟은 끝에야 비로소 일반상대성이론이라고 부르는 것을 내놓을 수 있었다. 그 과정에서 많은 실수도 있었다. 그 이론은 1905년에 내놓은 것보다 그의 천재성을 더욱 온전히 드러냈다. 아인슈타인은 뉴턴의 중력법칙이 하전입자에 적용되는 쿨롱의 법칙과 거의 동일하다는 사실을 관찰함으로써 그 문제에서 돌파구를 찾았을 수도 있었다. 전하를 질량으로 대체하기만 하면, 이 둘은 비슷해 보인다. 전기력은 맥스웰의 방정식으로 기술된다. 따라서 그는 맥스웰의 것과 비슷하지만, 중력을 기술하는 방정식을 쓰려고 시도했을 수도 있었다.

나라면 그렇게 연구를 진행했을 가능성이 높으며, 그리하여 아마도 실패하고 말았을 것이다. 하지만 아인슈타인은 연구를 시작하기 전 훨씬 더 깊이 생각했다. 그는 행성, 별, 기타 천체가 모두 서로를 끌어당긴다는 사실을 깊이 생각했다. 이들은 결코 서로를 밀어내는 법이 없다. 전기력과 다르다. 전기력에서는 양성자가 전자를 끌어당기고(전자도 양성자를 끌어당긴다) 양성자끼리는 서로 밀어낸다. 반면 중력은 언제나 끌어당기고, 결코 밀어내는 법이 없다. 따라서 쿨롱의 법칙으로 모방하기 어렵다. 그래서 아인슈타인은 쿨롱의 법칙 대신에 뉴턴 이전의 관찰로부터 단서를 취했다.

갈릴레오의 가장 유명한 실험 중 하나는 낙하하는 물체를 연구한 것이었다. 고대 그리스 철학자 아르키메데스는 무거운 물체가 가벼운 물체보다 더 빨리 떨어진다고 주장했다. 설득력 있는 추측이었지만, 꼼꼼한 관찰을 토대로 한 진술은 아니었다. 갈릴레오는 이 주장에 회의적이었고 그 문제를 실험을 통해 조사했다. 그가 정말로 피사의 사탑에 올라가 질량이 다른 물체들을 떨어뜨렸는지는 학술적 논쟁거리다. 어쨌든 그는 모든 물체가 공기 때문에 낙하 속도가 느려지는 경향이 있다는 사실을 무시한다면 질량이 서로 다른 물체도 동일한 속도로 떨어진다는 것을 실험을 통해 밝혀냈다(지표면에서는 공기의 저항 때문에 종잇조각이 벽돌보다 훨씬 느리게 떨어지지만, 이 실험은 같은 높이에서 무게가 다른 좀 무거운 두 물체를 떨어뜨리는 식으로 쉽게 진행할 수 있다). 그 뒤로 수백 년간 뉴턴을 비롯한 다양한 연구자들을 통해 더욱 정확한 관찰이 이루어졌다. 19세기 말에는 헝가리 물리학자 롤란드 외트뵈시Loránd Eötvös가 아주 섬세한 실험을 했다. 그는 막대기에 다양한 물체를 붙이는 전략을 썼다. 이 장치는 서로 다른 물체들이 중력에 다르게 반응하면 움직이고, 그렇지 않으면 움직이지 않도록 설정되어 있었다. 외트뵈시는 다양한 물체를 실험한 끝에 물체들이 중력에 반응하는 정도가 모두 동일하다는 것을 오차 범위 100만 분의 1 미만 수준으로 밝혀냈다. 지금은 그보다 수천 배 더 세밀하게 실험할 수 있다.

뉴턴의 법칙에서 질량은 관성과 관련이 있다. 관성은 물체가 힘에 반응하여 가속되는 비율이다. 또 두 물체 사이의 중력 세기와도 관련이 있다. 아마도 갈릴레오의 영향을 받아서였겠지만, 뉴턴은 이 두 유형의 질량이 동일하다고 가정했다. 그냥 당연한 사실이라고 받아들인 것이나 다름없었다. 즉 그는 이 둘 사이에 어떤 심오한 원리가 있는지 살펴볼 생각을 전혀 하지 않았다. 외트뵈시를 비롯한 다른 이들은 **관성질량**inertial mass이 **중력질량**gravitational mass과 아주 정밀한 수준에 이르기까지 동일하다는 것을 밝혀냈다. 아인슈타인은 이 관찰로부터 시작하여 이 등가성이 **정확히** 들어맞는다고 가정했다. 그런 뒤에 일상생활에서 접할 수 있는 아주 단순하지만 매우 독창적인 사고 실험을 했다. 그는 특수상대성이론을 개발할 때, 당대의 중요한 기술을 접한 경험을 토대로 유추했다. 바로 철도였다. 이후에 그는 다른 더 새로운 기술을 떠올리면서 추론했다. 바로 승강기였다. 그는 승강기 케이블을 잘라서 승강기가 자유낙하한다고 상상했다(좀 섬뜩하긴 하지만). 그는 관성질량과 중력질량이 동일하다고 가정할 때, 자유낙하하는 승강기에 탄 관찰자는 현재 우리가 무중력이라고 부르는 것을 경험한다고 보았다. 그들은 중력을 전혀 느끼지 못한 채 승강기 안에서 떠 있거나 공을 주고받을 수 있다. 마치 승강기 안에 있는 물체들에는 중력이 전혀 작용하지 않는 듯할 것이다. 승객에게는 안 된 일이지만, 이런 일은 승강기가 바닥에 부딪치기 전까지만 지속될 것이다. 그러나 오늘날 우리는 우주여행에서 으레 무중력을 경험한다. 지구 궤도를 도는 국제 우주정거장은 **자유낙하**한다. 지구의 중력 때문에 떨어진다. 다만 아래로 끌어당기는 중력이 처음 발사 때 제공된 운동 에너지와 경쟁하기 때문에, 우주정거장은 궤도에 머문 채 지구 주위를 계속 빙빙 돈다. 자유낙하의 효과는 하늘에 뜬 항공기의 엔진을 잠시 껐을 때도 얻을 수 있다. 우주비행사 훈련 때 으레 이 경험을 한다. 위대한 중력 이론가인 스티븐 호킹Steven Hawking도 2007년에 이런 비행을 경험했다.[1]

아인슈타인은 이 경험을 한 적이 없으며, 당시의 가장 높은 건물에서 자유낙하를 했어도 4~5초면 바닥에 닿았을 것이다. 그러나 그는 갈릴레오와 외트뵈시의 관찰로부터 무중력이라는 현상이 나올 것임을 깨달았다. 아인슈타인은 이 깨달음을 '내 인생에서 가장 행복한 생각'이라고 했고, 그것을 하나의 원리로 제시했다. 어떤 실험도 (승강기 사례와 같이) 중력장에서의 자유낙하를 일정한 가속도로 일어나는 운동과 구별할 수 없다는 것이다. 그는 그 가설을 '등가원리Principle of Equivalence'로 제시했으며, 이 원리가 모든 자연법칙에 적용되어야 한다고 했다. 중력, 전자기뿐 아니라 앞으로 발견될 모든 법칙에 적용된다는 것이다.

여기에서부터 수학 방정식까지 나아가는 과정은 길고도 힘들었다. 아인슈타인은 자신이 무엇을 찾고 있는지 알았지만, 그 여정을 시작할 당시에는 거기에 다다르는 데 필요한 적절한 수학을 갖고 있지 않았다. 독일 괴팅겐대학교의 교수이자 당대의 가장 위대한 수학자 중 한 명인 다비트 힐베르트David Hilbert는 이 연구에 필요한 수학 지식을 갖고 있었고, 중력 이론을 탐구하고 있었다. 그가 물리학 문제를 제대로 이해했다면, 아인슈타인보다 먼저 일반상대성에 다다랐을 것이고, 실제로 거의 그럴 뻔했다. 그러나 1915년 아인슈타인이 먼저 일반이론을 완성하여 발표했다. 그 이론은 그의 기본 요구 조건들을 충족시켰다. 첫째, 특수상대성이론과 들어맞았다. 예를 들어, 중력 상호작용은 빛의 속도로 전파되었다. 즉 아주 멀리 떨어진 두 물체 사이에서는 상호작용이 즉각적으로 일어나지 않았다. 둘째, 등가원리를 통합했다. 마지막으로, 그 이론은 아주 예외적인 상황 외에는 뉴턴의 법칙으로 환원되었다. 전형적인 별과 행성 주위에서는 아주 미미한 보정만 하면 되었다.

아인슈타인의 이론은 시간과 공간의 개념을 급진적이고 새롭게 제시했다. 시간과 공간은 더 이상 영구히 고정되어 있는 것이 아니라 물질의 존재에 반응했다. 물질이 더 많이 또는 더 적게 집중된 곳 가까이에서 공간은 휘어질 수 있었고, 시간은 더 빨리 또는 더 느리게 갈 수도 있었다. 그 이론에 친숙한 대다수의 물리학자와 수학자는 그것을 아름답다고 묘사하겠지만, 원리는 단순할지라도 수학적 계산은 좀 복잡하고 어려울 수 있다. 아인슈타인은 원대한 원리와 아름다운 수학뿐 아니라 이론의 관찰 결과에도 초점을 맞추었다. 대부분의 상황에서는 극도로 미미한 보정만 거치면 뉴턴 법칙으로 환원되므로, 그는 일반상대성의 효과가 작긴 하지만 검출할 수 있을 정도의 큰 상황을 찾아야 했다. 그는 당시 이용 가능한 기술로 실질적 검증 가능성이 엿보이는 세 가지 예측을 했다.

그런 예측 중 하나는 '사후예측postdiction'이라고 말하는 편이 더 적절할 수도 있다. 이미 알려져 있는 수성의 운동에 담긴 수수께끼를 설명하는 것이기 때문이다. 태양의 중력은 각 행성에 가해지는 주된 힘이다. 행성들은 서로를 끌어당기기도 하지만, 이 효과는 상대적으로 작다. 앞서 뉴턴은 태양의 힘만을 고려하여, 케플러가 관측했듯이 행성들이 타원 궤도를 돌 것임을 보여주었다. 뉴턴은 다른 행성들의 인력을 무시하고 이런 궤도들이 언제나 같은 모양과 방향을 유지한다고 보았다.

뉴턴의 시대에도 천문학자들은 행성의 운동을 정확히 연구했다. 행성들이 서로 미치는 인력 같은 온갖 작은 효과들을 포함하여 보정하면서 궤도를 종이에 꼼꼼히 계산했다. 그들은 이런 계산 결과를 마찬가지로 꼼꼼한 관측 결과와 비교했다. 그들은 다른 행성 및 다른 효과 때문에 일어나는 작은 변화가 쌓이면서 뉴턴의 궤도가 서서히 달라진다고 결론지었다. 즉 타원 자체가 시간이 흐르면서 서서히 회전한다고 했다. 이를 근일점의 세차 운동precession of the perihelion이라고 한다(고등학생 때 배운 해석기하학을 나보다 잘 기억하고 있는 독자도 있을 것이다). 1850년대에 이미 천문학자들은 수성의 세차 운동이 뉴턴 법칙으로 예측한 값에 **딱** 들어맞지 않는다는 것을 알아차렸다. 조금 어긋났다. 그들은 작고 보이지 않는 행성이나 먼지 때문일 수 있다는 등 다양한 설명을 제시했지만, 그 어느 것도 설득력이 높지 않았다.

아인슈타인은 수성의 운동이 이 설명에 일치하지 않는다는 사실을 알고 있었다. 그는 수성이 태양에 가장 가까이 있는 행성이기에 중력을 가장 강하게 받으며, 따라서 자신의 이론을 검증하기에 좋은 사례임을 알아차렸다. 아인슈타인은 뉴턴의 결과를 보정하는 계산을 시작했다. 그는 자신의 이론이 관측된 세차 운동을 정확히 설명한다는 것을 깨달았다. 그때 그가 어떤 느낌을 받았을지 나는 그저 상상만 할 수 있을 뿐이다. 물리학자에게 새로운 자연법칙의 발견은 탁월한 성취다. 나는 몇 가지 자연법칙을 추정했지만, 그중 하나라도 참일 가능성은 대개 그리 높지 않다. 실제로 아인슈타인은 엄청나게 흥분했다고 회고했다. 심장이 두근두근 뛰는 것이 느껴졌다고 했다. 수성의 근일점 세차 운동을 보정한 계산 결과를 얻자 그는 자신의 이론이 옳다고 확신하기에 이르렀다.

그러나 관측 때 나타날 수 있는 불일치를 설명하기 위해 이론을 창안하는 일은 여전히 더 '틀에 박힌' 과학의 세계에 속해 있다. 앞으로 나올 관측 결과를 예측할 수 있다면 더 낫다. 그가 내놓은 두 번째 예측은 아직 이루어진 적 없는 측정을 제시하면서 결과를 예측했다는 의미에서 진정한 예측이었다. 뉴턴의 이론은 중력이 질량에 작용하는 힘이라고 기술한다. 태양 근처를 지나는 인공위성의 경로는 태양의 중력 때문에 휘어질 것이다. 그러나 특수상대성이론에서는 질량이 에너지의 한 형태일 뿐이며, 일반상대성이론에서는 중력이 모든 형태의 에너지에 작용한다고 본다. 빛은 질량이 전혀 없지만, 에너지를 지닌다. 따라서 직선으로 나아가는 광선의 경로는 중력이 강한 천체 옆을 지날 때 휘어져야 한다. 그 이론을 완전히 발전시키기 전인 1911년 아인슈타인은 그 효과를 계산하려고 시도했다. 그는 일식 때 태양 가까이에 있는 별들의 위치가 약간 달라지는 것을 볼 수 있어야 한다고 예측했다.

아인슈타인은 천재였으며, 운까지 좋았다. 앞서 말했듯이, 일반상대성의 수학은 복잡하며, 당시에는 좀 낯설기도 했다. 아인슈타인은 자신의 이론을 최종 형태로 발전시키기 전에, 태양에 빛이 휘어지는 정도를 처음 계산하면서 실수를 했다. 그는 $E=mc^2$을 통해서 빛의 에너지를 질량과 동등하다고 취급한다면 뉴턴이 얻었을 법한 값을 얻었다. 그 예측이 맞는지 관측하기 위해서 1912년에 그리고 1914년에 일식 때 빛의 휘어짐을 관측할 탐사대가 꾸려졌지만 결과를 얻는 데 실패했다. 첫 번째는 비 때문에 관측을 못했고, 두 번째는 제1차 세계대전이 터지는 바람에 취소되었다. 일반이론의 최종판을 발표한 해인 1915년에야 그는 빛이 휘어지는 정도를 올바로 계산한 결과를 얻었다. 뉴턴이 추측한 값의 2배였다. 전쟁 때문에 실제 관측은 계속 미루어질 수밖에 없었다. 이윽고 1919년 두 탐사대가 떠났다. 영국 천문학자 아서 에딩턴Arthur Eddington이 이끄는 탐사대는 프린시페섬으로 향했고, 그리니치 천문대의 앤드루 크로멜린Andrew Crommelin이 이끄는 탐사대는 브라질로 향했다. 그들은 그 효과를 관측하는 데 성공했다. 관측 결과는 왕립협회와 왕립천문학회의 합동 회의에서 발표되었다. 아인슈타인의 예측은 입증되었다.

이때쯤 아인슈타인은 이미 과학계에서 잘 알려져 있었고 그를 다룬 기사가 이따금 대중 언론에 실리기도 했지만, 그의 이름이 흔히 들리면서 친숙해진 것은 이때부터였다. 1919년 11월 17일자 〈런던 타임스〉의 헤드라인이 그 전형적인 사례였다. "과학에 혁명이 일어나다. 새로운 우주론. 뉴턴의 개념이 뒤집히다."

내가 학생 때 아인슈타인의 일반상대성이론은 매혹적인 주제였다. 자칭 이론물리학자라면 당연히 알고 있어야 하는 것이기도 했다. 그러나 실제로 그것을 **연구**해볼까 한다고 말했다가는 난감한 상황에 처했을 것이다. 당시에 그 이론이 옳다는 증거는 매우 적었고 (근일점과 빛의 휘어짐 외에는 적색이동redshift이라는 현상뿐이었다) 몽상가만이 새로운 검증 방법이 있으리라고 상상할 것이었다. 설상가상으로 그 이론은 다음 장에서 다룰 양자역학과 결합하면 잘 들어맞지 않는 듯했다. 그 문제에 매달리다가는 더욱 이상한 길로 빠지게 되었다. 그럼에도 당시의 뛰어난 이론가들은 대부분 이런 쟁점들에 매달려본 경험이 있었다. 리처드 파인먼과 레프 란다우Lev Landau(20세기 아제르바이잔의 위대한 이론물리학자)도 그랬다. 아마 더 유명한 인물일 스티븐 호킹은 1980년대에 일반상대성과 양자역학을 조화시킬 수 있다는 개념에 의문을 제기하면서 양자역학을 재정립할 필요가 있다고 주장했다.

내가 물리학자로 살아오는 동안, 모든 것이 극적으로 변해왔다. 아인슈타인의 이론은 현재 잘 검증된 이론이다. 일반상대성이론과 관련된 지식은 우주 탐사의 중요한 도구가 되었다. 블랙홀 관측은 거의 일상적으로 이루어진다. 일반상대성이론은 현재의 우주 구조를 파악하고 더 나아가 뒤에서 살펴볼 빅뱅을 이해하는 데 필수적인 도구다. 그 이론이 한 세기 전 예측했던 중력파가 최근 발견되면서 천체물리학적 현상을 들여다보는 데 새로운 창문이 열렸다. 일반상대성이론은 우리가 쓰는 길찾기 앱에도 사용된다(지구 위치 확인 시스템인 GPS를 통해서). 양자역학 측면에서도 우리는 많은 것을 밝혀내왔다. 비록 우리가 이해하고 있는 것(그리고 우리가 모르는 것에 관한 단서)을 실험으로 검증하려면 시간이 필요하겠지만 말이다.

일반상대성이론에서 시간의 문제

아인슈타인이 1915년 논문에서 제시한 검증 방법 중 처음 두 가지는 우리가 앞서 다룬 것이다. 수성 궤도의 세차 운동과 태양 주변에서의 빛 휘어짐이다. 세 번째는 시간과 직접적으로 관련이 있었다. 특수상대성이론에서 서로 상대적으로 움직이는 두 관찰자는 지금이 몇 시인지에 동의할 수 없을 뿐 아니라, 두 사건이 동시에 일어났다는 말에도 동의할 수 없다. 아인슈타인의 일반상대성이론에서는 상황이 더욱 극단적이 된다. 한 예로, 거대하고 무거운 별 주변의 중력장에서는 시간이 더 느리게 흐른다. **중력 적색이동**gravitational redshift이라고 하는 이 효과는 1959년 로버트 파운드Robert Pound와 글렌 레브카Glen Rebka의 실험을 통해 처음 관찰되었다. 지구에서는 이 효과가 아주 작다. 파운드와 레브카는 특정한 원자 과정에서의 진동수(1초 동안 뛰는 횟수)가 중력 때문에 어떻게 변하는지를 측정했다. 그 효과는 겨우 1,000만 분의 1이었다! 그 원자가 1초에 2×10^{19}번, 즉 5×10^{-20}초마다 1번 째깍거리는 시계라고 생각하자. 파운드와 레브카는 하버드대학교의 한 건물에서 창의적인 실험을 통해서 1초에 약 10^{12}번 째깍거리는 변화가 일어났음을 관찰했다. 약 10^{-26}초마다 째깍거리는 쪽으로 바뀐 것이다! 태양 표면에서는 중력이 지구 표면보다 약 3,000배 더 강하며, 시간은 약 1,000분의 1 더 느리게 흐른다.

중성자별 가까이에서는 중력장이 훨씬 더 큰 효과를 미칠 것이다. 중성자별은 우주에서 벌어지는 가장 극적인 사건 중 하나인 초신성supernova 폭발의 잔해다. 대개 우리 태양의 질량에 맞먹는 질량이 지름 1km의 공으로 압축되어 있다(우리 태양은 지름이 약 70만km다). 따라서 중성자별은 태양보다 약 10^{18}배 조밀하다. 본질적으로 중성자들이 아주 빽빽하게 들어차 있어서 중성자별이라고 한다. 중성자별의 표면에서는 물 1g(약 티스푼 하나 분량)의 무게가 약 1만 t에 달할 것이다(지표면에서보다 약 10억 배 더 무겁다). 이런 환경에서는 시간이 정말로 확연히 느려진다. 한 시간이 두 시간이 된다. 사실 중성자별의 정확한 질량에 따라서는 훨씬 더 길어질 수도 있다.

하지만 드라마는 이제 겨우 시작되었을 뿐이다. 중성자별은 블랙홀이 되기 직전의 상태다. 블랙홀 안팎에서는 공간과 시간이 마구 뒤엉킨다. 사실 질량이 태양만 한 블랙홀은 중성자별과 마찬가지로 별이 붕괴하면서 형성되었을 것이다.

중성자별 가까이에서는 정말로 살아남기가 쉽지 않을 것이다. 우리는 지구의 표면에 있을 때보다 10억 배 더 무거워질 뿐 아니라, 발이 머리보다 훨씬 더 강한 중력을 받는다. 수백만t을 넘는 힘에 몸이 갈가리 찢겨나갈 것이다.

걱정 마시라. 우리가 중성자별까지 여행할 날이 오려면 멀었으니까. 그래도 훗날 혹시 근처를 지나갈 일이 있다면, 너무 가까이 가지 않도록 조심하자. 과학 소설의 소재라는 점과는 별개로, 이 사례는 중력의 효과가 얼마나 극단적일 수 있는지를 잘 보여준다. 특히 태양의 표면 근처에서 작게 나타나는 빛의 휘어짐 효과가 중성자별에서는 엄청나게 증폭되어 나타난다. 중성자별의 표면에서 생성된 빛은 너무나 강한 중력 때문에 거의 빠져나오지 못할 것이다.

블랙홀은 중성자별보다 더욱 극단적인 환경이다. 블랙홀이라는 개념은 1939년 로버트 오펜하이머Robert Oppenheimer가 처음으로 떠올렸다. 당시 그는 UC버클리에서 제자인 하틀랜드 스나이더Hartland Snyder와 함께 연구 중이었다. 그들은 별이 붕괴할 때 중성자별만 생기는 것이 아니라 더욱 밀도가 높은 천체도 생길 수 있다는 사실을 깨달았다. 밀도가 너무나 높아서 빛조차 **중력을 이기지 못해 탈출할 수 없는** 천체였다. 이 연구를 한 지 얼마 지나지 않아서 오펜하이머는 맨해튼 계획(제2차 세계대전 때 미국의 핵무기 개발 계획)에 뛰어들었고 그 뒤에는 과학 행정과 정책 분야에서 활동하느라 이 연구로 되돌아오지 못했다. 많은 이들이 이 연구를 그가 순수과학 분야에서 이룬 가장 중요한 업적이라고 평가한다. 오펜하이머-스나이더의 연구가 어떤 결과로 이어지는지를 분석하는 데 성공한 사람은 프린스턴대학교 물리학자인 존 아치볼드 휠러John Archibald Wheeler였다. 이런 천체에 **블랙홀**이라는 이름을 붙인 사람이 바로 휠러였다. 휠러와 그 뒤의 연구자들은 별이 폭발한 뒤에 남은 물질 덩어리가 충분히 무겁다면, 시간과 공간을 심하게 왜곡해 시야에서 아예 영구히 사라진다는 것을 알아냈다. 지구의 곡률 때문에 배가 수평선 너머로 가면 더이상 볼 수 없는 것과 마찬가지다(해발 100m에서 바다를 내다볼 때 수평선은 약 35km 거리에 있다). 블랙홀은 단 몇 가지 특징만을 지니게 되는데, 첫째 질량, 둘째 전하를 지닌다면 그 전하 그리고 자전 속도(지구가 약 24시간을 주기로 자전하는 것처럼)다. 원래 별이 지니고 있던 다른 모든 정보는 다 사라지는 듯하다.

사건 지평선event horizon이라고 하는 블랙홀의 이 지평선은 기이한 곳이다. 블랙홀의 표면이라고 볼 수도 있다. 블랙홀의 중심에서부터 여기까지는 시간과 공간이 뒤섞여 있다. 시간은 공간처럼 행동하고, 공간은 시간처럼 행동한다. 사실 사건 지평선은 블랙홀로 떨어지는 물체가 결코 돌아올 수 없는 지점이자, 내부에서 기원한 빛이 갈 수 있는 가장 먼 지점이다. 여기서 뉴턴의 절대시간 개념은 더욱 초라해진다.

그러나 블랙홀이 충분히 클 때, 로켓을 타고 이 지평선을 넘는 여행자는 아무것도 알아차리지 못할 것이다. 관제소와 통신이 불가능해지면 비로소 문제가 있음을 알아차릴 것이다. 진짜 재앙은 블랙홀의 중심에 다가갈 때에야 나타날 것이다. 중성자별

여행자처럼 이들도 갈가리 찢길 것이다. 이곳에서는 공간과 시간 개념을 과연 적용할 수 있을지조차 불분명하다(가여운 우주 여행자는 이를 신경 쓸 겨를도 없을 것이다). 물리학자와 수학자는 블랙홀의 중심을 특이점singularity이라고 한다. 특이점(그리고 그 특이점 근처)에서는 아인슈타인의 방정식이 더 이상 들어맞지 않는다. 그렇다면 이곳에서는 실제로 어떤 일이 일어날까?

내가 대학원생이었을 때 블랙홀은 아직 추측의 대상이었다. 천문학자들이 블랙홀일 수도 있다고 추측한 별이 하나 있었는데, 시그너스 X-1이라는 천체였다. 지구에서 약 6,000광년 떨어져 있으며 눈에 보이는 별 하나와 그 주위를 도는 치밀한 천체로 이루어진 항성계였다. 두 번째 천체는 무거웠고 움직이면서 첫 번째 천체에 미치는 영향을 통해 그 존재를 검출할 수 있었다. 이 항성계는 X선도 방출했다. 시간이 흐르자 시그너스가 블랙홀을 지닌다는 점이 확실해졌다. 쌍을 이룬 별이 방출하는 복사선 연구를 통해서다(물론 블랙홀 자체가 X선을 내뿜는 것은 아니다). X선은 블랙홀에 빨려드는 별의 잔해에서 방출된다. 블랙홀의 질량은 블랙홀이 별의 가시적 운동에 미치는 효과를 통해 추론할 수 있다. 이제 천문학자들은 보통 별이 붕괴하여 형성되는 이 정도 질량의 천체는 모두 블랙홀이라는 것을 알고 있다.

지금은 블랙홀이 아주 흔하다는 사실이 잘 알려져 있다. 시그너스 X-1과 비슷하게 다른 별과 쌍을 이루고 있고, 쌍성binary star(2개의 별이 서로 중력을 작용하면서 공통 무게중심의 주위를 일정한 주기로 공전하는 항성-옮긴이)에서 방출되는 X선을 통해 블랙홀이 발견되는 경우가 많이 있다. 또 지난 몇 년 사이에 블랙홀들이 서로 충돌할 때 방출되는 중력파를 통해서 더욱 무거운 블랙홀들도 발견되고 있다. 아마 더욱 놀라운 점은 많은 은하의 중심에서 초질량 블랙홀supermassive black hole이 발견된다는 사실일 것이다. 우리 은하의 중심에도 블랙홀이 있으며, 태양 질량의 약 400만 배에 달한다. 따라서 자연은 아인슈타인 이론이 말하는 공간과 시간의 교란을 직접 보여준다.

2020년 라인하르트 겐첼Reinhard Genzel, 앤드리아 게즈Andrea Ghez, 로저 펜로즈Roger Penrose는 블랙홀 연구로 노벨상을 공동 수상했다. 게즈는 초질량 블랙홀을 연구했는데, 나는 그녀가 노벨상 수상자에 포함되었다는 사실이 특히 더 기뻤다. 2000년대 초 나는 한 학술대회에서 입자천체물리학의 미래를 주제로 초청 강연을 했다. 미국 국립과학재단National Science Foundation과 에너지부가 후원한 대회였다. 파워포인트 소프트웨어가 막 인기를 끌기 시작하던 시기였는데 나는 투명한 플라스틱 필름에 마커로 적은 강연 자료를 준비했다. 나보다 앞서 미국 항공우주국NASA의 고위 인사가 강연을 했다. 그녀는 파워포인트로 아주 멋진 슬라이드를 띄웠고, 우리 은하의 중심에 있다고 상상한 블랙홀의 이미지를 보여주면서 이를 NASA가 연구할 계획이라고 말했다. 당시에 그 블랙홀은 아직 추측 단계에 불과한 것이었는데 말이다. 낡은 방식으로 자료를 준비한 나는 좀 민망해졌다. 하지만 다행스럽게도, 다음 강연자인 저명한 망원경 설계자 로저 에인절Roger Angel이 투명 필름에 검은 마커로 거의 알아볼 수 없이 끼적인 자료를 갖고 나왔다. 적어도 나는 여러 색깔의 마커로 깔끔하게 적었는데 말이다. 아무튼 이 이야기에서 진짜 하고 싶은 말은 그때깔 좋은 발표가 이루어진 지 2년이 채 지나기도 전에 앤드리아 게즈가 주위에서 도는 별들의 궤적을 연구하여 블랙홀의 존재를 밝혀냈고, 나는 강의 시간에 그녀의 웹사이트에서 내려받은 그 시각 자료를 쓰게 되었다는 사실이다. 게즈는 뒤에서 우리 이야기에 다시 등장할 것이다.

빅뱅

우주 전체를 생각할 때, 우리의 공간과 시간 개념은 더욱더 심각한 위협에 놓인다. 시간은 그 시작점이 있다.

아인슈타인 이론에서 시공간을 구부리는 것은 에너지다. 그러나 태양의 표면이나 수성의 궤도에서조차도 그 효과는 아주 작다. 그래서 아인슈타인을 비롯한 여러 과학자들은 상상할 수 있는 가장 큰 에너지 쪽으로 용감하게 시선을 돌렸다. 바로 우주 전체였다. 용감하다고 말한 이유는 현재 밝혀진 것과 비교해보자면 당시 천문학자들은 멀리 130억 광년에 이르는 곳까지 우주의 상세 지도를 작성하기는커녕 우리 은하수조차도 제대로 이해하지 못한 상태였기 때문이다.

20세기 초 인류의 우주 지식은 빈약한 수준이었다. 우주의 세부 특징들을 아인슈타인 방정식에 대입하는 일은 종이와 연필을 쓰던 당시의 기술 수준으로 보자면 엄두조차 내기 어려운 문제였다. 그래서 아인슈타인은 먼저 우주를 단순화했다. 언뜻 제정신이냐고 물을 수도 있을 정도로 말이다. 그는 우리가 어디를 보든 어느 방향을 보든, 우주는 동일한 모습이라고 가정했다. 사실 완전히 미친 짓은 아니었다. 그는 아주 큰 규모에서 보거나 아주 뭉뚱그려서 보면 우주가 그런 특성을 지닌다는 가설을 채택했을 뿐이다. 우주에서 지구를 본다고 생각해보자. 지구는 일종의 색칠한 공처럼 보인다. 표면의 상세한 구조는 알아볼 수 없다. 아인슈타인의 이 '우주원리Cosmological Principle'도 그런 특성을 지닌다. 그러나 당시에는 이 가설을 뒷받침하는 증거가 전혀 없었다. 이렇게 뭉뚱그린 상태에서도 그랬다.

이 가정으로부터 전혀 새로운 결과가 나왔다. 실험과 관측에 관한 정확한 예측을 담은 모형, 우주 전체의 모형이었다! 이와 관련된 방정식은 1922년 상트페테르부르크의 러시아 물리학자 알렉산드르 프리드만Alexander Friedmann이 처음으로 유도하여 풀었다. 그렇게 얻은 해의 가장 놀라운 특징은 우주가 **정적이지 않다**는 것이다. 즉 우주는 시간이 흐르면서 팽창한다고 나왔다. 이 말은 좀 수수께끼 같다. 우주가 팽창한다는 것이 무슨 의미일까? 이를 풍선을 부는 것에 비유할 수 있다. 실제 수학도 그리 많이 다르지 않다. 불기 전 풍선의 표면에는 별과 은하를 나타내는 점들이 다닥다닥 찍혀 있다. 2차원 우주인 셈이다. 이제 풍선을 불면 어떻게 될까? 풍선이 부풀수록 점들은 점점 서로 멀어져간다. 한 별(점)의 관점에서 보자면, 다른 모든 별들이 멀어져가는 듯하다. 아인슈타인 이론은 이 현상을 정확히 예측했다. 2차원 공간이 아니라 3차원 공간인 세계라는 점이 달랐을 뿐이다. 또 그 이론은 별이 우리에게서 멀어지는 속도가 우리와 별 사이의 거리에 비례한다는 것도 예측했다.

이 지적 도약의 특성을 이해하려면, 당시 우주를 큰 규모에서 바라보기에는 우리의 지식이 매우 제한적이었다는 점을 인식하는 것이 중요하다. 사실 천문학자들, 특히 에드윈 허블Edwin Hubble이 우리 은하 이외에 다른 은하들이 존재한다는 사실을 발견한 것도 이 무렵이었다. 1889년에 태어난 허블은 이런저런 분야를 기웃거린 끝에 천문학에 발을 들였다. 그는 처음에 부친이 바라는 대로 법학을 공부했다. 그 뒤에 고등학교에서 얼마간 학생들을 가르치다가 부친이 돌아가신 후 시카고대학교 천문학 전공 대학원생이 되었다. 그는 제1차 세계대전 때 육군에서 잠시 복무한 다음 영국 케임브리지대학교로 가서 천문학을 더 공부한 뒤, 1919년 캘리포니아 패서디나에 있는 윌슨산 천문대에 자리를 얻었다. 당시 세계 최대의 망원경이 있던 이곳에서 그는 드넓은 우주를 관측할 수 있었다. 누구나 원할 법한 자리였다. 당시 많은 천문학자들은 은하수가 곧 우주라고 믿었다. 하지만 허블의 연구는 그런 시각을 바꾸었다. 허블은 다른 은하들이 있음을 발견했을 뿐 아니라, 그 은하들이 우리 은하에 상대적으로 어떻게 움직이는지를 측정했다. 그러자 평균적으로 은하들이 모두 우리와의 거리에 비례하는 속도로 우리로부터 멀어지고 있다는 것이 드러났다. 이 비례 상수는 허블상수Hubble constant라고 불리게 되었다.

나는 대학원생 때 한 세미나에서 허블의 측정 결과를 처음 들었던 일을 기억한다. 발표자인 천문학자 버지니아 트림블Virginia Trimble은 잠시 말을 멈추었다가 이 결과가 코페르니쿠스가 틀렸음을 보여주는 것으로 해석될 수도 있다고 말했다. 코페르니쿠스는 실제로 우리가 있는 곳이 우주의 중심이라고 했다. 그녀는 다른 가능성을 언급했다. 앞서 살펴보았듯이, 우주를 풍선의 표면이라고 생각한다면, 팽창하는 우주는 어디나 똑같아 보일 수 있다는 것이다.

아무튼 허블이 처음에 내놓은 결과는 아인슈타인 이론이 예측한 것과 정확히 들어맞았다. 허블의 측정값은 사실 아주 정밀하지는 않았다. 그가 계산한 우주 팽창 속도는 현재 알고 있는 값과 거의 10배 차이가 났다. 그렇지만 그 연구는 이후 한 세기 넘게 이어지고 있는 작업 즉 우주의 대규모 구조를 찾고 아인슈타인의 이론을 검증하면서 우주의 역사를 이해하려는 활동의 출발점이 되었다.

현재의 우주를 출발점으로 삼아 아인슈타인의 이론은 우주가 팽창하고 있다고 예측했다. 따라서 시간을 기슬러 올라간다면, 우주는 계속 수축할 터였다. 까마득히 오래 전으로 거슬러 올라간다면, 우주는 우리가 상상할 수 있는 것보다 훨씬 더 무한히 작아질 것이다. 그 안에 모든 것이 빽빽하게 뭉쳐 있을 것이다. 수학자들은 아인슈타인 방정식에서 시간이 시작된 시점을 특이점singularity이라고 묘사했다. 특이점에서는 이 방정식이 적용되지 않는다. 우리는 이 순간을 **빅뱅**이라고 부른다. 아인슈타인 이론은 이 시점에서 무너진다. 정확히 언제 무너지고 그 이전에는 어떤 일이 있었는지는 이 책에서 우리 탐험의 핵심 주제가 될 테지만, 지금은 아인슈타인과 동시대인들처럼 그 결과를 그 방정식의 한 특징이라고 보기로 하자.

전반적으로 어떤 시각을 취하느냐에 따라 시간에 시작이 있다는 개념은 골칫거리가 될 수도, 혹은 매혹적인 것이 될 수도 있다. 영국의 위대한 천문학자 프레드 호일Fred Hoyle에게는 분명히 골칫거리였다. 그는 그 개념을 거의 종교적이고 비과학적인 것이라고 보았다. 사실 빅뱅이라는 말을 만들어낸 것은 바로 그였다. 그는 한 라디오 대담에서 그 표현을 썼는데, 찬사를 보내는 의미는 아니었다(나중에 그는 조롱의 의미도 아니라고 주장하긴 했다). 그러나 뒤에서 말하겠지만, 시간이 흐르면서 그 이론을 뒷받침하는 증거들이 압도적으로 많아졌다. 그런 한편으로 그 이름도 굳어졌다. 1993년, 잡지 〈스카이앤드텔레스코프〉는 이 이론의 지위가 향상된 것을 반영해 새 이름을 뽑자고 나섰다. 하지만 그때쯤 이미 빅뱅이라는 명칭이 너무나 인기가 있었기에, 잡지사는 그냥 원래 명칭을 쓰는 편이 더 낫다는 사실을 깨달았다.

우주의 짧은 역사

먼 과거를 돌아볼 때, 아인슈타인을 통해 두 차례에 걸쳐서 갱신되고 다듬어진 우리의 시간 개념은 적어도 빅뱅이 일어나고

1초가 되기 한참 전까지는 적용해도 안전하다. 따라서 우리는 극도로 초기의 우주 역사를 재구성해볼 수 있다. 우리는 빅뱅에서 3분이 지났을 때 우주가 어떤 모습이었는지를 알려줄 꽤 믿을 만하고 잘 이해된 증거를 갖고 있다. 우리는 그 뒤로 이어진 다양한 시대를 추적할 수 있으며, 적어도 수백억 년 뒤의 미래까지도 내다볼 수 있다.

시간을 계속 거슬러 올라가면 우리가 보는 별, 은하, 먼지 입자 같은 것들은 모두 하나로 뭉쳐서 짓눌린다. 충분히 거슬러 올라가면, 행성, 별, 은하는 모두 해체되어 원자 집합이 된다. 그것들은 점점 더 모여서 짓눌리면서 점점 뜨거워진다. (역사를 되감는 이 동영상에서) 우주는 점점 더 작아지면서 점점 더 뜨거워진다.

이런 식으로 시계를 거꾸로 돌리다보면 좀 어지럽다. 더 현명한 접근법은 러시아에서 망명한 물리학자 조지 가모George Gamow 와 그의 대학원생인 랠프 앨퍼Ralph Alpher가 제2차 세계대전 직후에 개발한 것이다. 가모는 스탈린의 억압을 피해 소련을 탈출하여 1933년에 프랑스로 갔다가, 다음해 미국으로 갔다. 여생 동안 그는 세인트루이스에 있는 워싱턴대학교와 볼더에 있는 콜로라도대학교에서 활동했다. 그는 핵물리학 분야에 탁월한 기여를 했다. 그는 대중 과학서 작가로도 성공을 거두었는데, 장난꾸러기 같은 면을 갖고 있기도 했다. 특히 중요한 업적은 그가 아인슈타인의 우주론을 별과 행성이 형성되기 이전 시기까지 끌고 갔다는 것이다. 그럼으로써 극도로 초기의 우주 역사를 설득력 있게 제시할 수 있었고, 허블이 관측한 팽창을 넘어서서 이를 관측을 통해 검증하는 것이 가능해졌다.

가모와 앨퍼는 빅뱅 직후 몇 초 이내에는 우주가 **극도로** 뜨거웠다고 가정하는 것에서 출발했다. 그들이 상정한 온도는 태양의 중심보다 수백만 배 더 뜨거운 섭씨 약 4,500만 도였다.

온도는 원자와 분자가 움직이는 속도의 한 척도다. 우리 주변의 공기 속 분자들은 빠르게 움직인다. 상온에서 대개 1초에 약 100m를 움직이는데 1시간으로 따지면 100km쯤 간다. 대개 모든 방향으로 움직이면서 서로 자주 충돌한다(또 우리와도 충돌하는데 그래서 우리는 온기를 느낀다). 분자는 빠르게 움직이지만, 아인슈타인이 속도의 기준으로 삼은 광속보다는 극도로 느리다. 상온보다 온도가 10^5배, 즉 10만 배 더 높은 태양의 중심핵에서는 원자가 광속의 약 10^{-4}배로 움직인다. 전자가 양성자에 달라붙을 수 없을 정도로 빠르다. 그래서 태양의 중심핵은 주로 이온 가스로 이루어져 있다. 그러나 가모와 앨퍼는 모든 기체가 이온이 될 뿐 아니라 원자핵 자체도 결합되어 있을 수 없는 온도를 생각했다. 그들은 양성자, 중성자, 전자, 광자photon(빛을 이루는 입자로서, 우리의 거의 모든 이야기에서 중요한 역할을 맡고 있다)가 따로따로 거의 자유롭게 움직이는 우주를 상상했다. 그들은 약 10^{14}도를 상상했다(여기서 온도가 화씨인지 섭씨인지 K(켈빈)인지는 중요하지 않다. 화씨 1조 도는 섭씨 약 2조 도이고, K은 섭씨보다 273도 높을 뿐이다).

이런 고온에서는 양성자, 중성자, 전자, 광자뿐 아니라 기이한 입자도 하나 있다. 중성미자neutrino라는 이 입자는 앞으로 우리 이야기에 계속 나올 것이다. 중성미자는 중성자와 양성자의 수를 본질적으로 같게 유지할 수 있다. 이중 역할을 하기 때문이다. 첫째, 중성미자는 양성자와 충돌하여 중성자와 다른 입자들을 생산할 수 있다. 둘째, 중성자는 방사성 붕괴를 일으켜서 중성미자, 양성자, 전자를 생성할 수 있다. 광자는 양성자와 충돌해서 양성자와 중성자가 결합하여 더 복잡한 원자핵을 형성하는 것을 막으며, 전자와 충돌해서 원자를 형성하지 못하게 막는다.

그러나 우주가 생창하면서 식어가자, 이 다양한 구성 성분들의 움직임도 느려졌다. 이윽고 중성미자는 양성자를 중성자로 바꿀 만큼의 에너지를 지니지 못하게 되었다. 중성자 중 일부는 붕괴했다. 일부는 양성자와 결합하여 수소의 동위원소를 형성했다. 원자핵에 양성자와 중성자가 하나씩 들어 있는 이 동위원소를 중수소deuterium라고 한다. 양성자와 중성자는 결합하여 헬륨과 리튬 같은 더 복잡한 원자의 핵을 형성할 수도 있다. 사실 우주의 물질 중 상당수를 이루는 중수소, 헬륨, 리튬 같은 원자핵은 이런 식으로 형성된다. 더 무거운 원자핵은 주로 훨씬 뒤에 별에서 수소 원자가 탈 때 형성되었다. 초기 우주에서 더 가벼운 원소의 핵이 형성되는 과정을 원시 핵합성primordial nucleosynthesis 이라고 한다. 이 과정은 빅뱅으로부터 약 3분이 지났을 때 일어났다. 우리는 당시 각 가벼운 원소가 얼마나 있었을지 예측할 수 있을 만큼 핵반응과 우주의 특성을 충분히 알아냈다. 천문학자들은 우주에 있는 수소, 헬륨, 기타 가벼운 원소들의 비율을 측정했는데, 이론으로 예측한 값과 아주 잘 들어맞았다.[2]

그런데 이런 사항들로부터 또 다른 놀라운 예측이 출현했다. 이 단계에서 우주는 아직 극도로 뜨거웠다. 원자는 K 온도로 100만 도 밑으로 떨어지기 전까지는 생성될 수가 없다. 가모와 앨퍼는 이 연구를 할 때, 우주의 나이가 얼마나 되었을 때 이 온도에 다다랐는지를 대강 추정했을 뿐이었다. 현재 우리는 빅뱅 이후로 약 10만(10^5)년이 지났을 때 중성 원자가 형성된다는 사실을 알고 있다. 가벼운 원소들의 비율이 빅뱅 이후 최초 3분간의 유산인 것과 마찬가지로 10만 년이 지났을 때 생긴 유산도 있다. 더욱 인상적인 화석이라고 할 수 있는 이 유산은 바로 우주를 채우고 있는 마이크로파, 즉 우주마이크로파배경복사cosmic microwave background radiation, CMBR다. 이 복사가 출현한 시기를 **우주 재결합 시간**cosmic recombination time이라고 한다.

그 이전까지 광자(아인슈타인이 1907년에 제시한, 빛을 구성하는 입자)는 나아가다가 전자와 양성자에 계속 부딪치는 바람에 멀리 가지 못했다. 그러다가 온도가 떨어지면서 전자와 양성자가 결합하여 중성 원자를 이루자 광자는 거의 아무런 방해도 받지 않은 채 우주 전체로 뻗어나갈 수 있게 되었다. 가모와 앨퍼는 그때 뻗어나간 광자가 지금도 돌아다니고 있을 것이라고 보았다. 우주 재결합 당시 생겨난 광자의 파장은 가시광선의 파장과 비슷했을 것이다. 그러나 아인슈타인의 적색이동 때문에, 그 광자는 현재 훨씬 더 긴 파장을 지닌다. 가정에서 쓰는 전자레인지의 마이크로파와 비슷하다.

우주마이크로파배경복사는 가모와 앨퍼의 연구가 이루어진 지 약 20년 뒤인 1964년에 놀랍고도 우연한 계기로 발견되었다.

당시 대기업에서 운영하는 뛰어난 기업 연구소들이 몇 군데 있었다. 특히 두드러진 곳은 벨 연구소Bell Labs로서, 뉴저지 몇몇 지역에 분소가 있었다. 이 연구소는 당시 전화 통신을 독점하고 있던 기업인 AT&T가 운영했다. 또 뉴욕 요크타운하이츠의 IBM 연구센터도 있다. 이런 연구소의 과학자들은 모기업의 활동과 직접 관련이 있는 연구를 주로 했지만, 과학적으로 흥미롭다고 생각하는 의문들을 자유롭게 추구하는 경우도 있었다. 뉴저지 홈델의 벨 연구소에서 일하던 두 물리학자 아노 펜지어스Arno Penzias와 로버트 윌슨Robert Wilson은 전파천문학을 연구할 커다란 안테나를 만들었다. 그들은 성실한 실험자들이었기에 먼저 장치를 검사하고자 했고 아무런 신호도 들리지 않으리라 예상하고서 안테나를 아무것도 보이지 않는 하늘로 돌려놓고 검사했다. 그런데 뭔가 신호가 잡혔다. 자동차 라디오를 돌릴 때 들을 수 있는 웅웅거리는 배경 소음과 다소 비슷했다. 처음에 그들은 장비에 문제가 있다고 생각해 문제의 원인을 알아내고자 이런저런 검사를 시작했다. 원인을 찾아내지 못하자, 그들은 비둘기들이 안테나에 둥지를 튼 것을 보고는 새똥이 원인이 아닐끼 추정했다. 그래서 안테나를 분해해 청소까지 했다. 그래도 신호는 여전히 들렸다. 그러던 중 그들은 프린스턴대학교의 천체물리학자인 로버트 디키Robert Dicke와 짐 피블스Jim Peebles를 만났다. 두 천체물리학자는 전부터 우주마이크로파배경복사 문제를 붙들고 씨름하고 있었다. 피블스는 이론 쪽이었고, 디키는 그것을 찾아낼 실험을 고안하고 있었다. 그들이 벨 연구소의 두 연구자에게 그 복사의 진동수와 세기를 설명하자마자, 펜지어스와 윌슨은 자신들이 발견한 신호가 그것이 맞는지 알아내는 일에 착수했다. 물론 이 이야기의 요점은 바로 그 신호가 맞았다는 것이다. 초기 데이터는 빈약했다. 신호의 세기가 약해서 그 진동수의 값 몇 개만 알아볼 수 있었지만, 그 뒤로 몇 년에 걸쳐 헌신적으로 측정을 계속하자 상황은 극적으로 개선되었다. 곧 신호의 세기, 신호가 진동수에 따라 달라지는 양상이 가모와 앨퍼, 이어서 피블스를 비롯한 이들이 예측한 것과 정확히 들어맞는다는 사실이 명백해졌다. 사실 지금은 이론과 실험이 더할 나위 없이 완벽하게 들어맞는다.

일반적으로 마이크로파복사의 스펙트럼은 복사의 온도에 따라 달라진다. 따라서 이 복사를 측정한다는 것은 현재 우주의 온도를 측정하는 것이기도 하다. 그러나 이 값은 그 이상의 것을 제공했다. 바로 우주원리의 검증이었다. 천체물리학자들은 여러 방향에서 지구로 날아오는 복사를 조사했는데, 모든 방향의 온도가 매우 정밀한 수준까지 똑같다는 것을 발견했다. 복사가 아주 먼 거리에서 오므로(135억 년 동안 우리를 향해 오고 있다), 이는 거리로 따져서 아주 큰 규모에서 볼 때, 아인슈타인이 추정한 것처럼 우주가 모든 방향으로 모든 곳에서 똑같다는 증거였다. 또 지난 수십 년 동안 아주 멀리 있는 은하들을 조사한 결과도 아주 큰 규모로 볼 때 물질이 모든 방향에서 동일한 양상으로 균일하게 분포해 있음이 드러났다. 천문학자들은 우주가 균질성 homogeneous(매끄러움)과 등방성isotropic(모든 방향에서 동일한 성질)을 띤다고 말한다.

그러나 어떤 의미에서 보자면, 믿기 어려울 만치 너무나 딱 들어맞는다. 우주가 완벽하게 균질성과 등방성을 띠지는 않는다는 것도 분명했다. 따라서 처음에 비균질성과 비등방성이 약간 있었고, 우주가 팽창하고 나이를 먹을수록 그 불완전함이 커져갔다고 보는 것이 가장 합리적인 설명인 듯했다. 하지만 연구자들이 오랫동안 우주마이크로파배경복사를 관측했음에도 그렇다는 증거를 전혀 찾을 수가 없었다. 실제로 우주마이크로파배경복사가 1만 분의 1 수준까지도 균질성과 등방성을 띤다는 사실이 곧 드러났다.

따라서 우리는 빅뱅으로부터 약 3분이 되었을 때부터 130여억 년이 지난 현재에 이르기까지 실험과 관찰을 통해 뒷받침되는 우주의 역사를 알고 있다. 그러나 아인슈타인 방정식의 특이점이 무슨 의미인지, 그리고 우주에 정말로 시작된 순간이 있었는지 여부는 여전히 알지 못한다.

두 번째 절 임

4장

양자역학으로 미래를 예측할 수 있을까?

이 장에서는 거대한 우주와는 정반대 방향으로, 아주 작은 세계를 탐사하고자 한다. 현재 우리의 자연 이해는 심오한 방식으로 바뀌고 있다. 학창 시절, 내 여자 친구는 내가 물리학에 관심이 많다는 점이 불만이었다. "너무 기계적이야." 뉴턴의 우주관이 지극히 기계적이라는 것은 맞는 말이다. 행성이 지금 어디에 있는지 그리고 얼마나 빨리 움직이는지 안다면 성능 좋은 컴퓨터만 가지고도 그 행성이 다음에 어디에 있을지 알 수 있을 테니까. 나는 물리학이 그렇게 지루하다고 느끼지 않았는데, 아마 나만 그랬나 보다. 아무튼 나는 여자 친구의 반응에 좀 당황해서 역사와 문학에도 관심이 있음을 피력하려고 애썼다.

아인슈타인의 상대성이론은 운동을 훨씬 더 흥미롭게 기술한다. 천문학자가 현재 은하의 위치와 속도를 알면, 아인슈타인 방정식을 써서 어느 시점에 그 은하가 어디에 있을지 알아낼 수 있다는 것은 여전히 맞다. 하지만 원자와 더 작은 것들의 규모에서는 상황이 전혀 다르다. 학창 시절에 나는 과학이 뉴턴 세계관을 더욱 기이한 무언가로 대체해왔다는 것을 배웠다. 사물이 움직이는 방식에 관한 우리의 그 어떤 직관과도 들어맞지 않는, 수수께끼 같은 법칙들로 자연을 기술하고 있었고, 인간이 그런 것을 알아냈다는 사실 자체가 내게는 정말 경이로웠다. 지금도 여전히 그렇다. 바로 양자의 세계 말이다.

나는 진화생물학자가 아니지만, 뉴턴이 개발한 유형의 미래 예측은 우리의 진화 프로그램을 자연스럽게 연장한 것처럼 보일 수도 있을 듯하다. 먹잇감을 뒤쫓거나 떨어지는 물체를 피하거나 화살을 겨냥하는 등 생존의 여러 도전 과제들에 직면했을 때, 우리에게는 사물들이 공중에서 어떻게 떨어지고 움직이는지 단기적으로 예측하는 능력이 반드시 필요하다. 그런데 19세기 말과 20세기 초에 원자를 진지하게 연구하기 시작했을 때, 물리학자들은 원자의 행동이 뉴턴과 아인슈타인의 법칙에 들어맞지 않는다는 사실을 깨닫고 경악했다. 사실 놀랄 필요까지는 없었는지도 모른다. 인간에게 원자와 더 작은 규모를 이해할 수 있어야 한다고 하는 진화적 명령 같은 것은 전혀 없었으니까. 우리가 반드시 그 작동 원리를 이해할 능력을 지녀야 할 이유는 없다. 그러나 인간은 이해했다.

적어도 고대 그리스 때부터 사람들은 물질의 성분을 추정하기 시작했지만, 수 세기 동안은 말 그대로 그저 **추측**에 불과했다. 아무런 증거 없이 그저 세상이 어떻게 돌아가는지 궁리한 것일 뿐이다. 19세기에 들어서자 모든 것이 완전히 달라지기 시작했다. 화학자들은 원소들에 어떤 패턴이 있음을 알아차렸다. 시험관에 든 시료는 독특한 성질을 지닌 원자들이 아주 많이 모인 것임을 나타내는 듯이 보였다. 앞서 전기와 자기를 이야기할 때 등장했던 마이클 패러데이는 전류를 실험하다가, 원자가 있고 그 원자가 전하를 지닌 어떤 입자로 이루어져 있다고 가정하면 전류를 설명할 수 있다는 사실을 깨달았다. 그 원자 가설이 어떤 수준이었는지는 그가 한 말에 잘 드러나 있다. "우리는 작은 입자가 있다는 생각을 거부할 수가 없다. 물질의 원자가 어떤 식으로 전력을 부여하거나 전력과 관련이 있으며, 그 전력이 원자의 놀라운 특성에 기대고 있다고 믿는 것을 정당화할 사실들이 엄청나게 많이 있다."[1] 전기와 자기를 이해하는 데 많은 기여를 한 제임스 클러크 맥스웰도 기체에서 관찰된 특성들을 원자로 설명할 수 있다는 이론을 내놓았다. 원자의 영어 단어 atom은 '나눌 수 없다'는 뜻의 그리스어에서 유래했는데, 그리스인들처럼 그도 원자를 쪼갤 수 없다고 믿었다. "기나긴 세월 동안 격변이 일어났으며 아마 천체에서도 그러했을 것이다. 옛 체계가 무너지고 그 폐허에서 새 체계가 진화했을지도 모르지만, 이런 체계를 구축한 원자(물질 우주의 주춧돌)는 깨지지도 닳지도 않은 채로 남아 있다. 원자는 지금까지도 원래 형성된 그대로 존재한다. 수와 크기와 무게가 완벽하게 동일한 상태로⋯."[2] 기체가 뉴턴 법칙에 따라 움직이는 아주 많은 원자들로 이루어져 있다고 묘사한 맥스웰의 가설은 고전 세계관에 아무런 위협을 끼치지 않으면서 많은 것을 성공적으로 설명했다. 그러나 아직 원자를 정확히 묘사한 것은 아니었다.

진정한 난제는 19세기가 끝나고 20세기가 시작될 때 나타났다. 뉴턴 세계관의 몰락을 예고한 것은 특히 두 가지였다. 하나는 1895년 앙리 베크렐Henri Becquerel이 발견한 방사능radioactivity이었다. 베크렐 집안은 4대에 걸쳐 파리 자연사박물관의 물리학과 장 직을 맡았는데 그가 3대째였다. 당시 발견된 X선 현상을 이해하려고 실험을 하던 그는 거의 우연히, 우라늄이 사진 건판에 상을 남길 수 있는 복사선을 방출한다는 사실을 발견했다. 사진 건판은 빛에 민감한 물질로, 휴대전화는 물론 디지털카메라가 등장하기 훨씬 전 사진을 찍는 데 쓰인 재료다.

당시 연구할 만한 흥미로운 주제를 열심히 찾고 있던 젊은 과학자 마리 퀴리Marie Curie는 이 '베크렐선'을 연구하기로 결심했다. 그녀는 곧 그 복사선이 원자 고유의 특성을 지닌다는 사실을 입증했다. 즉 각기 다른 화합물을 이루고 있는 상태라 하더라도 하나의 동일한 원소는 늘 동일한 방식으로 복사선을 뿜어낸다는 것이다. 또 (불순물이 섞여 있는 상태의) 우라늄 시료에서 복사선을 뿜어내는 원소가 한 종류가 아니라는 것도 알아차렸다. 지금 하고 있는 이 이야기의 맥락에서, 그녀는 또 한 가지 중요한 돌파구를 열었다. 복사선의 양이 특정한 방사성 원소의 양에 비례한다는 사실을 보여준 것이다. 그녀를 비롯한 연구자들이 깨달은 바, 이는 어느 원자가 언제 붕괴할지 예측할 수는 없고 다만 다음 순간에 붕괴할 확률만을 알 수 있다는 의미였다. 뉴턴의 몰락

이 임박해졌다.

여기서 잠시 마리 퀴리가 얼마나 놀라운 과학자이며, 그녀의 생애가 여러 면에서 얼마나 인상적이었는지를 알아보자. 폴란드에서 태어난 그녀는 (태어날 때의 이름은 마리아 스클로도프스카였다) 의학 공부를 하러 유학온 언니를 따라 파리로 갔다. 하지만 1891년 마리가 소르본대학교에서 물리학을 공부하기 시작하자 언니인 브로니슬라바가 동생을 뒷바라지하기에 이르렀다. 마리는 앞서 말한 연구로 박사학위를 받았는데, 이 시기에 그녀는 이미 명성을 얻은 연상의 물리학자 피에르 퀴리Pierre Curie를 만나 결혼했다. 마리가 시료에 섞인 다른 방사성 원소를 찾아내겠다고 결심하자, 피에르는 당시 자신이 하고 있던 연구보다 이 연구가 더 중요하다고 판단해 자기 연구를 그만두고 그녀의 조수로 나섰다. 당시 그들의 연구실에서 일한 한 과학자는 이렇게 썼다. "아주 특별하게 협력하는 과학자 부부는 예전부터 있어왔지만, 각자 나름의 뛰어난 과학자인 여성과 남성으로 이루어진 부부의 사례는 지금까지 없었다. 게다가 과학에서뿐 아니라 삶에서도 남편과 아내가 온전히 독립적인 모습을 유지한 채 서로 지극히 존중하고 헌신하는 사례는 어디에서도 찾아볼 수 없을 것이다."[3] 마리는 물리학과 화학 양쪽으로 노벨상을 두 번 탔으며, 소르본대학교 최초의 여성 교수가 되었다. 여성에게는 투표권조차 없던 시대에 해낸 일들이었다!

뒤에서 살펴보겠지만, 어니스트 러더퍼드Ernest Rutherford도 원자를 이해하는 데 핵심적인 역할을 한 물리학자다. 그도 베크렐의 발견이 이루어진 뒤 방사능 연구에 뛰어들었다. 뉴질랜드 출신인 그는 몬트리올에 있는 맥길대학교 교수로 있다가 맨체스터대학교를 거쳐서 케임브리지대학교로 옮겼다. 러더퍼드는 효자였고, 나중에는 헌신적인 남편이자 아버지가 되었다. 1902년에 그가 뉴질랜드에 있는 모친에게 보낸 편지를 보면 퀴리가 얼마나 뛰어난 인물이었는지 알 수 있다. "경쟁하는 이들이 늘 있어서 계속 나아가야 해요. 성주에서 뒤처지지 않기 위해서 가능한 한 빨리 연구 결과를 발표해야 해요. 이 연구 분야에서 가장 뛰어난 주자는 파리의 베크렐과 퀴리 부부예요. 지난 몇 년 사이에 방사성 물질 분야에서 아주 중요한 연구를 많이 했어요."[4]

방사능이 발견된 그 무렵에 고전물리학에 두 번째 큰 도전 과제가 제기되었다. 고온의 물체가 방출하는 복사선의 특성을 이해하는 것이었다. 달궈진 프라이팬처럼 뜨거운 물체 가까이에 있으면 열을 느낀다. 팬이 공기 분자를 데우기 때문만이 아니라 일종의 전자기 복사를 뿜어내기 때문이다. 바로 적외선이다. 이 복사는 눈에 보이지 않지만 우리 피부의 분자를 진동시키며, 그 결과 우리는 온기를 느낀다. 이런 종류의 복사는 19세기 말에 실험을 통해 연구되었고, 흑체복사blackbody radiation라고 알려져 있다. 우주 전체는 흑체처럼 행동한다. 현재의 우주 온도인 2.7K는 우주마이크로파배경복사의 온도로서, 앞서 말했듯이 빅뱅을 이해하는 데 중요한 역할을 한다. 특정한 온도에 있는 입자들로 이루어진 계system의 행동을 맥스웰의 방식으로 파악하면, 흑체가 특정한 진동수의 복사선을 얼마나 뿜어낼지 고전물리학을 써서 예측할 수 있었다. 그런데 뜨거운 물체가 적외선만이 아니라 마이크로파, 적외선, 가시광선, X선, 감마선 등 온갖 복사를 뿜어낸다는 결과가 나왔다. 사실 가능한 복사의 종류는 무한하며, 따라서 그 이론은 뜨거운 물체가 무한한 양의 복사 에너지를 방출한다고 예측했다. 이 예측은 분명히 터무니없었고, 진동수들이 민주적인 양상을 보인다는 예측은 실험 관찰과 들어맞지 않았다. 실험에서는 섭씨 300도의 뜨거운 물체는 거의 적외선만 내뿜었다.

여기서 막스 플랑크Max Planck가 등장한다. 플랑크는 개인으로서도 과학자로서도 여러 면에서 지극히 전통적이고 보수적이었지만, 이 수수께끼를 푸는 문제 쪽에서는 극도로 급진적인 생각의 도약을 했다. 뉴턴 물리학에서 에너지는 어떤 값이든 취할수 있다. 즉 에너지는 수학자들이 연속체continuum라고 부르는 것을 이룬다. 다시 말해, 에너지는 1.000000단위가 될 수도 있고, 1.000001단위가 될 수도 있다. 즉 에너지 값은 소수점 아래로 원하는 만큼 얼마든지 길어질 수 있다. 그런데 플랑크는 원자 체계 내에서 에너지는 딱딱 끊어지는 특정한 값만을 취할 수 있다는 가설을 세웠다. 이를테면 1.00000, 2.000000 하는 식으로 말이다. 그는 적외선보다 가시광선, 가시광선보다 X선이 이 값이 더크고, 감마선일 때에는 더욱더 크다고 주장했다. 온도가 낮은 흑체복사에서는 가시광선, X선, 감마선이 생성되지 않는다. 흑체의 온도가 그런 복사를 뿜어낼 가장 낮은 에너지 덩어리, 즉 에너지의 **양자**quantum를 생산하는 데 필요한 최소 수준에 미치지 못하기 때문이다. 플랑크의 가설은 측정 자료와 아주 잘 들어맞았다. 1905년 아인슈타인은 노벨상을 안겨줄 연구를 했다. 그는 플랑크의 가설을 다른 방향으로 적용하여 물질의 빛 방출뿐 아니라 **흡수**absorption도 불연속적인 에너지 단위의 형태로 일어난다고 주장했다. 1907년 그는 빛 자체가 불연속적인 광자, 즉 입자로 이루어졌다고 주장함으로써 한 단계 더 나아갔다. 그는 그 입자에 **광자**라는 이름을 붙였다. 이제 뉴턴 세계관은 심각한 문제에 처했다. 뉴턴 물리학으로는 이 에너지의 불연속성을 설명할 수가 없었다. 이 불연속성은 **양자화**quantization라고 불리게 된다.

고전 세계관에 치명적인 타격을 입힌 것은 원자 구조의 발견이었다. 19세기 말과 20세기 초에 원자와 그 작동 부위를 '볼' 수 있는 도구가 개발되었다. 케임브리지대학교의 J. J. 톰슨J. J. Thomson은 전자를 발견함으로써 첫 돌파구를 열었다. 1897년 톰슨은 기체 속 전기의 흐름을 연구하고 있었다. 그는 이 전기가 실제로는 아주 많은 수의 작은 입자인 전자의 흐름임을 보여주고 그 질량과 전하를 측정할 수 있었다. 또 그는 전자가 수소 원자보다 훨씬 가볍다는 것도 보여줄 수 있었다.

따라서 원자는 이제 쪼갤 수 없는 것이 아니었다. 그렇다면 무엇이었을까? 톰슨은 전자가 양전하를 띤 찐득한 것에 들러붙어 있는 상태로, 전체적으로 볼 때 원자가 전기적으로 중성을 띤다는 그림을 제시했다. 전자는 원자에서 떼어낼 수 있고, 그러면 다른 원자들과 그 찐득한 것들이 남아서 화학자들의 관심 대상인, 전하를 띤 이온이 되었다. 톰슨은 영국인이었고, 이 원자 모형을 '건포도 푸딩 모형plum pudding model'이라고 불렀다. 이 구조가 정확히 어떻게 결합되어 있는지, 그리고 실제로 무엇인지는 불분명했지만, 톰슨을 비롯한 당시 연구자들은 여전히 뉴턴의 기본 틀 안에서 그 문제를 생각했다.

이 모형은 유지되지 못했다.

이어서 원자 세계를 탐구할 또 하나의 새로운 도구가 등장했다. 영국의 위대한 실험가인 어니스트 러더퍼드는 방사성 물질에서 방출되는 빠른 입자를 원자 구조를 탐사하는 데 쓸 수 있다는 사실을 알아차렸다. 그는 방사성 물질에서 나온 입자를 얇은 금박으로 향하게 한 뒤, 입자들이 금박에 부딪쳐서 어떻게 산란되는지를 (여기서도 다시 사진 건판을 써서) 살펴봄으로써 금 원자의 구조를 파악할 수 있었다. 톰슨의 모형이 옳다면, 이 입자들은 찐득이를 거의 무사통과할 터였다. 그런데 그는 원자에 부딪쳐서 거꾸로 튀어나오는 입자들이 많다는 사실을 발견하고는 너무나 큰 충격을 받았다. 그는 이렇게 썼다. "내 평생 가장 믿을 수 없는 사건이었다. 휴지에 지름 38cm의 포탄을 발사했는데, 부딪쳐 돌아와서 내게 충돌하는 것만큼이나 믿어지지 않는 일이었다."[5] 그의 관찰은 톰슨의 모형을 무너뜨렸다.

러더퍼드는 훨씬 더 많은 것을 밝혀냈다. 그는 기존에 알려진 방사선들이 어떤 종류의 입자로 이루어져 있는지 파악했다. 방사선은 세 종류였다. 감마선은 빛의 고에너지 입자로 이루어져 있었고, 알파선은 헬륨 원자의 핵으로 이루어져 있었으며, 베타선은 전자였다. 그가 원자의 구조를 밝히는 데 쓴 도구는 전하를 지닌 알파 입자였다. 러더퍼드는 이런 입자들이 어떻게 원자핵에 부딪쳐서 산란되는지 이론을 세웠고, 측정값과 이론을 비교함으로써 원자의 각 부위의 크기를 파악했다. 이런 발견 하나 하나가 비범한 과학적 성취였지만, 그는 거기에서 더 나아갔다. 양성자를 발견한 사람도 러더퍼드였다. 그의 동료인 (그리고 예전 학생이었던) 제임스 채드윅James Chadwick은 러더퍼드가 제안한 방향으로 연구를 계속한 끝에 중성자를 발견하게 된다. 또 러더퍼드는 원자의 크기도 꽤 정확히 측정했다. 원자는 약 10^{-8}cm이고 원자핵은 10만 배 더 작은 약 10^{-13}cm라고 측정했다. 방사선이 광학 현미경으로 관찰할 수 있는 것보다 약 10^{-8}배 더 작은 세계까지 탐구할 수 있는 도구를 제공한 덕분이었다.

닐스 보어Niels Bohr는 러더퍼드의 발견에 놀라운 의미가 함축되어 있다는 사실을 깨달았다. 당시 27세였던 그는 원자핵이 발견된 직후 러더퍼드 연구실에 조수로 들어갔다. 지금의 박사후 연구원이라고 할 수 있을 것이다. 덴마크에서 태어나 코펜하겐에서 공부한 그는 양자 혁명에 주도적인 역할을 하게 된다. 그는 러더퍼드의 연구 결과가 엄청난 물음을 제기한다는 사실을 알아차렸다. 먼저 뉴턴(또는 아인슈타인)의 관점이 옳다면, 원자들이 왜 동일한지를 이해할 방법이 전혀 없었다. 뉴턴의 관점을 받아들이는 화학은 특정한 순간에 원자의 각 전자가 정확히 어디에 있고 얼마나 빨리 움직이는지가 가장 중요하고, 모든 것들이 그 원자의 역사에 달려 있게 된다. 다시 말해, 각 원자마다 화학적으로 다른 양상을 띠어야 한다는 것이다. 이 문제는 다른 방식으로도 표현할 수 있었다. 전자가 맥스웰의 이론을 따른다면, 원자핵 주위를 돌 때 빛을 방출할 것이다. 빛은 에너지를 지니므로, 전자는 서서히 느려지다가 이윽고 원자핵으로 떨어질 것이다. 따라서 러더퍼드가 발견한 유형의 원자 같은 것은 아예 존재할 수조차 없었다.

보어는 플랑크의 에너지 양자 연구, 아인슈타인의 광자 개념을 잘 알고 있었다. 원자의 수수께끼를 풀기 위해 그는 그들의 개념을 한 단계 더 끌고 나갔고 마침내 고전물리학의 법칙들을 완전히 뒤엎었다. 그는 전자가 오로지 특정한 궤도에서만, 한정된 속도를 지닌, 따라서 한정된 에너지를 지닌 상태로만 움직일 수 있다고 주장했다. 더 높은 에너지 상태에 있는 전자는 에너지를 지닌 광자를 방출하면서 더 낮은 에너지 상태로 '도약'할 수 있다. 한편 더 낮은 에너지 상태에 있는 전자는 광자를 흡수함으로써 더 높은 궤도로 도약할 수 있다. 그럼으로써 그는 양쪽 수수께끼를 다 풀었다. 가장 낮은 에너지 상태는 그냥 안정적이었다. 붕괴하지 않았다. 따라서 가능한 가장 낮은 에너지 상태에 있는 원자들은 모두 똑같았다. 방출되는 광자의 에너지 값을 제시한 그의 예측은 수소가 방출한 빛의 스펙트럼을 관찰한 결과와 들어맞았다. 놀라운 성공이었다. 그러나 보어의 모형은 수소 원자에 국한된 것이었고, 다른 원자들까지 기술할 수 있도록 일반화하기가 쉽지 않았다. 보어를 비롯한 연구자들은 거의 10년 동안 그 규칙들을 확대 적용하려고 시도했지만, 미미한 성공밖에 거두지 못했다. 그들이 제안한 규칙들은 너무 땜질식이었다. 뉴턴 물리학은 뒤집혔지만, 그것을 대체할 만한 기본 틀이 무엇일지는 아직 불분명했다.

여기서 중요한 돌파구를 마련한 사람은 프랑스 물리학자 루이 드브로이Louis de Broglie였다. 그는 보어와 플랑크의 개념을 비교한 끝에 전자가 입자가 아니라 빛처럼 파동이라는, 좀 이상해 보이는 주장을 펼쳤다. 그의 이론을 따른다면, 보어의 규칙은 그저 플랑크 규칙의 한 응용 사례일 뿐이었다. 몇 년 뒤, 특정한 상황에서는 전자가 정말로 파동처럼 행동한다는 것이 실험을 통해 드러났다. 그렇다면 전자는 입자일까 파동일까?

1920년대 초에 베르너 하이젠베르크Werner Heisenberg와 에르빈 슈뢰딩거Erwin Schrodinger가 자연법칙의 새로운 토대를 제시하면서 물리학에 근본적으로 다른 기본 체계가 출현하기 시작했다. 하이젠베르크는 플랑크와 보어의 불연속적인 상태들을 기술하는 방정식을 내놓았으며, 시간이 흐르면서 상태들이 어떻게 변하는지를 예측했다. 슈뢰딩거는 드브로이의 개념을 한 단계 더 끌고 나갔다. 전자를 파동으로 기술할 수 있다고 가정하고서 방정식을 썼다. 맥스웰의 방정식과 비슷한 맥락을 취한 이 방정식은 이 파동이 시간이 흐르면서 어떻게 변하는지를 설명했다. 두 방정식은 추가 가정도 땜질 처방용 규칙도 없이 보어의 수소 원자를 설명할 수 있었다. 게다가 둘 다 헬륨 같은 더 복잡한 원자들도 다루었다. 물리학자들에게 이미 친숙한 형태였기에 처음에는 슈뢰딩거의 체계가 더 매력적으로 다가왔고, 이 중요한 양자역학 방정식은 슈뢰딩거 방정식이라고 불리게 되었다. 그러나 뒤에서 살펴보겠지만, 새로운 개념들이 어떤 의미를 지니는지를 탐색하는 과정에서 슈뢰딩거와 드브로이는 곧 뒤처졌고, 하이젠베르크, 보어, 다른 두 연구자 폴 디랙Paul Dirac과 막스 보른Max Born은 완전한, 하지만 매우 기이하면서 어떤 면에서는 불편하기까지 한 체계를 제시할 수 있었다.

폴 디랙은 영국 물리학자로서 생애의 대부분을 케임브리지대학교에서 연구하다가 말년에 플로리다주립대학교로 옮겼다. 그는 '가장 이상한 사람'이라는 별명을 지녔다.[6] 대인관계로 보면 그는 정말로 괴팍한 인물이었지만, 양자물리학의 발전에는 중요한 역할을 했다. 그는 하이젠베르크와 슈뢰딩거가 각자 공식으로 정립한 양자론이 사실은 동일한 것임을 이해했고, 양자역학을 다양한 현상들에 적용할 것을 촉구했다. 원자의 성질을 토대로 주기율표를 완전히 이해하고 분자의 물리적 및 화학적 특성까지 다루자는 것이었다. 그리하여 양자역학은 고체, 액체 기체같은 물질의 유형들을 이해하기 쉽게 해주었을 뿐 아니라, 훨씬더 작은 규모로 일어나는 현상들을 추적할 토대를 마련했다.

그러나 하이젠베르크와 슈뢰딩거의 양자역학이 뉴턴의 과학을 어떻게 대체하는지 처음으로 이해한 사람은 막스 보른Max Born이었다. 독일 괴팅겐대학교의 교수였던 보른은 그 새로운 역학을 사용하여 러더퍼드의 실험으로 나온 과정들을 이해하려 애쓰고 있었다. 뉴턴의 법칙은 전자나 양성자 같은 입자들을 기술할 때, 처음에 모든 입자의 위치와 속도를 알면 훗날 어느 시점에서든 간에 위치를 측정할 때 어떤 값이 나올 것이라고 예측할수 있다. 보른은 양자역학에서는 슈뢰딩거와 하이젠베르크의 방정식이 예측하는 것이 측정 결과의 **확률**임을 깨달았다. 슈뢰딩거의 파동함수는 공간의 모든 지점을 수로 나타냈으며, 이 함수의 **제곱**은 어떤 지점에서 해당 입자를 발견할 확률이었다.[7] 또 이런 수는 특정한 순간에 방사성 붕괴가 일어날 확률, 실험의 다른 결과들이 나타날 확률도 제시한다. 더 일반화하자면, 어떤 결과를 확실히 예측할 수 있다는 개념을 그런 결과가 나올 확률을 예측한다는 개념으로 대체한다.

따라서 보른은 미래를 예측하는 우리 능력에 한계가 있음을 명확히 밝혔다. 이는 퀴리, 러더퍼드 같은 이들이 방사성 붕괴를 연구하여 이미 추론한 사항이기도 했다. 베르너 하이젠베르크는 우리가 지닌 지식의 한계를 **불확정성 원리**uncertainty principle 라는 개념으로 명확히 정립했다. 그는 전자의 운동을 측정한 값들의 집합이 있다고 가정하고 살펴본 끝에, 전자의 위치를 더 정확히 측정할수록 속도는 더 불확실해지고, 마찬가지로 속도를 더 정확히 측정할수록 위치의 측정값이 더 불분명해진다는 것을 깨달았다. 이 한계는 근본적인 것이다. 즉 양자역학 법칙에 내재되어 있다. 측정 장비를 개량한다고 해서 해결할 수는 없다. 이 원리는 전자만이 아니라 모든 입자에 적용되었고, 위치와 속도만이 아니라 측정하고자 하는 계의 거의 모든 값에 적용되었다.

어떤 의미에서 보면, 양자역학자들이 뉴턴에게 한 일은 아인슈타인이 뉴턴에게 한 일과 그리 다르지 않다. 그들은 질문과 우리가 그 질문에 답하는 방식을 바꾸었지만, 대부분 우리의 일상생활과는 무관했다. 게다가 양자역학은 뉴턴의 궁극적 목표를 포기한 것이 아니다. 여전히 물질 세계를 이해하려고 애쓰고 물질의 행동을 예측한다. 사실 양자역학은 놀라우리 만치 정밀하고 정확한 예측을 내놓는다. 그러나 우리가 묻는 질문의 성격을 바꾼다. 뉴턴의 방정식을 풀어서 각 시점에 입자가 어디에 있는지를 찾는 대신에, 과거 특정 시점의 파동함수를 안다고 할 때 슈뢰딩거 방정식을 풀어서 미래에 다양한 사건들이 일어날 확률을 구한다. 그럼으로써 플랑크와 보어가 상정한 불연속적인 에너지를 구할 수 있다. 거기에서 끝이 아니다. 보어는 원자가 어떻게 빛의 양자, 즉 광자를 흡수하고 방출하는지를 설명할 규칙도 제시했다. 슈뢰딩거의 이론에서는 이 규칙들이 자동적으로 도출되었고, 훨씬 더 많은 것을 예측할 수 있었다. 원자가 지나가는 빛의 양자를 흡수하거나 광자를 흡수한 원자가 광자를 방출할 확률도 예측할 수 있었다. 뒤에서 상세히 논의하겠지만, 이런 예측들은 믿어지지 않을 정도로, 더 나아가 터무니없을 정도로 대성공을 거두었다. 또 양자역학자들은 전자를 더 많이 지닌, 수소보다 훨씬 더 복잡한 원자들도 연구할 수 있었고, 수소의 구조도 훨씬 더 상세하게 예측할 수 있었다. 코펜하겐대학교에 있는 닐스보어연구소The Niels Bohr Institute(맥주 회사의 자선 기관인 칼스버그재단의 지원을 받아 설립되었다)는 이런 개념들을 종합한 중심지였고, 이 무렵에 도출된 양자역학을 이해하는 방식을 **코펜하겐 해석**Copenhagen interpretation이라고 한다.

원자 및 그보다 더 작은 수준에서 양자역학은 우리가 일상적인 경험을 토대로 얻은 자연에 관한 직관이 그냥 틀렸다고 가르친다. 나로서는 인간이 이 모든 것을 밝혀냈다는 사실 자체가 놀랍다. 떨어지는 물체 혹은 던진 막대기나 창은 우리의 생존과 직결되므로 그 궤적을 파악하라는 진화적 명령에 따르는 것이 합리적으로 볼 때 명확하다. 아주 최근까지 우리의 생존은 원자가 어떻게 작동하는지를 이해하는 문제와 무관했다. 그래서 이 전체를 종합하는 데 많은 기여를 한 보어, 하이젠베르크, 보른은 그 과정에서 때때로 절망했다. 원자 규모에서 벌어지는 일들이 인간의 이해 능력을 초월한 것이 아닐까 걱정이 되어서였다. 그러나 양자역학이 주기율표의 여러 특징 그리고 빛의 흡수와 방출을 비롯한 원자의 특성을 설명하는 데 성공함에 따라 자연 현상을 보는 새로운 전망이 열렸다. 이전까지 꿈도 꾸지 못했던 질문에 답하려는 시도를 할 수 있게 되었다.

뉴턴의 세계관이 뒤집히면서, 아인슈타인의 세계관도 함께 뒤집혔다. 아인슈타인은 광자 개념과 플랑크 복사 법칙을 일반화한 연구를 통해 양자론이 등장할 무대를 마련하는 데 큰 기여를 했다. 또 아인슈타인은 젊은 인도인 이론가 사티엔드라 나스 보스Satyendra Nath Bose와 함께 많은 원자로 이루어진 계의 양자역학을 연구할 토대도 마련했다. 그는 원자의 복사선 방출과 흡수를 이해하는 데 토대가 된 연구도 했다. 그 연구는 훨씬 뒤에 레이저 개발에 중요한 역할을 하게 된다. 그러나 1920년대에 양자역학이 성숙기에 접어들 때, 아인슈타인은 점점 더 양자역학에 불편함을 느꼈다. 그는 확률 해석에 오류가 있음을 밝히려고 시도하면서, 오랫동안 보어와 논쟁을 벌였다. 하지만 성공하지 못했다.

아인슈타인의 특수상대성과 양자역학을 조화시키려면 더욱 급진적인 관점을 취할 필요가 있었다. 슈뢰딩거와 하이젠베르크의 방정식이 많은 원자 현상을 재현하는 데 큰 성공을 거두었지만 뉴턴의 법칙에 들어맞지 않았던 것과 거의 비슷하게, 아인슈타인의 원리에도 들어맞지 않았다. 이 점은 일찍부터 알려졌지만, 초기에 그 방정식들을 특수상대성이론과 조화시키려는 시도를 한 이들은 심각한 난제에 직면했다.

여기서 중요한 돌파구를 연 사람은 디랙이었다. 그는 뛰어난 착상에서 나온 추측을 토대로 전자의 운동을 상대론적으로 기술할 방정식을 내놓았다. 이 방정식은 전자의 알려진 특성(특히 스핀spin)을 토대로 삼았고, 원자 구조의 많은 세부 사항들을 설명했다. 그러나 이 방정식과 그 해석은 많은 심각한 도전에 직면했다. 전자는 불안정해 보였다. 디랙은 몇 차례 헛발질을 한 끝에 다시 놀라운 통찰력을 발휘했다. 그는 그 방정식이 반물질antimatter(물질이 입자로 이루어져 있다면, 일반 입자와 특정 성질이 반대인 반입자로 이루어진 물질-옮긴이)의 존재를 예측한다는 것을 깨달았다. 이 사례에서는 모든 면에서 전자와 똑같고 전하만 반대인 입자였다. 디랙은 방정식을 재고한 끝에 문제점들을 해결했다. 이것이 첫 번째 돌파구였다. 뉴턴의 세계에서 그리고 슈뢰딩거의 비상대론적 우주에서도 우리는 그냥 특정한 유형의 입자가 존재한다고 주장해야 한다. 그런데 이 이론은 본질적으로 전자가 아주 명확한 특성을 지닌 다른 입자를 동반한다고 예측했다. 그 입자에는 양전자positron라는 이름이 붙었다. 양전하를 띠고 있어서였다.

디랙의 이론은 전자와 양전자가 만나면 소멸하면서 다른 유형의 에너지(이 사례에서는 고에너지 광자)를 생성한다고 예측했다.

디랙은 1931년 5월에 그 예측을 내놓았다. 그리고 몇 달 뒤 칼 D. 앤더슨Carl D. Anderson이 정말로 양전자를 발견했다. 앤더슨은 뛰어난 실험가였고 이론과 이론가 자체를 불신하고 있었다. 그는 박사학위를 받은 직후 우주선을 연구하기 위해 만든 장치로 양전자를 발견했다. 우주선은 우주로부터 끊임없이 지구에 충돌하는 에너지를 지닌 복사(입자)를 말한다. 앤더슨은 자신의 발견에 디랙의 이론이 중요한 역할을 했냐는 물음에 코웃음을 쳤고, 자신이 양전자를 발견하기 겨우 몇 달 전에 디랙의 논문이 나왔다는 사실을 몹시 불쾌해했다. "그래요, 디랙 이론을 들어보긴 했죠…. 하지만 자세히는 몰랐어요. 이 장치를 작동시키기 위해 몹시 바쁘게 일하다 보니 그의 논문을 읽을 시간이 별로 없었어요…. 그의 논문은 소수의 사람들만 이해할 수 있는 수준이어서 그 당시 대부분의 과학적 사고 틀에는 들어맞지 않았어요…. 양전자의 발견은 전적으로 우연히 이루어진 겁니다."[8]

디랙의 방정식은 다른 면에서도 놀라웠다. 다양한 실험에서 전자가 작은 자석처럼 행동한다는 것은 이미 알려져 있었다. 이 자기적 특성은 스핀이라는 특성과 관련이 있었다. 스핀은 특정한 방향을 가리키며, 따라서 전자라는 자석의 방향성을 결정한다(막대자석이 특정한 방향을 가리키는 것과 흡사하다). 당시까지 발전된 양자론 내의 위치 및 운동량과 달리, 스핀은 그 어떤 고전적인 개념과도 산뜻하게 들어맞지 않았다. 전적으로 땜질용으로 나온 개념이었다. 그러나 디랙의 이론은 스핀을 본질적인 것으로 보았다. 더욱 놀랍게도 그의 이론은 전자의 스핀과 자기 사이에 정확히 딱 들어맞는 관계가 있다고 제시했다.

전자기장의 양자화

디랙의 방정식과 반물질의 발견으로, 양자역학과 특수상대성을 조화시키는 문제는 어느 정도 해결되었다. 이제 전기역학의 하전입자를 이해했다고 생각할 수 있었다. 그런데 장, 즉 빛, 마이크로파, X선, 감마선 등 전자기 스펙트럼을 이루는 전자기파는 어떨까? 플랑크와 보어의 양자화한 에너지가 슈뢰딩거의 방정식으로 설명된 것처럼, 아인슈타인의 광자, 즉 빛의 불연속적 입자도 그런 방정식을 통해 이해할 수 있어야 했다. 이 문제의 해결책은 맥스웰의 방정식을 수정하여 양자역학의 법칙에 따라 해석해야 한다는 것임이 드러났다. 즉 장 자체가 **양자화**해 있다고 보는 것이다.

슈뢰딩거와 하이젠베르크의 연구는 J. J. 톰슨의 실험이 보여준 것처럼 전자가 입자의 측면을 지니는 동시에 드브로이의 가설처럼 파동의 측면도 지닌다고 밝혔다. 그러나 광자는 더욱 심각한 문제를 제기했다. 양자역학의 초창기 연구자들은 광자가 물질과 고립된 채 공간을 나아간다는 식으로 이해할 수 있었다. 원자를 하나로 묶고 있는 힘은 **광자의 교환**exchange of photon이라는 개념으로 이해할 수 있었다. 그러나 그들은 원자가 광자를 방출하고 흡수하는 속도를 대강 추정할 수 있을 뿐이었다. 그런 한편으로, 이런 과정들을 측정하는 실험은 점점 더 정밀해지고 있었다. 사실 이론가들이 볼 때 정확한 계산을 도저히 불가능하게 만드는 장애물이 있었다. 양자역학의 규칙을 엄격하게 고수하면 터무니없는 답이 나온다는 사실이었다. 그 문제는 원자가 한 에너지 상태에서 다른 에너지 상태로 옮겨 가는 속도 같은 것을 근사적으로 계산하려고 시도할 때 생겼다. 본래 그런 계산을 할 때는 먼저 1차 근사를 한 다음, 점점 더 정확히 계산을 하는 것이 자연스러운 방법처럼 여겨졌다. 그런데 그런 식으로 계산을 진행하다가 어느 시점에 이르면, 정확한 계산을 하기 위해서 꼭 써야 한다고 생각한 식들이 터무니없는 값을 내놓는 상황이 벌어졌다.

이 난제는 불확실성 원리와 관련이 있었다. 예를 들어, 전자의 질량을 계산한다면, 전자가 잠깐 전자와 광자로 전환될 수 있는 가능성을 허용해야 했다. 이는 에너지 보존 법칙에 위배되지만, 하이젠베르크의 원리는 그것을 허용한다. 문제는 전자와 광자가 어떤 에너지든 지닐 수 있다는 데에서 나온다. 즉 얼마든지 임의의 큰 에너지를 지닐 수 있다. 이런 '가상의 상태들' 각각은 전자의 질량에 기여하며, 이런 무한히 많은 기여분을 더하면 질량이 무한해지는 결과가 나온다. 이런 이론들에서 계산하고자 하는 것이 무엇이든 간에 같은 결과가 나온다. 빛의 방출과 흡수 속도를 조사하든, 원자의 다른 어떤 세부 특성을 조사하든 마찬가지였다.

연구자들은 거의 20년 동안 온갖 시도를 했지만, 이 문제를 해결할 수 없었다. 그러다가 제2차 세계대전 직후 일련의 돌파구들이 열렸다. 미국에서는 독일에서 망명하여 코넬대학교에 자리를 잡은 유대인인 한스 베테Hans Bethe 그리고 하버드대학교에 있던 줄리언 슈윙거Julian Schwinger와 리처드 파인먼이라는 더 젊은 두 이론가가 중요한 역할을 했다. 이들은 모두 앞서 전쟁 관련 연구에 참여했다. 슈윙거는 MIT에서 레이더와 관련 기술을 개발했다. 베테와 파인먼은 미국 로스앨러모스국립연구소에서 원자폭탄을 개발했다. 이들은 이런 전쟁 관련 연구를 하면서 전기와 자기의 고전 이론을 깊이 이해하게 되었다. 일본의 이론가 도모나가 신이치로朝永振一郎도 중요한 기여를 했는데, 놀랍게도 그는 전시에 독자적으로 이런 문제들에 매달려서 성과를 냈다. 당연하지만 그의 연구는 전쟁이 끝난 뒤에야 미국에 알려졌다.

전후에 이루어진 정밀한 실험들도 발전의 중요한 추진력이었다. 초기에 이루어진 엉성한 계산들은 정확하지 않아서 이런 새로운 실험의 결과들을 제대로 설명하지 못했다. 이런 실험들은 원자의 에너지 상태와 전자의 자기 특성을 더 정확히 측정한 값들도 내놓았다. 새로운 실험 결과들이 나오자 곧 이론의 발전이 뒤따랐다. 한스 베테는 비범한 업적을 이룬 과학자였다. 1930년대에 그는 핵반응이 별을 어떻게 밝히는지 이해하는 토대를 닦았다. 이는 현대 천문학의 가장 중요한 기반 중 하나가 되었다. 또 그는 양자역학과 핵물리학의 이해에 많은 기여를 했다. 1947년 베테는 당시 컬럼비아대학교의 윌리스 램Willis Lamb이 수소가 방출한 광자의 에너지를 극도로 정확히 측정했다는 소식을 들었다. 이 측정 결과는 뉴욕 셀터섬에서 열린 학술대회에서 발표되었는데, 디랙의 전자 이론과 들어맞지 않았기에 열띤 논쟁거리가 되었다. 디랙의 이론은 전자기장을 고전적인 대상으로 다루었다. 즉 장의 양자 특성(광자)을 제대로 고려하지 않았다. 그 대회에서는 가능한 해결 전략들이 어떤 것들이 있을지 논의되었다. 베테는 코넬대학교로 돌아가는 열차 안에서 대강 계산을 해보았고, 램의 측정값과 디랙의 결과 사이에 나타나는 불일치를 대부분 이해할 수 있었다. 그러나 그는 납득할 만한 결과를 얻으려면 자신이 양자역학의 규칙으로 이해하고 있는 것을 배제해야 한다는 사실을 알아차렸고, 추측한 값보다 더 정확한 계산을 하려면 어떻게 해야 하는지 도무지 알 수 없었다.

이 문제를 해결하는 데 중요한 돌파구가 된 것은 베테를 비롯한 연구자들이 전자기의 양자론을 정립할 때 쓴 방법에 뭔가 문제가 있음을 직시하면서였다. 그들은 계산할 때 공간만 고려했을 뿐, 시간은 배제했다. 그러나 아인슈타인의 특수상대성이론에서는 시간과 공간이 매우 비슷한 토대 위에 놓여 있다. 이 점이 문제라고 말하는 것은 쉽지만, 그 문제를 해결하려면 천재적인 인물들이 필요했다. 슈윙거, 파인먼, 도모나가가 바로 그들이었다. 그들은 중요한 돌파구들을 열었다. 모든 단계에서 아인슈타인의 원리에 부합하는 방법을 정립함으로써, 그 이론의 골치 아픈 측면들을 처리할 개념 틀을 구축하고 효율적인 계산을 할 수 있게 되었다. 전시에 도모나가는 일본에 고립되어 있었기 때문에 여기서 가장 직접적인 영향을 미친 연구는 파인먼과 슈윙거가 했다. 두 사람은 삶도 연구도 놀라울 만큼 대조적이었다. 슈윙거는 꽤 멋쟁이였다. '프롤레타리아의 하버드대학교'라고 불리던 뉴욕의 시티대학교에 다닐 때 그는 맞춤 양복 차림에 캐딜락을 몰고 다녔다. 파인먼은 좀 소탈한 성격이었지만, 로스앨러모스국립연구소에서 일할 때 (베테와 함께) 거의 마법 같은 수학 묘기를 부리고 연구실 금고를 따는 행동으로 사람들의 시선 끌기를 좋아했다. 그러고는 인기 있는 클럽에 가서 봉고 드럼을 연주하곤 했다. 두 사람이 물리학을 대하는 방식도 대조적이었다. 슈윙거의 수학은 복잡하고 정교했다. 대다수의 물리학자들이 따라가기 어려울 정도였다. 반면 파인먼은 더 투박하지만 더 직관적이었고, 제멋대로인 양 보이지만 정확한 규칙과 그림을 이용했다. 원자폭탄 계획을 이끈 것으로 저명한 J. 로버트 오펜하이머는 이 무렵 프린스턴고등연구소 소장으로 재직하면서 이론물리학 분야의 진지한 논의 사항들을 중재하는 역할을 했다. 그는 슈윙거의 정확하면서도 지극히 수학적인 접근법을 적극 지지했고, 파인먼의 방식을 경멸했다. 더 뒤에 대중의 시선을 사로잡으면서 관습 파괴를 일삼으며 자신만만한 모습의 파인먼을 보았던 우리 같은 사람들로서는 그가 오펜하이머의 비판에 몹시 쩔쩔맸다는 사실을 상상하기 어렵다.*

---

* 파인먼은 추종자가 많았고, 많은 책과 논문을 썼다. 교과서와 대중서 양쪽 모두 그의 저서들은 많은 인기를 끌었다. 그러나 최근 들어 그가 성차별적, 더 나아가 여성 혐오적인 행동을 했다는 사실이 드러나고 있다.

결국에는 파인먼 쪽이 승리했다. 거기에는 전후에 미국으로 온 영국 이론물리학자 프리먼 다이슨Freeman Dyson이 큰 기여를 했다. 그는 파인먼과 끈끈한 우정을 맺었다. 두 사람은 함께 차를 몰고 전국을 여행하기도 했다. 다이슨은 슈윙거와 파인먼의 관점 모두를 다 이해했고, 양쪽을 조화시키기로 결심했다. 그리고 오펜하이머에게 양쪽이 다 가치가 있다고 설득했다. 다이슨의 접근법은 오늘날까지도 이론가와 실험자가 전자기장의 양자 특성을 이해하는 주된 방식으로 자리잡았다.

이런 기법들이 나오면서 양자장론에서의 무한이라는 문제를 해결할 수 있었고, 정확한 계산이 이루어졌다. 현재 전자의 자기적 특성, 즉 '자기모멘트magnetic moment'는 자연계에서 가장 정밀하게 측정된 양이자 계산된 양에 속하며, 양쪽은 소수점 아래 14자리까지 같다. 광자의 양자역학을 무시한 디랙의 이론에서는 이 값이 2일 것이다. 현재의 측정값은 이렇게 적을 수 있다. 2.00231930436182. 파인먼, 슈윙거, 도모나가는 1965년 노벨상을 공동 수상했다. 램은 실험을 인정받아서 1955년에 이미 수상했다.

양자역학은 왜 우리를 불편하게 할까?

보어, 하이젠베르크, 디랙, 보른은 빠르게 양자역학을 받아들인 반면, 더 이전 단계에서 주도적인 역할을 한 인물들임에도 뉴턴의 인과성 개념의 몰락을 받아들이지 못한 이들도 있었다. 드브로이와 슈뢰딩거가 그랬다. 두 사람은 전자 및 그와 비슷한 파동들이 어떤 물질의 실제 이동을 기술하는 것이라고 생각하고 싶어 했다. 그들이 껄끄럽게 여긴 이유를 이해하기는 어렵지 않지만, 보어와 하이젠베르크 같은 이들이 했듯이 그들의 반대를 내치는 것도 어렵지 않았다. 그런데 1935년 아인슈타인, 보리스 포돌스키Boris Podolsky, 네이선 로젠Nathan Rosen은 새롭게 양자역학에 도전장을 던졌다. 그 논문과 거기에 제시된 문제는 아주 유명하며 골칫거리로, EPR 역설이라고 불린다. 그들은 '현실의 완전한 묘사complete description of reality'라는 개념을 정의하는 것부터 시작하여 양자역학이 그것을 제공하는 데 실패했다고 주장했다. 그들은 불확정성 원리의 한 측면인 양자역학 체계가 지닌 불완전한 지식을 중심으로 반대 논리를 펼쳤다.

EPR이 껄끄럽게 여긴 문제는 실제 계에서 살펴볼 수 있다. 음전하를 띤 전자는 양전하를 띤 양성자와 결합하여 전자를 만들 수도 있고 마찬가지로 자신의 반입자인 양전자와 결합하여 원자를 만들 수도 있다. 이 계는 실험실에서 실제로 만들어서 연구한다. 이 원자는 사실 한 가지 놀라운 특징을 제외하면 수소와 아주 흡사하다. 평균적으로 원자의 전형적인 크기, 즉 약 몇억 분의 1cm에 해당하는 거리만큼 떨어져 있던 전자와 양전자는 이윽고 서로 만나서 소멸할 것이다. 그 일이 일어날 때 광자가 생긴다. 2개 또는 3개다. 소멸이 일어나는 데 걸리는 평균 시간과 불연속적인 에너지가 얼마인지는 극도로 정밀한 측정이 진행되었다. 파인먼, 슈윙거, 도모나가의 방법을 이용한 양자 계산은 측정값을 아주 잘 설명한다. 예를 들어, 그 이론은 전자가 양전자를 찾아서 소멸하는 데 걸리는 시간이 평균 7.03996마이크로초(100만 분의 1초)라고 말한다. 여기서 소수점 아래 마지막 자리는 불확실성을 띤다. 실험 측정값은 이 계산값과 아주 잘 들어맞는다.

이러한 양자역학의 성공 사례를 살펴보면, 양자역학이 실패한다는 말이 도리어 놀랍게 다가올 것이다. 그러나 포지트로늄positronium, 즉 전자와 양전자가 결합한 원자가 두 광자로 붕괴할 때 어떤 일이 일어날지 양자역학이 예측한 사항을 좀 더 상세히 살펴본다면, EPR이 왜 그렇게 불만을 품었는지를 이해할 수 있다. 전자가 위나 아래를 향한 스핀을 하나 지니는 것처럼 광자도 스핀을 하나 가지며, 그 스핀도 위나 아래를 향할 수 있다. 광자의 스핀은 광자가 나아가는 방향에 수직이다. 이 스핀은 우리가 편광이라고 부르는 것과 관련이 있다. 양자론은 광자 중 하나의 스핀을 측정했을 때 위를 향하고 있다고 나온다면, 다른 광자의 스핀은 측정했을 때 아래를 향하고 있어야 한다고 말한다. 측정한 첫 번째 광자의 스핀이 아래라면, 다른 광자는 위를 향해야 한다. 문제는 측정하기 전까지는 어떤 결과가 나올지 누구도 모른다는 것이다. 각 광자를 측정했을 때 어떤 결과가 나올 확률만 말할 수 있을 뿐이다. 따라서 광자가 2개 있고 관측자가 2명 있으며, 두 사람이 서로 반대 방향으로 1광년씩 떨어진 곳에서 다가오는 광자의 스핀을 측정한다고 하자. 광자가 도착할 때까지는 각자가 측정했을 때 어떤 결과가 나올지 전혀 모른다. 이제 광자가 지나갈 때 측정을 **한**다고 하자. 그 순간 그들은 서로 2광년 떨어져 있음에도 상대방의 측정에서 어떤 결과가 나올지를 곧바로 안다. 아인슈타인은 바로 이 점을 정말로 마음에 안 들어 했다. 그러나 다양한 실험을 통해서 지금은 양자역학의 이 특성이 실제로 존재한다는 사실이 밝혀졌다.

EPR 수수께끼는 오랫동안 완고한 회의주의자들로부터 별난 관심을 받았지만, 지난 몇 년 사이 이 주제는 새롭게 부활했다. 포지트로늄 붕괴로 나온 두 광자는 **얽힌**entangled 상태에 있다고 말한다. 이 계는 아주 미묘한 방식으로 정보를 저장한다. 이런 유형의 정보 저장은 사실상 기존 컴퓨터보다 훨씬 더 많은 정보를 저장할 수 있고 훨씬 더 정교한 계산을 할 수 있는, 극도로 성능 좋은 컴퓨터를 만들 수 있다는 가능성을 제시한다. 그런 '양자 컴퓨터'를 구현하기 위해 현재 많은 노력이 이루어지고 있다. 아마 가장 큰 과제는 이런 시스템을 환경과 아주 잘 격리시켜야 한다는 점일 것이다. 즉 정보 누출을 막을 방법이다.

여기서 슈뢰딩거의 고양이 이야기를 하지 않을 수 없다. 슈뢰딩거가 제시한 역설처럼 보이는 사례로서, 양자역학을 접해본 사람이라면 누구나 한번쯤 고심하게 만든다. 슈뢰딩거는 독가스 통과 연결된 상자에 고양이가 들어 있는 상황을 상상했다. 이제 포지트로늄 붕괴가 일어나 광자가 2개 나온다고 하자. 두 번째 광자는 독가스 통에 달린 스핀 검출기를 통과한다. 두 번째 광자의 스핀이 위라면, 독가스를 방출시킬 것이고 고양이는 죽을 것이다. 스핀이 아래라면, 독가스는 방출되지 않고 고양이는 살아 있을 것이다. 첫 번째 광자의 스핀을 측정할 때 아래가 나올 확률은 2분의 1이고 위가 나올 확률도 2분의 1이다. 측정을 하지 않는다면 명확한 결과도 전혀 있을 수 없다. 고양이는 살아 있는 동시에 죽어 있다. 동물 애호가에게 더욱 나쁜 소식은 측정을 하면 고양이를 죽일(또는 죽이지 않을) 수 있고, 그 결과가 측정과 동시에 일어난다는 점이다.[8]

하지만 슈뢰딩거는 이 역설이 양자 컴퓨팅 문제와 관련해서는 다른 양상을 띤다는 것을 알아차리지 못했다. 이 문제에는 단지 광자 2개에 담긴 정보만 있는 것이 아니라, 훨씬 더 많은 정보가 있다. 고양이는 엄청나게 많은 원자를 지니고 있으며, 각 원자는 스핀을 비롯한 여러 특성을 지닌다. 독가스 통도 마찬가지다. 그리고 광자와 이 모든 원자들은 깊이 얽혀 있다. 이 모든 것들이 EPR과 슈뢰딩거의 고양이가 양자역학을 반박하는 사례가 아님을 시사하는 듯하다. 그러나 양자역학에는 여전히 매우 불편한 특성들이 있다.

양자역학의 승리

양자전기역학quantum electrodynamics이라는 이론을 포함해 양자역학이 원자와 광자를 이해하는 데 성공함에 따라서, 인류는 원자 수준에서 즉 뉴턴의 시대, 더 나아가 맥스웰의 시대에 알려진 척도보다 훨씬 더 작은 길이와 시간의 규모에서 자연을 이해하게 되었다. 제2차 세계대전 직후에 시작된 이런 발전이 20세기 후반과 21세기 초까지 이어지면서, 우리는 10^{-8}제곱에 이르는 작은 규모의 길이까지 완벽하게 묘사할 수 있게 되었다. 강한 핵력과 약한 핵력, 즉 우주에서 수소보다 무거운 원소를 만들 수 있도록 허용하는 일종의 우주 연금술사를 통제하는 근본 법칙들은 양자전기역학을 관장하는 양자역학과 특수상대성의 바로 그 원리들을 이용하면 이해할 수 있을 것이다. 그 이론을 일반화한 것이 바로 **표준모형**Standard Model이다. 이 모형은 이론물리학과 실험물리학의 대단히 성공적인 결합 사례다.

5장

원자력 시대의 열매

에너지를 둘러싼 질문들 즉 에너지가 얼마나 필요하고, 어디에서 나오고, 기후에 어떤 영향을 미치는지는 우리 삶, 정치, 세계적 현안의 주된 요소다. 우리는 에너지를 킬로와트시, 열량, 석유환산톤equivalent barrels of oil 등으로 측정한다. 힘도 언급할 필요가 있겠는데, 힘은 1초 같은 단위 시간에 에너지를 얼마나 많이 전달할 수 있는지를 나타내는 척도이며, 와트나 마력horsepower 같은 단위로 측정한다. 사실 증기기관의 초기 발명가 중 한 멍인 제임스 와트James Watt는 자신의 이름이 붙은 단위를 창안했고, 자신의 기관을 광고하려는 의도에서 **마력**이라는 용어도 도입했다. 어쨌거나 한 물체의 에너지를 E, 질량을 m, 광속을 c라고 할 때 $E=mc^2$은 아마 가장 유명한 방정식일 것이다. 광속은 초속 30만 km라는 엄청난 크기를 지닌다. 그래서 소량의 물질조차도 엄청난 에너지를 담게 된다. 티스푼 1개 분량의 물에는 도시 하나를 며칠 동안 가동시킬 만큼의 에너지가 들어 있다. 그러나 이 에너지에 접근하는 것은 다른 문제다.

한 원자폭탄에 든 폭발물은 우라늄 약 15kg이다. 그 우라늄 중 겨우 1,000만 분의 1이 에너지로 전환되지만, 그 결과로 나타난 폭발은 끔찍할 정도로 파괴적이다. 원자로에서는 1년 동안 우라늄 약 1kg으로 대도시에 충분히 전력을 공급할 만큼 에너지를 생산한다. 이런 일들을 하는 우리 능력은 원자핵에 든 입자들 사이의 엄청난 힘에 의존한다. 10의 거듭제곱을 따라가는 우리 여정에서 원자핵은 원자보다 소수점 아래로 0을 5개 더 붙인 크기다. 다시 말해, 크기가 1cm의 10조 분의 1, 10^{-13}cm 수준이다. 이 작은 공간에 채워진 에너지는 엄청나며, 원자폭탄과 원자로를 구축할 수 있게 해준다.

거의 한 세기 동안 이 에너지는 몹시 수수께끼 같았다. 하지만 지금은 완벽하게 이해되어 있다. 이 에너지를 설명하는 근본 이론은 양자전기역학quantum electrodynamics, QED과 마찬가지로 표준모형의 세 기둥 중 두 번째를 이루며, 양자색역학quantum chromodynamics, QCD이라고 한다. 양자색역학을 통해서 우리는 자연에서 원자보다 5차수 더 작은 규모의 힘과 입자 그리고 빅뱅으로부터 100만 분의 1초가 지난 뒤에 시작된 우주의 역사도 이해할 수 있다.

핵물리학

많은 이들이 핵물리학이라는 용어 자체를 불편해한다. 혜택과 동시에 명백한 위험을 함께 지니고 있어서 많은 논란을 불러일으키는 핵무기와 원자력이 오르기 때문이다. 그러나 원자핵을 다루는 이 과학은 흥미로운 주제이며, 20세기 물리학의 상당 부분이 여기에서 시작되었다. 앞 장에서 우리는 마리 퀴리와 어니스트 러더퍼드를 만난 바 있다. 그들은 원자핵의 복사선을 물질 연구의 도구로 삼았고 그 연구는 양자역학에 중요한 방식으로 기여했다. 그들은 핵물리학의 발전에도 중요한 역할을 하게 된다.

러더퍼드의 원자핵 발견은 원자를 이해하는 데 기여했지만, 또 하나의 큰 수수께끼로 이어졌다. 원자핵이 양성자와 중성자의 집합이라면, 양성자는 모두 양전하를 띠고 있으므로 서로 밀어내야 한다. 그렇다면 그것들을 그토록 작은 공간에 하나로 묶고 있는 것이 무엇일까? 전자기력보다 더 강한, 훨씬 더 강한 또다른 어떤 힘이 필요했다. 아마도 상상력이 좀 부족했는지, 연구자들은 이 힘을 그냥 강한 핵력, 줄여서 **강력**strong force이라고 부른다. 이 핵력의 특성을 이해하는 것이 곧 물리학의 크나큰 과제가 되었다. 지난 수십 년 사이에 강력의 많은 특징들이 명확해졌다. 가장 중요한 점은 그 힘이 짧은 거리에서만 작용한다는 것이다. 다시 말해, 두 양성자는 서로 아주 가까울 때에만 끌어당긴다. 양성자 크기의 겨우 몇 배라는 아주 작은 거리만큼 떨어져도, 전기 반발력만을 느낀다. 그러나 그 힘의 법칙을 기존의 전기와 자기 또는 중력의 법칙과 같은 방식으로 이해하려는 시도는 난관에 봉착했다.

이 방면에서의 발전은 1934년 일본 이론가 유카와 히데키湯川秀樹의 연구를 통해 이루어졌다. 유카와는 당시 새로웠던 양자역학 개념, 특히 불확정성 원리를 핵력 문제에 적용했다. 가장 기본적인 형태의 불확정성 원리는 한 과정의 에너지와 진행 시간을 임의의 정확한 수준까지 동시에 알 수는 없다고 말한다. 전기와 자기에서 힘의 전달자는 광자다. 광자는 질량이 없으므로, 에너지는 (아인슈타인의 $E=mc^2$에 따라서) 임의의 수준, 즉 원하는 수준 만큼 작아질 수 있다. 따라서 양성자와 전자로부터 광자가 여행하는 데 걸리는 시간은 원하는 만큼 길어질 수 있다. 빛은 아주 빨리 나아가므로, 이는 전기력과 자기력이 아주 먼 거리까지 작용할 가능성이 있다는 말로 바꿀 수 있다(중력과 비슷하다). 유카와는 힘 전달자가 무겁다면, 핵력의 작용 범위가 짧을 수 있을 것이라고 추론했다. 하이젠베르크의 불확정성 원리에 나온 수들을 대입함으로써, 그는 그 전달자의 질량이 양성자 질량의 약 8분의 1이라고 예측했다. 당시 이용할 수 있는 자료를 토대로 했기에 이 예측은 그다지 정확한 것은 아니었지만, 원자핵과 강하게 상호작용하면서 양성자보다 상당히 더 가벼운 입자가 있어야 한다는 것을 확실하게 밝혔다.

제2차 세계대전이 시작되기 전, 앞 장에서 만난 바 있는 칼 앤더슨은 우주선에서 유카와 입자의 후보를 발견했다. 예상했던 질량과 거의 같았다. 하지만 이 입자와 원자핵은 이론이 예상했던 방식의 상호작용을 하지 않았다. 그러다가 전쟁이 터지면서 핵물리학과 입자물리학 연구는 중단되었고, 여러 해가 지난 뒤에야 비로소 처음에 발견한 이 입자가 유카와 중간자$_{Yukawa's\ meson}$가 아님이 밝혀졌다. '뮤온$_{muon}$'이라는 이 입자는 전자와 아주 비슷했지만, 약 200배 더 무거웠다. 전후에 유카와 중간자는 우주선과 가속기 양쪽에서 발견되었다. 실제로 중간자는 세 종류다. 각각 양전하와 음전하를 띤 π^+와 π^-, 전기적으로 중성인 π^0가 있다. 질량은 거의 같다. 따라서 이 발견은 업적이자 수수께끼이기도 하다. 파이온$_{pion}$이라고 불리는 이 입자들의 질량은 이론가 유카와가 말한 바로 그 범위 안에 있다. 그러나 어떤 이론가도 실험가가 뮤온 같은 입자를 발견할 것이라고 예상하지 않았으며, 설령 발견한다고 해도 그 질량이 파이온의 질량에 가까울 것이라고 추측하지 않았을 것이다.

자연의 안내자로서의 대칭

수학에서, 그리고 많은 과학 분야에서 **어렵다**는 말은 두 가지 의미로 쓰인다. 하나는 숙제나 시험에 나온 어려운 문제를 가리키거나, 책에 나온 이해하기 어려운 대목을 가리키는 식으로 느슨하게 쓰는 개념이다. 이때는 그냥 계속 노력하거나, 더 잘 아는 누군가의 도움을 받거나, 혹은 교육을 좀 더 받으면 대개 장애물을 극복할 수 있다. 그러나 또 다른 유형의 어렵다는 개념이 있다. 우리가 살아가고 있는 이런 컴퓨터 시대에는 특히 알아 듣기 쉬운 개념이다. 문제를 푼다고 하면 문제를 풀 전략을 갖고 있다는 의미이고 그 전략에는 대개 별 생각 없이 규칙에 따라 계산하는 과정이 수반된다. 그저 덧셈과 곱셈이나 다른 친숙한 연산을 아주 많이 하기만 하면 된다. 이 문제 풀이 과정에서는 규칙을 도출하는 부분이 바로 영리함과 현명함을 발휘해야 하는 영역이다. 컴퓨터 프로그램은 별 생각 없이 계산하는 부분을 맡을 수 있다. 그런데 때로는 컴퓨터가 계산하는 데 오랜 시간이 걸릴 수도 있다. 문제가 너무 복잡해서, 너무 많은 연산을 해야 할 때 그렇다. 시간이 지나치게 오래 걸린다면, 계산이 불가능하거나 결과가 쓸모 없을 수도 있다. 일기 예보가 이 부류에 속할 수 있다. 계산을 아주 정밀하게 하라고 요구한다면, 컴퓨터 모형은 태풍이 지나간 뒤에야 비로소 태풍이 온다는 예측을 내놓을지도 모른다. 바로 이런 문제를 학술적인 또는 수학적인 의미에서 어렵다고 말한다.

뒤에서 설명할 이유들 때문에, 강한 핵력을 수반하는 상호작용은 바로 그런 어려운 문제에 속한다. 이 점은 일찍부터 명백했다. 문제를 풀 전략을 개발하는 데 시간이 좀 걸렸고, 그조차 아주 성능 좋은 컴퓨터가 있어야 가능했다. 게다가 컴퓨터 기술이 그 필요한 수준에 도달하는 데에는 수십 년이 걸릴 듯했다. 그래서 이 문제가 처음 알려졌을 때부터, 연구자들은 더 간접적인 전략을 통해서 핵력을 이해하고자 애썼다. 그렇게 해서 얻은 깨달음 중 특히 중요한 것은 강한 상호작용의 **대칭**symmetry이었다.

우리는 미술이나 건축에서 대칭의 매력을 발견하곤 한다. 때로는 대칭의 부재나 약간의 비대칭에 끌리기도 한다. 이 말은 자연에 있는 대상들에도 적용할 수 있다. 얼굴, 식물, 산 등을 보라. 우리가 그런 대상을 살펴볼 때 대개 떠오르는 대칭은 두 종류가 있다. 하나는 회전시킬 때 나타나는 대칭이다. 항아리는 중심축의 둘레를 회전할 때, 모습이 전혀 또는 거의 변하지 않을 것이다. 또 다른 아주 친숙한 대칭은 좌우를 교환할 때 나타나는 대칭이다. 우리는 가까운 사람들의 얼굴에서 이 대칭을 알아볼 수 있다. 그리고 완벽한 대칭이 아니라는 것도. 이를 반사 대칭 또는 **패리티**parity라고 한다. 이런 대칭은 물리법칙을 이해하는 데 중요한 역할을 한다.

인류는 분명히 고대부터 자연에 있는 대칭을 미적으로 감상해왔다. 그러나 갈릴레오와 뉴턴을 시작으로 과학자들은 자연법칙 자체가 대칭을 지니며, 이런 대칭이 자연 세계의 현상들에 영향을 미친다는 것을 깨달았다.

대칭 중에는 처음 볼 때부터 아주 명백해서 굳이 언급할 필요조차 없는 것들도 있다. 뉴턴의 운동법칙과 중력법칙에는 어떤 타임스탬프도 찍히지 않는다. 오늘이나 어제나, 1,000년 전이나 똑같다. 만약 이것이 내일 달라진다면 놀랄 것이다. 이 말은 우리가 아는 모든 법칙에 적용된다. 양자역학도 마찬가지다. 즉 전기와 자기, 표준모형의 법칙들도 그렇다. 그런데 이 사실은 놀라운 결과를 낳는다. 바로 **에너지 보존의 법칙**conservation of energy이다. 이 법칙은 우리의 모든 일상생활을 지배한다. 휘발유 1리터(또는 전기차 배터리에 저장된 1킬로와트시)로 어느 거리만큼 갈 수 있고, 탐사선을 우주로 쏘아 올리려면 엄청난 에너지가 들고, 힘든 육체노동을 한 뒤에는 피곤하다고 알려준다. 또 우리는 많이 알지 못해도 이 원리에서 도출될 결과를 예상할 수 있다. 자동차 엔진의 모든 화학 반응을 상세히 알지 못해도, 근육을 움직이기 위해 먹는 음식이 분해되는 복잡한 과정을 알지 못해도, 결과를 이해하고 더 나아가 정량화할 수 있다.

뉴턴의 법칙이 그렇다는 것은 18세기 말부터 알려져 있었지만, 대칭과 보존 법칙 사이의 이 관계가 지극히 일반성을 띤다는 것은 20세기 초에야 비로소 인식되고 명확히 정립되었다. 수학자인 에미 뇌터Emmy Noether를 통해서였다. 1882년 독일에서 태어난 뇌터는 남성이었다면 저명한 교수가 되었을 뛰어난 수학자였다. 여성 수학자라는 불리한 조건이었음에도, 그녀는 홀로 그리고 남들과 협력함으로써 탁월한 연구 업적을 냈다. 아인슈타인은 그녀의 대칭 연구를 이렇게 평했다. "어제 뇌터 양이 불변량에 관한 아주 흥미로운 논문을 보내왔다. 그것을 그렇게 일반적인 방식으로 이해할 수 있다는 사실에 깊은 인상을 받았다. 괴팅겐의 늙은 경비원은 뇌터 양에게서 좀 교훈을 얻어야 한다! 그녀는 자신의 연구 주제를 잘 아는 듯하다."

1933년 유대인인 뇌터는 박해를 피해 망명했고, 미국의 브린마이어대학교에 자리를 잡았다. 그녀는 2년 뒤에 세상을 떠났다. 아인슈타인은 〈뉴욕 타임스〉에 보낸 편지에 이렇게 썼다. "현재 생존해 있는 가장 뛰어난 수학자들은 뇌터 양이 여성 고

등 교육이 시작된 이래로 지금까지 배출된 가장 중요한 창의적인 수학 천재였다고 평한다. 가장 재능 있는 수학자들이 수백 년 동안 활약한 대수학 분야에서 그녀는 오늘날 젊은 수학자들의 발전에 대단히 중요한 영향을 미친 방법들을 발견했다."

뇌터는 에너지 보존뿐 아니라 다른 원리들도 보존 법칙으로 이어진다는 사실을 명확히 보여주었다. 예를 들어, 자연법칙은 내가 내 교수실 앞에 서 있든 옆 교수실 앞에 서 있든 간에 동일하다. 더 일반화하자면, 내가 좌우, 앞뒤, 위아래로 움직여도 동일하다. 이런 대칭의 결과가 바로 운동량 보존이다. 이는 에너지 보존만큼이나 지배적인 원리다. 마찬가지로 자연은 우리가 북쪽으로 움직이든, 약간 동쪽으로 치우친 북쪽으로 움직이든 간에 개의치 않는다.[1] 이것은 회전 대칭이며, 우리가 아는 모든 자연법칙의 한 특징이다. 또 이 대칭은 조금 더 미묘하지만 마찬가지로 심오한 원리인 각운동량 보존을 반영한다. 예를 들어, 이 원리는 지질학적 시간의 규모에 걸쳐 지구가 지축을 중심으로 일정한 속도로 자전하는 이유를 설명한다.

또 하나의 중요한 대칭 원리가 있는데, 바로 전하의 보존을 설명하는 대칭이다. 이 대칭은 훨씬 더 미묘하며 사람이 보거나 느낄 수 있는 변화와 관련이 없다. 그러나 이는 맥스웰 방정식에도 내재된 특징이며, 이 혼합물에 양자역학을 덧붙여도 이 특징은 행복하게도 살아남는다.

대칭의 탐구는 거의 입자물리학이 출현한 직후부터 그 분야의 연구 주제였다. 초기 가속기에서는 에너지, 운동량, 각 운동량의 보존을 꼼꼼히 검토하는 실험이 이루어졌다. 그러자 모든 보존 원리가 아주 정밀한 수준까지 들어맞는다는 사실이 드러났다. 더욱 흥미로운 점은 거울 반사의 대칭이었다. 완벽한 대칭이 **아님**이 드러났기 때문이다. 앞서 말했듯이, 이 대칭을 패리티라고 한다. 우리 모두는 패리티가 무엇인지를 꽤 직관적으로 이해하고 있다. 사실 우리는 좌우를 구분하는 데 종종 곤란을 겪곤 한다. 우리는 '패리티 불변parity invariance'이 자연법칙을 의미하는 것이라고 좀 더 정확히 표현할 수 있다. 우리가 어떤 사건을 관찰하고, 거울에 반사된 같은 사건을 본다면, 둘 다 우리에게 납득이 가야 한다. 즉 둘 다 자연법칙에 따르는 듯이 보여야 한다. 이는 뉴턴의 법칙과 아인슈타인의 일반상대성에서 사실이라고 받아들여진 것이고, 전기와 자기의 법칙이 지닌 한 특징이므로, 오랫동안 당연시되었다. 그런데 1950년대에 입자가속기로 특정한 소립자의 방사성붕괴radioactive decays를 상세히 연구할 수 있게 되자, 매우 놀라운 발견이 이루어졌다. 패리티가 완전한 대칭이라고 주장한다면, 이런 붕괴 중 일부는 이해하기가 어려웠다. 연구자들은 모든 면에서 거의 똑같은 입자 쌍의 존재를 가정함으로써 이 난제를 설명하려고 시도했다. 그때 당시 프린스턴고등연구소에서 일하고 있던 두 젊은 중국 출신 물리학자인 리정다오Tsung Dao(T. D.) Lee와 양첸닝Chen-Ning(C. N.) Yang은 패리티가 자연에서 완전한 대칭이 아닐 것이라는, 더욱 급진적인 주장을 내놓았다. 그들은 특정한 원자핵의 방사성 붕괴를 연구하면 이 문제를 해결할 수 있다고 주장했고, 곧 컬럼비아대학교의 우젠슝

Chien-Shiung Wu이 패리티를 검사하는 창의적인 실험을 수행했다. 우젠슝은 정말로 패리티가 완전한 대칭이 아님을 발견했다. 이러한 패리티 위반은 표준모형의 고유 특성으로 인정받았다.

리정다오와 양첸닝은 패리티 위반 가설로 노벨상을 받았다. 반면에 '중국의 퀴리 부인'이라고 불린, 실제 발견으로 이어진 실험을 설계하고 수행한 우젠슝은 정작 노벨상을 받지 못했다. 3명 모두 저명인시기 되었고 중국과 미국 내 중국인들의 자랑거리였지만, 우젠슝은 여성이라는 이유로 과학계에서 많은 고초를 겪었다. 그럼에도 불구하고 우젠슝은 이윽고 미국 물리학자들의 주요 단체인 미국물리학회 회장으로 선출되었다. 이후 1975년에는 공로를 인정받아 제럴드 포드 대통령에게 국가과학훈장을 받았다. 그녀는 중국뿐 아니라 전 세계에서 인권 옹호가로도 이름을 알렸다.

또 다른 중요한 대칭은 **시간 역전**time reversal이다. 뉴턴의 세계에서 어떤 사건, 예를 들어 언덕에서 공이 구르는 것, 행성이 태양의 궤도를 도는 것 등의 동영상을 찍어서 거꾸로 돌린다고 하자. 우리 눈에 비치는 광경은 놀라울 것이며 적응하려면 아마도 좀 애를 써야 하겠지만, 그 광경은 자연법칙을 따른다. 그런데 일단 대칭으로서의 패리티를 포기한다면, 시간 역전과 같은 대칭도 위태로워질 듯이 보일 것이다. 실제로 1964년 시간 역전 대칭에 대한 작은 위반 사례가 아주 미묘한 형태로 약한 상호작용에서 발견되었다.

지금까지 이야기한 대칭들, 즉 시공간에서의 이동, 회전, 패리티는 우리가 일상생활에서 접하며 어느 정도 직관적으로 이해하는 것들이다. 양자역학의 발견으로 대칭은 자연법칙에서 더욱 중심에 놓이게 되었다. 에너지, 운동량, 각운동량은 여전히 보존되었고 역할은 더 커졌다. 그런데 양자역학은 덜 친숙한 유형의 대칭들이 있다는 것도 밝혀냈다. 물리학자들은 시공간과 아무런 뚜렷한 연관성이 없는 이것을 '내부 대칭internal symmetries'이라고 한다. 아마 양자역학의 창안자 중 한 명이자 불확정성 원리로 유명한 베르너 하이젠베르크가 제시한 것이 이런 대칭 중 첫 번째 사례일 것이다. 하이젠베르크는 양성자와 중성자의 질량이 거의 같다는 점에 주목했다. 실제로 둘의 질량은 소수점 아래 둘째 자리까지 같다. 이는 우연의 일치일 수 있지만, 꽤 두드러진 특징이다. 그런 한편으로 양성자와 중성자는 서로 전혀 달라 보인다. 한쪽은 전하를 지닌 반면, 다른 쪽은 전하가 없다. 하이젠베르크는 전하를 끈다면, 아마 두 입자를 구별할 수 없을 것이라고 추론했다. 즉 양쪽 입자는 **대칭**을 띤다. 핵에 있는 중성자의 수가 그 원소의 어떤 동위원소인지를 결정하므로, 그는 이를 '동위원소 스핀isotopic spin', 즉 '아이소스핀isospin' 대칭이라고 했다. 그를 비롯한 연구자들은 양성자 사이의 전기적 반발력과 양성자와 중성자 질량의 미미한 차이를 무시한다면, 핵의 성질들이 그런 대칭에 불변임을 확인했다.

양-밀스 이론, 아인슈타인 이후의 새로운 대칭 유형

양첸닝은 당시까지 많은 이들에게 자명하게 여겨졌던 자연의 대칭이 깨진다는 패리티 위반을 발견하는 데 중요한 역할을 했는데, 그보다 좀 더 이전에도 대단히 중요한 또 다른 발견을 했다. 이 개념을 이해하려면 먼저 아인슈타인으로 되돌아가야 한다. 아인슈타인의 일반상대성을 대칭이라는 관점에서 생각해볼 수 있기 때문이다. 우리는 하나의 계를 어떤 축의 둘레로 회전시킬 때 자연법칙이 변하지 않는다는 것을 안다. 이것은 뉴턴 법칙의 한 성질이긴 하지만, 사실 엄격히 말해서 대칭이 유지되려면 우주 전체를 이런 식으로 회전시킬 필요가 있다. 좀 이상한 소리처럼 들릴 수도 있겠으나 실제로 그렇다. 아인슈타인의 일반상대성은 자연법칙을 이 요구 조건에서 해방시킨다. 아인슈타인의 이론 내에서는 우주의 작은 부분만 회전시킬 수 있다. 실험실에서, 내 강의실에서, 태양계에서도 회전시킬 수 있다. 그러나 중력장을 포함시킬 때에만 그렇게 할 수 있다. 달리 말하면, 이 대칭 원리 때문에 우리는 중력을 받는다고 할 수 있다.

양첸닝과 로버트 밀스Robert Mills는 1954년에 하이젠베르크의 아이소스핀 대칭에 동일한 질문을 했다. 우주의 다른 곳들은 그냥 놔둔 채 어느 한 곳에 있는 양성자 하나를 중성자로 대체할 수도 있지 않을까? 그들은 이 착상을 구현한 이론을 내놓았다. 이 수학은 아주 깔끔했다. 아인슈타인이 시공간을 국부적으로 회전시킬 수 있다면 곧 중력장이 존재함을 의미한다고 주장한 것처럼, 양첸닝과 로버트 밀스는 시공간의 어느 한 곳에서 아이소스핀 변환을 할 수 있다면 전기장 및 자기장과 비슷한 새로운 세 가지 장과 광자와 비슷한 질량 없는 세 입자가 존재한다는 예측이 나온다고 주장했다. 그런 입자는 결코 존재하지 않았지만, 양첸닝과 로버트 밀스는 당시 알려져 있던 무거운 세 입자가 바로 이 '벡터 중간자vector meson'일 수 있다고 주장했다. 하지만 그렇게 보자면 이 입자들이 어떻게 질량을 얻는지가 수수께끼였고, 그리하여 그 이론은 10여 년 동안 외면당했다.

그 뒤로 양첸닝은 응집물질물리학 분야와 이론물리학 전체에서 많은 중요한 업적을 냈다. 다년간 그는 스토니브룩에 있는 뉴욕주립대학교 C. N. 양물리학연구소를 이끌었다. 그런데 그는 입자물리학과 자연의 기본 법칙을 이해하는 데 많은 기여를 했음에도 불구하고 이후 입자물리학 연구 방향을 혹독하게 비판하는 태도를 보였다. 특히 그는 입자물리학으로 대변된다고 할 수 있는 '거대과학big science'에 비판적이었다. 이 글을 쓰는 현재, 양첸닝은 스위스 유럽입자물리연구소에 있는 대형 강입자가속기에 맞먹는 예산과 그보다 훨씬 높은 에너지를 낼 초고에너지 가속기(이른바 '중국 가속기')를 건설하겠다는 중국의 계획을 앞장서서 비판하고 있다.

뒤에서 살펴보겠지만, 양-밀스의 이론은 표준모형의 토대가 되었다. 또 수학에도 지대한 영향을 미쳤다. 그러나 이런 이론들을 이해하고 그것들이 어떤 역할을 할지를 알아내기까지는 10년이 걸리게 된다. 그 사이에 아주 많은 일이 일어났다.

파이온은 왜 가벼울까? 난부-골드스톤 현상

파이온이 발견되면서 유카와의 구상은 강한 핵력을 적어도 대략적으로 묘사하는 양 비쳤다. 그러나 전기력과 자기력의 양자론QED만큼 흡족한 수준은 아니었다. 무엇보다도 상호작용이 아주 강하다는 점 때문에, 이 문제에는 파인먼, 슈윙거, 도모나가의 방법을 적용할 수가 없었다. 따라서 이 이론이 어떤 예측을 하는지도 파악하기가 어려웠다. 아무튼 이 이론을 강한 상호작용의 모형이라는 형태로 완성시킬 수 없다는 것도 곧 명확해졌다. 파이온이 발견된 뒤로 다른 더 무거운 입자들도 발견되었고, 그런 입자들도 핵력에 어떤 역할을 하는 것 같았다. 이윽고 강하게 상호작용하는 입자들의 집단에 **강입자**hadron(하드론)라는 이름이 붙여졌다. 이제 이런 문제들이 제기되었다. 이 모든 입자들은 어떤 역할을 할까? 그리고 왜 파이온이 특별하다는 것일까? 특히 왜 다른 모든 입자들보다 훨씬 더 가벼우며, 중성자와 양성자 사이의 힘을 설명하는 데 가장 중요하다는 것일까?

해답은 일본계 미국인 물리학자 난부 요이치로南部陽一郎의 연구에서 나왔다. 그는 미국으로 유학하여 프린스턴고등연구소로 온 젊은 연구자였다. 그는 언제나 겸손하고 점잖았지만, 소심하거나 사교성 없는 사람은 아니었다. 그가 연구소에 왔을 때 소장이었던 J. 로버트 오펜하이머는 새 연구자들(박사후 연구원)에게 위대한 아인슈타인을 결코 방해해서는 안 된다고 지시했다. 난부는 알아들었다고 답하고는 곧바로 아인슈타인과 약속을 잡았다. 그는 그 전설적인 물리학자가 기꺼이 나누어주려는 지혜를 무엇이든 간에 습득하려는 열의를 갖고 있었다. 아인슈타인은 난부 요이치로를 만난 자리에서 젊은 과학자들이 아무도 자신을 보러 오지 않는다고 투덜댔다. 난부 요이치로는 당시로서는 좀 유별나게도, 더욱이 유학을 온 젊은이치고는 더욱 특이하게도 자동차를 갖고 있었고, 첫 만남 후 아인슈타인에게 출근할 때 자기 차로 모시겠다고 나섰다. 어느 날 아침 그는 차로 걸어가는 아인슈타인의 모습을 몰래 카메라에 담았다. 당시의 카메라로 몰래 찍는다는 것은 쉽지 않았다. 이 사진은 지금 같았으면 소셜 미디어를 통해 널리 퍼졌을 것이다.

난부 요이치로는 나중에 시카고대학교로 자리를 옮겼다. 그곳에서 여러 중요한 연구를 했지만, 강한 상호작용의 대칭 및 대칭과 파이온의 관계에 특히 관심을 기울였다. 난부 요이치로는 강한 상호작용이 당시로서는 낯설었던 유형의 대칭을 지닐 가능성을 생각했다. 두 가지 방식으로 낯설었다. 첫째, 대칭은 상대성과 양자역학의 조합에서 나왔다. 그는 전자가 질량이 없다면 어떤 신기한 보전 법칙을 따르리라고 생각했다. 전자의 스핀은 특정한 방향을 가리킨다. 양자역학에서 전자는 질량 없을 때 광자처럼 광속으로 움직일 것이다. 이때 스핀은 전자가 움직이는 방향이나 그 반대 방향을 향할 수 있다. 스핀이 운동 방향을 향한다면 그 상태를 유지할 것이다. 반대 방향을 향할 때에도, 그 상태를 유지할 것이다. 그러므로 이는 보존된 성질이다. 이 보존 법칙과 관련된 대칭을 '**손대칭**chiral symmetry'이라고 한다. 손잡이와 관련이 있기 때문이다('chiral'이라는 영어 단어는 '손'을 뜻하는 그리스어에서 유래했다). 하지만 전자는 질량이 없는 것이 아니고(비록 아주 높은 에너지에서는 전자의 질량을 무시하고도 보존 법칙이 들어맞을 때가 있지만), 양성자와 중성자도 분명히 그랬다.

여기서 난부 요이치로의 생각은 두 번째 대도약을 이루었다. 그는 강한 상호작용이 대칭을 지니긴 하지만, 그것이 **깨진 대칭** broken symmetry이라고 추정했다. 이 개념을 처음 들으면 좀 이상하다고 생각할 수도 있겠지만, 깨진 대칭이라는 개념은 실제로는 아주 친숙하다. 자연법칙은 회전에 대칭이지만, 우리가 접하는 대상들은 대개 그렇지 않다. 예를 들어, 물병의 손잡이는 회전 대칭을 깬다. 역설적인 것이 아니다. 기본 대칭은 우리가 손잡이가 어느 방향으로든 놓이도록 물병을 회전시킬 수 있다는 사실에 반영되어 있다. 완벽한 구가 아닌 대상들은 어떤 **고유**의 방향을 지니며, 가만히 두면 틀림없이 어떤 방향을 가리킨다. 물리학자들은 그런 대칭이 '자발적으로 깨진다'고 말한다. 난부는 핵력의 손대칭이 바로 이런 유형의 대칭이라고 추론했다. 또 자연법칙의 대칭이 이런 식으로 깨진다면, 한 가지 결과가 나타날 것이라고도 추론했다. 바로 질량이 없는 입자가 있어야 한다는 것이다. 강한 상호작용에서는 질량 없는 입자가 아예 없지만, 파이온은 다른 입자들보다 훨씬 가벼우므로, 그는 파이온이 질량 없는 입자의 후보자라고 보았다. 손대칭이 강한 상호작용의 기본 법칙에 대한 정확한 대칭이 아니라 '약간' 깨진 대칭이라면, 파이온의 작은 질량이 설명될 것이라고 보았다. MIT의 제프리 골드스톤Jeffrey Goldstone은 질량 없는 입자가 자발적 대칭 깨짐에서 생길 수 있는 일반적인 결과를 증명했다. 그래서 질량 없는 입자에는 난부-골드스톤 보손Nambu-Goldston boson이라는 이름이 붙었다. 그 뒤로 파이온이 그런 입자에서 예상되는 방식으로 행동한다는 사실이 다양한 실험을 통해 입증되었다.

강하게 상호작용하는 입자들

1940년대 말 입자물리학 분야는 가속기 시대에 들어서고 있었다. 제2차 세계대전 이전에 원시적인 형태의 가속기들이 만들어졌지만, 이제 물리학은 국방의 중요한 일부로 여겨졌고 미국 연방 정부로부터 많은 연구비를 지원받을 수 있었다. 그런 한편으로 전쟁 때 기술이 발전하고 과학자와 기술자 양쪽으로 훈련된 인력이 배출된 것도 입자물리학의 호황에 기여했다. UC버클리, 롱아일랜드 브룩헤이븐국립연구소 등에 가속기가 건설되어 가동되었다. 이런 가속기들의 에너지는 파이온을 생성하고도 남았고, 곧 다른 입자들도 쏟아졌다. 이 책의 목적상 세세한 사항은 중요하지 않다. 중요한 점은 이런 입자가 수백 가지나 되었다는 것이다. 파이온처럼 이 새로운 입자들도 모두 수명이 짧았고, 약 10^{-20}초 이내에 붕괴하는 것도 많았다! 그래도 저마다 충분히 독특하기에 그 성질을 정확히 측정할 수 있었다.

하지만 이제 수수께끼가 하나 생겼다. 처음에 양성자, 중성자,

파이온은 전자처럼 근본적이면서 구조를 지니지 않은 대상이라고 생각했다. 그러나 많은 입자들이 새로이 발견되면서 이 견해에 의문이 제기되었다. 실제로 꼼꼼히 측정하니 양성자는 지름이 약 10^{-13}cm로서 크기와 모양이 원자핵과 비슷하다는 것이 드러났다. 따라서 아마도 주기율표의 원소들이 전자와 핵으로 이루어져 있는 것처럼, 새로운 입자들도 어떤 다른 실체들로 구성된 것일 수 있었다. 이 혼란에서 빠져나올 길을 제공한 사람은 머리 겔만Murray Gell-Mann이었다. 그는 강입자의 주기율표에 해당하는 것을 정립했다. 그의 표는 당시 대다수의 이론물리학자들에게 낯설었던 수학 분야인 **군론**group theory을 토대로 했다. 그의 표에서는 8이라는 수가 중요한 역할을 했다. 가장 가벼운 중간자는 8종류가 있었고, 가장 가벼운 중입자baryon(바리온)도 8가지였다. 중입자는 양성자와 중성자처럼 스핀이 2분의 1이면서 강하게 상호작용하는 입자들을 말한다. 겔만(2019년에 세상을 떠났다)은 아주 박식했으며(그리고 그 사실을 알리고 싶어 하기도 했다) 언어와 동양 종교에 관심이 많다는 것을 과시하고자, 이를 팔정도Eightfold Way라고 불렀다. 불교에서 필정노는 해탈에 이르는 길이며, 수행자가 실천해야 하는 여덟 가지 측면, 즉 바른 견해, 바른 생각, 바른 말, 바른 행동, 바른 생계, 바른 노력, 바른 정진, 바른 삼매三昧를 가리킨다. 겔만의 주기율표에서 8은 입자의 전하 같은 다양한 더 평범한 속성들을 가리켰다.

드미트리 멘델레예프Dmitri Mendeleev는 화학적 성질들의 규칙성을 토대로 원소들의 주기율표를 작성했다. 양자역학이 발견된 뒤에야 비로소 그 성질들을 전자와 원자핵의 속성을 통해서 이해할 수 있었다. 겔만은 조지 츠바이크George Zweig와 같은 시기에 강입자를 대상을 이 두 번째 단계를 실행했다. 겔만은 팔정도를 원자의 전자, 양성자, 중성자에 비유한 **쿼크**quark라는 입자를 통해 이해할 수 있다고 주장했다. 겔만은 제임스 조이스James Joyce의 소설《피네건의 경야》에 나오는 한 대목에서 그 이름을 골랐다 (츠바이크는 '에이스Ace'라고 이름을 붙였지만, 결코 받아들여지지 않았다). 쿼크는 처음에 3가지가 알려졌고, '위', '아래', '기묘'라는 좀 장난스러운 이름이 붙었다.

쿼크는 강하게 상호작용하는 입자들, 즉 강입자의 성질들을 매우 우아하게 설명했다. 그러나 나름의 별난 속성도 지니고 있었다. 쿼크는 전하를 지녔다. 사람의 관점에서 보자면, 전자는 하전입자 중 가장 중요하다. 전자는 전류를 이루고, 컴퓨터와 휴대전화에 정보를 저장하는 데 쓰인다. 너무나 중요하므로 전자의 전하를 기본 단위로 삼는 것은 당연하다. 벤저민 프랭클린 Benjamin Franklin에게까지 거슬러 올라가는 관습에 따라서, 우리는 전자의 전하를 −1이라고 적는다. 따라서 양성자는 전하가 +1이다. 그래서 원자는 전기적으로 중성이다. 겔만과 츠바이크가 상정한 쿼크는 이 기본 단위의 분수값에 해당하는 전하를 지닌다. 3분의 +2 또는 3분의 −1이다. 쿼크 모형에서 스핀이 0인 파이온 같은 입자들은 반쿼크anti quark와 결합된 쿼크로 이루어져 있다. 이런 입자를 중간자라고 한다. 전자와 같은 스핀을 지니는 양성자와 그 들뜸 상태 같은 입자들은 쿼크 3개가 결합된 상태다. 전하가 1인 양성자는 위 쿼크up quark 2개와 아래 쿼크down quark 1개로 이루어져 있다. 전하가 0인 중성자는 위 쿼크 1개와 아래 쿼크 2개로 이루어져 있다. 다른 강입자들은 다른 식으로 조합되어 있다. 예를 들어, π^+ 중간자는 업 쿼크 1개와 아래 반쿼크 anti-down quark(아래 쿼크의 반입자) 1개로 이루어져 있다.*

이 새 주기율표는 잘 들어맞았지만, 한 가지 수수께끼가 남아 있었다. 전자는 원자에서 쉽게 튀어나온다. (전기 회로처럼) 강한 전기장이 원자로부터 전자를 뜯어낼 때 불꽃이 튀는 것은 이 사실을 눈으로 보여주는 친숙한 사례다. 화학자들은 늘 이온을 다루며, 과학자들은 많은 통제된 환경에서 전자와 원자핵을 따로따로 연구한다. 그러나 쿼크로는 비슷한 일을 전혀 할 수 없었다. 양성자가 다른 양성자나 중성자, 파이온과 충돌할 때, 분수 전하를 지닌, 즉 전자나 양성자 전하의 양성이든 음성이든 3분의 1이나 3분의 2에 해당하는 전하를 지닌 입자는 전혀 관찰되지 않았다. 과학자들은 온갖 장소에서 그런 분수 전하를 찾아보았다. 달의 암석에서도 찾아보았다. 겔만 자신은 한동안 쿼크가 결코 물리적 실체가 아닌 그저 일종의 유용한 수학적 장난감이라는 견해를 피력하기도 했다.

---

* 처음에 알려진 세 쿼크 중에서 위 쿼크는 전하가 3분의 2, 아래 쿼크와 기묘 쿼크 strange quark는 3분의 -1이었다. 양성자는 위 쿼크 2개와 아래 쿼크 1개로 이루어지므로, 전하가 1이 된다. 중성자는 위 쿼크 1개와 아래 쿼크 2개로 이루어지므로, 전하가 0이 된다. 스핀이 0이거나 1인 입자인 중간자들은 전하가 1이거나(쿼크 1개와 반쿼크 1개의 조합), -1 또는 0이다.

그러나 다른 유형의 실험을 통해서 이윽고 쿼크가 실재한다는 것이 입증되었다. 1960년대 중반에 캘리포니아공과대학교(칼텍Caltech)의 리처드 파인먼과 당시 신설된 스탠퍼드선형가속기센터의 제임스 비요르켄James Bjorken(BJ라고 불렸다)은 양성자와 중성자가 쿼크로 이루어져 있다면, 매우 높은 정도의 고에너지 실험에서 어떤 일이 일어날지를 생각하기 시작했다. 겔만과 경쟁을 벌이는 것으로 유명했던 파인먼은 적어도 얼마 동안 강입자의 구성 성분을 쿼크라고 부르기를 거부했고, 대신에 파톤parton이라고 불렀다. 어쨌든 파인먼과 비요르켄은 예리한 예측을 내놓았다. 아주 높은 에너지에서 전자가 핵에 부딪쳐 산란되는 러더퍼드의 실험과 비슷한 실험을 하면, 양성자와 중성자의 내부 구조가 드러날 것이라고 했다. 스탠퍼드선형가속기센터에서는 일련의 실험들을 통해 바로 이 현상이 일어난다는 것을 발견했다. 양성자가 분수 전하를 지닌 입자들로 이루어져 있다는 것이 드러났다. 이 연구로 제롬 프리드먼Jerome Friedman, 헨리 켄들Henry Kendall, 리처드 테일러Richard Taylor는 노벨상을 받았다. 헨리 켄들이라는 이름은 많은 이들에게 친숙하다. 그는 핵무기 그리고 더 나아가 환경과 에너지 정책에 관한 현안들에서 주목할 만한 활동을 해온 참여과학자연합Union of Concerned Scientists을 설립했다.

이로써 물리학자들이 새로운 자연법칙, 즉 핵력을 관장하는 자연법칙을 밝혀낼 준비가 된 것처럼 보였다. 그러나 쿼크 모형의 성공은 그 자체로 심각한 문제도 제기했다. 상대성과 양자역학은 양자장 이론으로 핵력을 기술해야 한다고 요구하는 것처럼 보였다. 그러나 그에 걸맞은 특성을 지닌 양자장 이론이 아예 없는 것 같았다. 홀로 떨어져서 자유롭게 돌아다니는 쿼크가 목격되지 않는 이유나, 강입자들을 충분히 강하게 충돌시키면 이들이 마치 쿼크로 이루어진 것처럼 행동하는 이유를 설명할 수 있는 이론이 나와야 했다.

돌파구가 된 양-밀스 이론, 그 놀라운 특성

첫 수수께끼, 즉 강입자가 세차게 충돌할 때 쿼크 집합처럼 보인다는 것을 설명하는 이론은 1973년 프린스턴대학교의 데이비드 그로스David Gross와 프랭크 윌첵Frank Wilczek, 하버드대학교의 데이비드 폴리처David Politzer가 내놓았다. 그들은 이 첫 번째 수수께끼를 설명하는 데 성공하려면 이론이 **점근자유성**asymptotic freedom이라는 특성이 있어야 한다는 것을 깨달았다. 이 용어는 쿼크들이 더 가까워질수록 이들 사이의 힘은 더 약해져야 한다는 것을 멋지고 좀 화려하게 표현한 것이다. 하지만 당시 이론가들에게 친숙했던 양자장 이론들에는 이러한 특성이 없는 듯했다. 예를 들어, 양자전기역학은 정반대로 행동한다. 즉 전자들이 서로 다가갈수록 힘은 더 커진다. 더 나아가 양자역학의 일반 원리에 따를 때, 입자들은 거의 언제나 그런 식으로 행동하는 듯하다는 주장까지 나왔다.

그로스는 당시 대학원생이었던 윌첵과 함께 사실상 기존의 양자장 이론 중에 접근자유성을 지닌 것이 전혀 없음을 증명하는 일에 착수했다. 폴리처도 같은 문제에 매달렸지만, 박사논문 지도교수인 시드니 콜먼Sidney Coleman(그에 대해서는 뒤에서 다시 이야기하겠다)의 권유에 따라 다른 관점을 취했다. 양자전기역학과 유카와 중간자 이론과 같은 이론들은 계산이 비교적 쉽고 익숙했다. 그러나 한 범주에 속한 이론에서는 그 문제가 더 까다로운 양상을 띠었다. 바로 앞서 말한 양과 밀스의 이론이다. 지금은 비非아벨 게이지 이론non-Abelian gauge theory 또는 양-밀스 이론이라고 부른다. 이 이론은 10년 동안 외면을 받아왔다. 흥미롭긴 했지만 이해하기가 어려웠고, 자연법칙을 이해하는 데 어떤 역할을 하는지 설득력 있게 주장한 사람이 아무도 없었기 때문이다. 그렇기에 나름대로 어느 정도 발전이 이루어지긴 했지만, 양자전기역학에 비하면 이해가 덜 되어 있었다. 리처드 파인먼은 1940년대 말에 양자전기역학에서 했던 것과 비슷하게, 이런 이론들에서 계산을 수행할 규칙 집합을 추측했다. 파인먼의 추측을 이해하기 쉽게 풀어냈던 프리먼 다이슨의 역할은 처음에 두 소련 물리학자인 루드비히 파데예프Ludvig Faddeev와 빅토르 포포프Victor Popov가 맡았다. 실질적으로 그들은 파인먼을 뛰어넘었다. 양-밀스 이론의 양자역학을 이해하고자, 그들은 파인먼의 더 별난 초기 개념 중 하나를 취해서 유용하면서 강력한 도구로 전환했다.

하지만 여전히 계산은 어려웠다. 그렇게 나온 수학식도 잘 이해가 되지 않았다. 또 다른 돌파구를 연 것은 두 네덜란드 물리학자였다. 마르티뉘스 '티니' 펠트만Martinus "Tini" Veltman과 그의 학생인 헤라르뒤스 엇호프트Gerardus 't Hooft였다. 양자전기역학의 문제들을 계산하는 전문가였던 펠트만은 아마 그 이론의 문제를 계산할 컴퓨터 코드를 개발한 최초의 인물일 것이다. 긴 숫자 열을 더하는 것, 사람이 하듯이 대수를 하는 방식이었다. 대수는 어려울 수 있으며, 양자전기역학 문제는 특히 더 어려울 수 있다. 하지만 아무런 생각 없이 처리하는 컴퓨터에게 딱 맞는 일이었다. 그러나 양-밀스 이론에 필요한 발전의 상당 부분은 그의 학생인 엇호프트가 해냈다. 사실 여러 해 동안 두 사람은 그 연구의 가장 혁신적인 측면을 발전시킨 영예를 누가 받아야 할지를 놓고 갈등을 빚었다. 하지만 결국 양-밀스 이론의 양자역학을 규명한 공로로 1999년에 노벨상을 공동 수상했다.

파데예프와 포포프, 엇호프트와 펠트만의 연구 덕분에 그로스와 윌첵, 폴리처는 필요한 계산을 할 수 있었다. 종종 그렇듯이, 초기 단계에서는 이 계산이 무척 어려웠다. 하지만 지금은 내 대학원 물리학 강좌에서 으레 내는 숙제가 되었다. 그들은 양-밀스 이론이 요구되는 바로 그 특성을 지닌다는 것을 발견했다.

이 발견이 이루어지자 양자 모형은 양-밀스 이론과 결합되면서 양과 밀스의 개념에 토대를 둔 강력하고도 진정한 이론, 새로운 자연법칙 집합으로 자연스럽게 나아갔다. 강입자는 색깔이라는 고유의 특성을 지닌 채 출현하는 쿼크들로 이루어진다는 개념이 도출되었다. 이 색깔은 세 가지이며, 흔히 빨강, 파랑, 초록으로 나타낸다. 이 입자들은 어느 면에서 광자와 비슷한 글루온gluon이라는 8종류의 입자들을 교환함으로써 상호작용을 한다.

이 새로운 이론은 양자전기역학QED을 본떠서 양자색역학QCD이라는 이름을 얻었다. 그로스, 윌첵, 폴리처는 스탠포드선형가속기센터의 실험 결과로부터 대강의 특징들을 설명했을 뿐 아니라, 비요르켄과 파인먼의 예측에 약간의 수정이 가해져야 한다는 것도 예측했다. 그리하여 그 이론을 검증하고 그 이론이 예측할 수 있는 과정들의 집합을 확대하는 기나긴 과정이 시작되었다. 이 이론을 제대로 이해하고 검증하기까지 많은 난제를 해결해야 했지만, 지금의 표준모형을 떠받치는 이 기둥은 아주 상세한 검증을 거친 상태다.

그로스, 폴리처, 윌첵은 이 연구로 2004년에 노벨상을 받았다. 시드니 콜먼도 상을 받아 마땅하다고 보는 사람들도 있지만, 안타깝게도 노벨상은 최대 3명까지만 공동 수상할 수 있다.

점근자유성 문제가 해결되자, 이제 쿼크가둠quark confinement이라는 문제를 이해해야 했다. 여기서 점근자유성은 어느 정도 희망을 제공했다. 쿼크들이 서로 가까이 다가갈 때 강한 상호작용이 약해진다는 사실은 뒤집어 말하면 멀어질수록 더 강해진다는 것이다. 아마도 너무나 강해져서 아예 쿼크들을 떼어낼 수 없어진다고 볼 수 있었다. 이 특성을 '적외 예속infrared slavery'이라고 한다. 그러나 쿼크가둠 문제는 기술적·수학적 의미에서 어려운 것임이 입증되었다. 사실 이는 여러 면에서 이론입자물리학자들이 이전에 접했던 것들보다 더욱 다루기 어려운 문제였다. 그들은 유사한 현상들이 나타나는 다른 분야들을 살펴보았다. 고인인 코넬의 켄 윌슨Ken Wilson은 처음으로 이 추상적 문제를 극도로 어렵긴 하지만 정확한 질문으로 전환했다. 윌슨은 파데예프 그리고 포포프와 비슷한 방식으로 파인먼이 양자역학에 썼던 바로 그 기발한 착상을 취해 더욱 기발하게 적용했다. 그러자 갑자기 그 문제가 컴퓨터에 넣을 수 있을 정도의 적절한 대상으로 전환되었다. 윌슨은 컴퓨터로 처리할 수 있으려면, 시공간 연속체를 불연속적인 점들의 집합으로 대체하자고 제안했다. 수학자와 물리학자는 그런 시공간을 격자lattice라고 한다. 장식 미술 같은 곳에서 쓰이는 규칙적인 구조를 떠올려보자. 아래는 그런 격자의 그림이다. 이렇게 하자, 색깔 게이지 이론 즉 양자색역학을 푸는 문제는 잘 정립된 컴퓨터 문제가 되었다. 하지만 이 문제는 여전히 **어려웠다.**

2차원 격자

어렵다는 말이 무슨 의미인지 좀 감을 잡을 수 있도록, 격자가 100개의 점으로 이루어진다고 하자. 정확한 결과를 얻으려면 10의 1억 제곱($10^{100,000,000}$)에 해당하는 연산을 해야 한다. 우주의 모든 전자를 이용하는 컴퓨터를 만든다고 해도, 이런 계산은 할 수가 없다. 이 문제를 처리 가능한 규모로 줄이는 데에는 명석한 인물들이 아주 많이 필요했다. 그런 뒤에도 극도로 성능이 좋으면서 값비싼 컴퓨터 망을 써야 한다. 연구자들은 이 문제만을 전담하는 컴퓨터도 구했다. 이윽고 컴퓨터 성능 향상과 계산을 하는 탁월한 알고리듬의 구축이 결합되면서 새 천 년이 시작될 무렵에 신뢰할 만한 결과가 나왔다. 이런 계산 결과들은 쿼크가둠을 보여주었을 뿐 아니라, 강입자의 세세한 사항들을 올바로 재현했다. 양성자와 중성자, 파이온(파이온은 특히 더 어렵다는 것이 드러났다)의 질량과 같은 양이었다. 게다가 아직 하지 않은 실험들에서 나올 양, 특히 무거운 b 쿼크를 수반하는 양을 계산하는 것도 가능해졌다.

이 이야기에 등장하는 인물 중에는 이론물리학에 또 다른 큰 기여를 한 이들도 많다. 이 글을 쓰는 현재 양첸닝은 98세이며 (1922년 생), 중국 과학계의 거물이다. 헤라르뒤스 엇호프트는 여전히 강한 상호작용을 이해하는 데 주도적인 역할을 하고 있다. 레너드 서스킨드 및 스티븐 호킹과 함께 그는 중력의 양자론을 개발하는 문제에서 가장 깊이 있는 사상가에 속한다. 데이비드 그로스는 나중에 초끈이론의 발전에 중요한 역할을 했다. 켄 윌슨은 강한 상호작용을 컴퓨터로 계산하는 연구를 한 뒤로 화학을 비롯한 다른 분야에도 응용하는 등 대규모 컴퓨팅 문제 전반에 깊은 관심을 보였다. 그는 응집물질물리학과 강한 상호작용 연구로 1982년에 노벨상을 받았다.

그러나 이론가와 실험자 할 것 없이 많은 물리학자들이 이 모든 발전에 전적으로 만족하는 것은 아니다. 물리학자들은 간략한 계산을 좋아한다. 다시 말해, 그 방향으로 상세하고 복잡한 계산을 할 이유를 적어도 대강 이해할 수 있도록 간단히 계산을 해보는 것이다. 그들은 누가 다음과 같은 말을 하면 왠지 미흡하다고 여긴다. "어, 컴퓨터가 정말로 어려운 계산을 했어. 나온 결과가 이거야." 뉴햄프서 피터버로의 클레이수학연구소Clay Mathematics Institute, CMI는 수학과 물리학 분야에서 어려운 문제들을 푸는 이들에게 상을 준다. 바로 밀레니엄상이다. 연구소가 내건 문제 중 하나는 컴퓨터에 의지하지 않고서 양자색역학에서 쿼크가둠이 일어나는 것을 보여주는 것이다. 나는 학생들에게 이 문제를 제시한다. 상금은 100만 달러다. 아직 받아간 사람이 없다.

6장

가장 작은 것들의 무게

과학자들이 한 대상을 특징짓는 데 쓰는 주된 속성 중 하나는 질량이다. 금이 특별 대접을 받는 이유는 희귀하고 반짝거리기 때문이기도 하지만 소량이어도 무겁기 때문이다. 이와는 대조적으로 소립자는 질량이 극도로 작다. 전자는 1경×1조 개가 모여야 1g을 간신히 넘는다. 양성자는 그 정도 모이면 약 1kg이 된다. 현재 우리는 이런 입자들이 많이 모인 것의 무게도 잴 수 있지만, 한 번에 한 개씩 연구하면서 각 입자의 질량도 잴 수 있다. 우리가 아는 쿼크 중 가장 무거운 꼭대기 쿼크top quark도 1조×1조 개가 모여야 약 1kg이 된다. 그러나 무게를 재기 위해서 그만큼 모을 수가 없다. 꼭대기 쿼크는 반감기가 약 10^{-24}초다. 모으면 거의 즉시 다른 더 가벼운 입자들로 분해될 것이다. 그러니 꼭대기 쿼크의 질량은 더 간접적으로 재야 한다. 꼭대기 쿼크의 수명을 잴 때에도 마찬가지다. 그렇게 짧은 시간을 잴 시계는 없다. 그 정도까지는 아니지만, 다른 많은 입자들의 질량도 비슷하다.

이런 입자들의 질량은 무엇을 말하고 있을까? 이것들이 그저 교과서의 뒤쪽에 표로 실려 있거나 인터넷에서 찾아볼 수 있는 숫자에 불과한 것일까? 아니면 어떤 기본 원리 집합을 통해 이해할 수 있는 것일까? 이미 우리는 그런 원리가 작동하는 사례를 두 가지 살펴보았다. 디랙은 전자의 반입자인 양전자가 존재하며, 전자와 **질량이 정확히 똑같다**고 설명했다. 양자전기역학의 개척자들은 모든 입자의 반입자가 다 그렇다는 것을 보여주었다. 광자가 질량이 없는 것은 전기역학의 근본 원리에서 나온 결과다. 그런데 다른 모든 입자들은 어떨까? 이 질문에 답하려면, 표준모형의 또 다른 중요한 조각을 끼워 맞출 필요가 있다.

방사능은 무섭다. 폭발하는 핵무기나 통제 불능 상태가 된 원자로 근처에서처럼 대량으로 쬐면 그 자리에서 사망할 수 있다. 더 적은 양에 노출되면 암에 걸릴 수 있다. 그러나 어떤 의미에서 보면, 방사능은 사실 다른 독극물보다는 덜 무섭다. 히로시마, 나가사키, 체르노빌, 후쿠시마의 경험을 통해서, 우리는 다량의 방사선이 어떤 효과를 미치는지 꽤 확실히 안다. 화학적·환경적 독극물은 반드시 그렇지 않다.

방사능은 지구의 물질에서 자연적으로 생기거나 우주선, 즉 우주의 먼 곳에서 생성된 고에너지 입자가 상층 대기에 충돌할 때 생긴다. 퀴리 부부와 러더퍼드는 다양한 유형의 자연 발생 방사능을 이용하여 물질의 구조를 탐색했다. 러더퍼드는 자연 발생 방사능을 세 종류로 분류했다. 알파선, 베타선, 감마선이다.

알파선은 곧 헬륨 원자핵임이 드러났다. 우라늄과 라듐 같은 무거운 핵이 붕괴할 때 방출된다. 감마선은 고에너지 광자로서, 전등, 전파, 전자레인지의 광자보다 훨씬 더 큰 에너지를 지닌다. 베타선은 전자나 반전자로 이루어져 있다.

이런 식으로 이해하면, 방사선이 끼치는 피해는 분명해진다. 이런 입자들은 우리 몸의 원자와 분자에 충돌해 쪼갠다. 집중적으로 그리고 대량으로 방사선을 쬐면 많은 조직이 손상되어 죽을 수 있다. 더 적은 용량에서는 DNA를 분해함으로써 다양한 질병이 생길 조건을 마련할 수 있다. 이러한 사실을 이해한다고 그 결과가 덜 무서워지는 것은 아니지만, 적어도 방사능의 잠재적인 폐해를 경고하고 피하거나 완화할 전략을 마련하라고 알려줄 수는 있다.

중성자가 발견되기 전에는 전형적인 핵에 양성자와 그 전하 중 일부를 상쇄시킬 소수의 전자가 들어 있다고 생각했다. 그러나 전자가 양성자에 왜 그렇게 꽉 달라붙어 있는지는 불분명했다. 왜 수소에서보다 더 가까이 달라붙어 있을까? 중성자가 발견되면서 물질의 상당 부분의 정체를 이해하게 되었을 뿐 아니라, 베타선의 밑바탕에 놓인 현상도 명확해졌다. 중성자는 고립된 상태에서 방사성을 띤다. 즉 대개 약 11분 안에 양성자, 전자 그리고 다른 무엇(앞서 이야기한 바 있는 아주 가벼운 입자로서 다른 물질들과 거의 상호작용을 하지 않는 중성미자)으로 해체된다. 중성자가 양성자보다 약간 더 무겁다는 사실을 떠올려보자. 둘의 질량 차이는 전자의 질량보다 약간 클 뿐이다. 아인슈타인은 질량과 에너지가 같다고 말했다. 에너지는 보존되므로, 양성자와 중성자의 질량이 이렇게 거의 비슷하다는 것은 중성자는 이 붕괴가 겨우 일어날 만큼의 에너지를 지닌다는 뜻이다. 원자핵으로 결합되어 있는 중성자는 에너지를 더욱 적게 지니기에, 많은 핵에서는 이 붕괴가 아예 일어나지 않는다. 양성자와 중성자가 6개씩인 탄소 12는 (다행히도) 안정하며, 덕분에 생명의 토대가 된다. 양성자 6개와 중성자 7개로 이루어진 탄소 13은 불안정하다.

이 과정은 거꾸로 진행될 수도 있다. 전자가 양성자에 충돌하면, 중성자로 전환되면서 중성미자가 방출된다. 이런 식으로 한 종류의 핵이 다른 종류의 핵으로 바뀔 수 있다. 이 과정은 자연의 연금술에 대단히 중요하다.[1] 주로 수소로 이루어진 별에서 더 무거운 원소들의 핵이 이 방법으로 생성된다. 이 과정을 통해서 탄소, 산소, 철 등 생명에 매우 중요한 원소들도 이어서 생성될 수 있다. 이런 핵들은 별이 폭발하면서 죽음을 맞이할 때, 즉 초신성 폭발 때 우주로 흩어진다. 우리는 이전 세대의 별이 남긴 먼지의 산물이다.

다시 중성자 붕괴 이야기로 돌아가자. 11분은 그리 길지 않은 시간처럼 보일 수 있지만, 어느 면에서는 길다. 터무니없을 만치 길다. 사람들은 일상생활에서 접하는 거리를 토대로 cm, m, km 같은 길이 단위를 만들었다. 그러나 이런 다양한 길이와 시간을 생각하는 더 자연스러운 방식들이 있다. 우리 태양에서 가장 가까운 별까지 빛이 가는 데에는 약 2.4년이 걸린다. 지구에서 빛이 달까지 도달하는 데에는 약 2초가 걸린다. 약 10^7분의 1이다.

빛이 원자를 가로지르는 데 걸리는 시간은 10^{-18}초다. 중성자를 가로지르는 데 걸리는 시간은 약 10^{-23}초다! 그에 비하면, 중성자는 사실상 영원히 사는 셈이다. 이렇게 붕괴하는 데 아주 오래 걸린다는 것은 베타 붕괴와 관련된 힘이 극도로 약하다는 의미다.[2] 이 힘은 약력weak force이라고 하며, 이 힘을 수반하는 상호작용은 약한 상호작용weak interaction이라고 한다.

새로운 힘은 새 법칙을 낳는다. 1933년 당시 중성자 붕괴라고 알려진 것을 출발점으로 삼아서 엔리코 페르미는 새로운 법칙 집합을 제시했다. 약한 상호작용을 기술하는 법칙이었다. 페르미는 양자전기역학에서 단서를 얻었다. 그 이론은 중성자 붕괴의 많은 특징을 재현했지만, 완벽하지가 않았다. 페르미의 이론이 복잡한 핵과 불안전한 강입자의 모든 베타 붕괴를 기술할 수 있기까지는 오랜 시간이 걸렸다. 이런 붕괴를 쿼크, 전자, 그 친족들, 중성미자의 관점에서 이해하는 데에는 거의 40년이 걸렸다.

그러나 이런 특징들이 다 제자리에 끼워지고 페르미 이론이 풍부한 자료를 기술하는 데 성공한 뒤로도, 그 이론에는 한 가지 엄청난 문제가 있었다. 더욱 짧은 거리나 더 큰 에너지를 다룰 때, 그 이론은 들어맞지 않았다. 양자역학 이론이기에, 그 이론은 확률을 예측한다. 그런데 양성자 크기보다 약 1,000배 짧은 거리에서 일어나는 일들을 기술할 때에는 이런 확률 중 상당수가 1이 넘는다고 나왔다. 그런 값이 과연 의미가 있을까? 이 문제를 해결할 방법은 초기부터 명백했다. 사실 페르미도 이미 이해하고 있었다. 양자전기역학은 하전입자 사이의 힘이 광자의 교환에서 생긴다고 보았다. 아인슈타인의 이론은 중력이 중력자의 교환으로 생긴다고 보았다. 광자와 중력자는 둘 다 질량이 없다. 따라서 아주 먼 거리를 쉽게 갈 수 있고, 먼 거리까지 힘이 작용할 수 있다. 반면에 페르미 이론에서 약력은 아주 짧은 거리에서, 사실상 무한히 짧은 거리에서만 작용한다. 바로 이 말, 완전히 정신 나간 소리라고 할 수는 없지만 그래도 좀 제정신이 아닌 듯한 이 말이 문제의 근원이었다. 약력이 전자기와 중력처럼 입자의 교환을 통해 매개되지만 이 입자가 질량을 지닌다면, 그 입자는 아주 짧은 거리만 갈 것이고, 따라서 힘의 작용 범위도 아주 짧을 것이다. 그러면 핵력에서 파이온이 하는 역할과 비슷할 것이다. 페르미 이론으로 설명에 성공한 현상들을 재현하려면, 이 입자들의 질량이 양성자나 중성자보다 100배쯤 커야 했고, 두 종류가 필요했다. 광자의 무거운 형태면서 전하를 지녀야 했다. 이 입자들에는 W 보손W boson이라는 이름이 붙었다. W^+는 전자와 반대인 전하를, W^-는 전자와 같은 전하를 지닌다고 예측되었다.

하지만 이 입자들만으로는 페르미 이론의 모든 문제가 해결되지 않았다. 그저 그 이론이 들어맞지 않는 거리를 더욱 짧게 줄여주기만 했을 뿐이었다. 어쨌거나 어느 거리에 이르면 그 이론이 들어맞지 않게 된다는 사실에는 변함이 없었다. 먼저 광자의 질량 있는 판본이라는 개념 자체에 문제가 있었다. 앞서 광자 자체가 양자전기역학의 근본적인 대칭 원리 때문에 질량이 없다고 말했다. 양자전기역학이 들어맞는 것은 바로 이 대칭 원리, 이른바 게이지 대칭 때문이다. 양-밀스 이론에서는 상황이 더욱 까다롭다. 그러한 전하를 지닌 힘 매개자force carriers(이를 테면 '벡터 보손' 또는 '게이지 보손')가 더욱 큰 게이지 대칭 집합 때문에 마찬가지로 질량이 없어야만 들어맞는 것처럼 보이기 때문이다. 그러다가 1964년 몇몇 이론가들이 게이지 보손이 질량을 지닌 상황에 적용되는 게이지 원리를 구현할 수 있다는 것을 발견하면서 모든 것이 달라졌다. 이 문제를 연구한 이들은 스코틀랜드의 피터 힉스Peter Higgs, 벨기에의 로버트 브라우트Robert Brout 와 프랑수아 앙글레르Francois Englert, 미국의 제럴드 구럴니크Gerald Guralnik와 C. R. 헤이건C. R. Hagen, 영국의 톰 키블Tom Kibble이었다. 역사적 우연이 겹치면서, 이 게이지 대칭의 구현 사례는 **힉스 현상**Higgs phnomenon이라고 불리게 되었다. 이 힉스 발견자들('6인방'이라고 하자)은 난부와 골드스톤이 제시한 것과 같은 깨진 대칭이 게이지 대칭이라면, 질량 없는 보손은 아예 존재하지 않는다는 결과가 나온다는 것을 발견했다. 대신에 게이지 보손은 질량을 지녔다.

이들 6인방이 내놓은 이론의 중요한 요소는 두 가지였다. 하나는 **힉스장**Higgs field이라는 새로운 유형의 장이었다. 전기장이나 자기장과는 다른 종류였다. 힉스장은 스칼라장scalar field이다. 특정한 방향을 가리키는 전기장이나 자기장(지구 자기장은 북극을 가리킨다)과 달리 방향성을 전혀 띠지 않는다는 뜻이다. 중요한 점은 이 장이 우주의 어디에서나 0이 아닌 값을 지니며, 그럼으로써 소립자에 질량을 부여한다는 것이다. 힉스장이 클수록 질량도 크다. 또 하나는 전자기장이 광자라는 입자와 관련이 있고, 양-밀스장이 글루온과 W 및 Z 보손과 관련이 있는 것처럼, 힉스장도 한 입자와 관련이 있다는 것이다. 이 입자는 스핀이 없으며, 힉스 입자Higgs particle라 불린다.

입자론 발전에 큰 기여를 한 난부는 여기서도 중요한 역할을 했다. 드러나지 않았을 뿐이다. 힉스는 처음에 학술지에 논문을 제출했을 때, 자신의 메커니즘이 게이지 보손에 질량을 부여한다는 사실을 이해했지만, 그 모형이 추가 스칼라 입자, 즉 **힉스 보손**을 예측한다는 사실은 알아차리지 못했다. 그 점을 지적한 사람은 논문 심사를 맡은 난부였다.

사실 힉스 발견자들은 약한 상호작용 이론을 구축할 때 관찰 자료에 토대로 두지 않았다. 그 일은 1967년 하버드대학교의 셸던 글래쇼Sheldon Glashow, MIT의 스티븐 와인버그Steven Weinberg(나중에 하버드대학교와 텍사스대학교로 자리를 옮겼다), 당시 런던 임피리얼대학교에 있던 저명한 파키스탄 물리학자 압두스 살람Abdus Salam이 했다. 그들의 이론은 약한 상호작용과 전자기 상호작용을 기술하는 표준모형의 일부가 되었다. 그들은 힉스 메커니즘이 어떻게 구현될 수 있는지 구체적인 제안을 했다. 모든 가능성 중에서 가장 단순한 형태로였다. 그들의 이론에는 페르미의 이론에다가 두 가지 중요한 사항이 추가로 담겨 있었다. W^+와 W^- 입자 외에, 전하가 없는 Z^0이라는 게이지 보손과 본질적으로 난부가 지적한 바로 그 스칼라 입자도 있었다. 그들의 이론은 이런 입자들이 정확히 얼마나 무거운지를 예측하지는 않지만, 적어도 대강 추측할 수 있었다.

강한 상호작용을 하지 않는 다양한 소립자들에는 경입자 lepton(렙톤)이라는 이름이 붙었다. 당시에 경입자에는 전자, 뮤온, 알려진 두 가지 중성미자가 있었다. 이 입자들은 새 이론에 딱 들어맞았다. 사실 와인버그의 논문 제목은 '경입자 모형'이었다. 당시 알려진 세 쿼크(위, 아래, 기묘)는 딱 들어맞지는 않았다. 글래쇼는 다른 두 공동 연구자와 함께 네 번째 쿼크가 있다면 이 문제가 해결될 수 있다고 주장했고, 그 쿼크에 맵시 쿼크charmed quark라는 이름을 붙였다. 이런 성분들을 토대로 힉스 입자는 W와 Z^0 입자의 질량뿐 아니라, 모든 쿼크와 경입자의 질량도 설명할 수 있었다.

6인방의 힉스 메커니즘 발견이 인상적이긴 했지만, 글래쇼, 와인버그, 살람은 이미 탄탄한 기반을 갖춘 이론가들이었고 그 뒤로 여러 해 동안 이론물리학 분야의 발전을 이끌게 된다. 글래쇼와 와인버그는 1953년에 뉴욕의 브롱크스과학고등학교를 함께 졸업한 급우로서, 경쟁자이자 친구였다. 내가 할렘의 시티 대학 교수로 있을 때, 그들과 고등학교 급우였던 동료가 2명 있었다. 미리엄 새라치크Myriam Sarachik는 두 사람 앞에서 위축되는 기분이었다고 평했다. 응집물질 실험자인 그녀는 노골적인 성차별이 일상적인 행동으로 여겨지던 시절인 1960년대 초에 차별에 맞서면서 물리학자로 살아갔다. 그녀는 많은 업적을 냈고, 당시에 이미 미국 국립과학원 회원이었다. 최근에 그녀는 미국 물리학자들의 주요 단체인 미국물리학회 회장을 지냈고, 2019년에는 그 학회의 네 번째 우수연구업적상Medal for Exceptional Achievement in Research을 받았다.

나는 대학 4학년 때 하버드대학교를 방문해서 셸던 글래쇼를 처음 만났다. 그곳 대학원에 들어가고 싶어서였다. 그리고 훗날 미리엄에게 들은 이야기에 공감할 만한 일을 겪었다. 짧게 면담할 때 글래쇼는 내게 이론물리학을 할 만큼 자신이 유능하다고 상상하는 이유가 뭐냐고 물었다. 결국 남은 것은 내 자신이 명청이라는 느낌뿐이었다. 하버드대학교가 나를 떨어뜨린 것이 오히려 내게는 다행이었다. 3년 뒤 당시 하버드대학교의 숨 막히는 환경을 피해 나온 톰 애플퀴스트Tom Appelquist가 내 박사 논문 지도교수가 되었다. 그는 놀라운 교사였고, 끊임없이 실수를 저지르고 허둥거리는 내게 하버드대학교의 어느 누구도 할 수 없을 수준으로 대단한 인내심을 보여주었다.

나중에 스티븐 와인버그도 만났는데 훨씬 더 나았다. 와인버그도 자긍심이 넘치는 사람이었지만, 자기보다 좀 못한 사람들에게 글래쇼보다 훨씬 더 관대한 태도를 보였다. 그는 더 젊고 그다지 알려지지 않은 동료들을 대화할 가치기 있는 사람들, 자신이 가르치지만 또 무언가를 배울 수 있는 사람들이라고 생각했다. 약한 상호작용을 이해하는 방면에서 대도약을 이룰 무렵 그는 이미 많은 업적을 이룬 상태였다. 그 뒤로도 그는 30년 동안 그 분야의 지도자 역할을 했다. 이윽고 그는 하버드대학교를 떠나 부인인 법학 교수 루이즈 와인버그와 함께 텍사스대학교로 자리를 옮겼다. 와인버그는 이 책이 거의 완성될 무렵에 세상을 떠났다. 그가 무척 그리울 것이다.

압두스 살람도 다른 중요한 업적들을 남겼다. 파키스탄에서 자라고 케임브리지대학교에서 배운 그는 1964년까지 파키스탄 물리학계에서 주도적인 역할을 했다. 무슬림 아흐마디야 종파에 속한 그는 그 종파가 무슬림이 아니라는 선포가 내려지자 1974년에 파키스탄을 떠났다. 흥미롭게도 내가 사는 새너제이에는 활발하게 활동하는 아흐마디야 공동체가 있으며, 우리 부부는 몇 차례 그들과 이프타르iftar(무슬림들이 라마단 기간의 금식을 마치고 먹는 첫 번째 식사. 가족, 친지, 이웃 등과 함께하며 결속을 다지는 사회적 역할도 있다-옮긴이)를 함께한 적이 있다. 그들은 적어도 우리 지역의 더 큰 이슬람 공동체와도 원만하게 지내는 듯하다.

우리 이야기로 돌아가자면, 글래쇼, 살람, 와인버그의 모형이 즉시 물리학계에 받아들여진 것은 아니었다. 문제는 그 모형이 양과 밀스의 개념을 토대로 했는데, 앞서 그 강한 상호작용 이론을 논의할 때 말했듯이 그 이론이 처음에는 언뜻 와 닿지 않았다는 것이다. 거기에 힉스 메커니즘까지 덧붙이니, 더욱 모호해졌다. 그러나 헤라르뒤스 엇호프트는 이 문제도 해결했다. 자신이 양-밀스 이론을 위해 개발한 방법을 확장하여 힉스 입자도 포함시킴으로써, 그는 전체 이론이 들어맞는다는 것을 보여주었다. 와인버그는 이 시점에야 비로소 자신의 이론을 받아들인 듯하다.

우리는 그 이론이 다섯 가지의 새로운 입자를 예측한다는 것을 살펴보았다. W^+, W^-, Z^0, 맵시 쿼크, 힉스 보손이다. Z^0의 간접 증거는 유럽입자물리연구소와 일리노이 페르미국립가속기연구소(페르미랩)에서 발견되었다. 맵시 쿼크charmed quark는 1974년 11월, 스탠퍼드선형가속기센터의 버트 릭터Burt Richter가 이끄는 대규모 연구진과 롱아일랜드 브룩헤이븐국립연구소에서 MIT의 샘 팅Sam Ting이 발견했다. 그들이 찾아낸 놀라운 신호는 '11월 혁명'이라고 불리게 된 것의 출발점이 되었다. 그 발견은 내 지도 교수인 톰 애플퀴스트가 이미 예측한 것이었다(그럼에도 불구하고 그는 하버드대학교에서 종신재직권을 따지 못했다). 그 직후에 노벨상을 받으려는 책략이 벌어졌다. 특히 글래쇼와 와인버그는 자신들의 모형을 확신했고, 여타 경쟁 모형들을 깔보기까지 했다. 내가 말할 수 있는 것은 그들이 그 이론을 표준모형이라는 좀 뻔뻔스럽게 들리는 이름으로 불렀다는 것이다. 표준이어야 한다고 고집하면서였다. 사실 1970년대 말에 이 모형이 내놓은 많은 예측이 들어맞는다는 것이 확인되었다. W^+, W^-, Z^0 입자는 1983년에 관찰되었다. 릭터와 팅은 맵시 입자를 발견한 실험으로, 유럽입자물리연구소의 카를로 루비아Carlo Rubbia와 시몬 판 데르 메이르Simon van der Meer는 W와 Z 입자의 발견으로 이어진 가속기와 검출기의 개발을 주도한 공로로 노벨상을 받았다.

그 뒤로 30년 동안 놀라운 발견들이 계속 이어졌다. W와 Z가 발견되기 이전에도 또 다른 놀라운 쿼크와 경입자들이 발견되었다. 전혀 예상하지 못했던 것들이었다. 전자와 뮤온의 동족인 타우(τ) 경입자, 때로 무거운 경입자라고도 하는 것이 스탠퍼드선형가속기센터에서 발견되었다. 타우 경입자는 정말로 꽤 무겁다. 질량이 양성자의 약 2배이며, 전자보다는 3,500배 무겁다.

경입자를 뜻하는 영어 단어 lepton은 '작다'는 뜻의 그리스어에서 나왔으므로, 타우를 무거운 경입자라고 부른다면 좀 모순어법 같다. 이 무렵에 b 쿼크도 발견되었다. **예쁨** 쿼크beauty quark 또는 **바닥** 쿼크bottom quark의 약자다. 표준모형의 대칭에 따라서 쿼크가 또 하나 있어야 했는데, 미리 꼭대기 쿼크라는 이름이 붙여졌다. 이 쿼크를 관찰하는 데에는 약 20년이 걸렸다. 1995년 페르미랩에서 실험을 통해 발견했다. 꼭대기 쿼크는 다른 쿼크나 경입자보다 훨씬 더 무거웠다. 전자보다는 1만 배 이상, 그다음으로 무거운 b 쿼크보다는 40배 더 무거웠다.

이 세 번째 쿼크와 경입자 집합이 완전히 의외는 아니었다. 일본의 두 이론물리학자가 이미 예견했다. 이 3세대 소립자 집합의 예측도 대칭을 고려하다가 나왔다. 앞서 뉴턴 법칙의 시간 역전 대칭을 언급한 바 있다. 자연법칙에 관한 한 과거와 미래가 동일하다는 것이다. 또 뉴턴 법칙은 좌우의 차이도 알지 못한다. 이를 패리티 대칭을 지닌다고 말하며, 이 두 대칭은 맥스웰 방정식의 특징이기도 하다. 그런데 일단 패리티 위반이 발견되자, 시간 역전의 대칭에도 의문이 제기되었다. 양자전기역학과 상대성의 일반 원리들 때문에, 소립자에서는 시간 역전이 입자를 반입자와 연관지으며, 이 대칭을 CP라고도 한다. 양자전기역학에서는 시간 역전과 패리티가 그 이론의 다른 요구 조건들의 결과로서 자동적으로 출현하지만, 반드시 약한 상호작용(또는 뒤에서 살펴볼 강한 상호작용)의 특징인 것은 아니다. 약한 상호작용이 아직 이해가 덜 된 시기에, 실험자인 짐 크로닌Jim Cronin과 밸 피치

Val Fitch는 이 문제를 연구했다. 그들의 실험은 앞 장에서 만난 바 있는 K 중간자를 수반하는 멋진 양자역학적 현상을 보여주었고, 아인슈타인, 포돌스키, 로젠이 매우 관심을 가졌던 현상들의 한 변이 형태를 살펴보았다. 크로닌과 피치는 시간 역전이 약한 상호작용에서는 완벽한 대칭이 아님을 확인했다. 글래쇼, 와인버그, 살람이 내놓은 표준모형, 즉 양자전기역학처럼 2세대 쿼크와 경입지를 깃춘 모형에서는 시간 역전이 자동적으로 대칭을 띤다. 1973년 고바야시 마코토와 마스카와 도시히데는 **3세대 쿼크와 경입자 집합**까지 포함시키면, 이 말이 더 이상 참이 아님을 깨달았다. 그리고 이것이 시간 역전 위반을 이해하는 최소한의 방식처럼 보였다. 뒤에서 살펴보겠지만, 시간 역전이 정확한 대칭이라면 우리는 우주의 가장 기본적인 사실 즉, 우주는 물질과 반물질의 양이 똑같지 않은 덕분에, 물질로 이루어져 있다는 사실을 이해할 수 없다.

이 대칭 깨짐은 다른 식으로도 설명이 가능했다. 얼마 동안 나는 한 대안을 옹호했다. 그러나 새 천 년이 시작될 때, 미국과 일본에서 일련의 아름다운 실험들이 이루어지면서 고바야시와 마스카와의 모형이 옳다는 것이 확인되었다. 그들은 이 연구로 2004년에 노벨상을 받았다.

힉스 보손 사냥꾼

그리하여 2004년경에는 표준모형의 거의 모든 특징들이 자리 잡았다. 하나만 빠져 있었다. 바로 힉스 입자Higgs particle였다. 이제 이론가와 실험자 모두 이 빠진 조각을 찾는 일에 매달렸다. 1990년 산타크루스의 내 동료인 하워드 하버Howard Haber, 브룩헤이븐국립연구소의 샐리 도슨Sally Dawson, UC데이비스의 존 거니언John Gunion, 미시간대학교의 고든 케인Gordon Kane은 《힉스 사냥꾼 안내서The Higgs Hunter's Guide》라는 책을 썼다(젊은 독자들을 위해 설명하자면 이 제목은 《은하수를 여행하는 히치하이커를 위한 안내서》라는 과학소설의 제목에서 따왔다). 그 책에는 힉스를 탐색할 전략들이 제시되어 있었다. 힉스의 질량에 따라서 가속기에서 생성되는 메커니즘과 붕괴하는 방식이 전혀 다르다는 것을 설명했다.

하지만 30년 동안 입자가속기를 가동했어도, 힉스는 흔적조차 찾을 수 없었다. 2008년 대형강입자가속기가 가동을 시작할 때, 물리학자들이 확실히 말할 수 있었던 것은 힉스가 양성자보다 약 116배 이상 무겁다는 것뿐이었다.

대형강입자가속기를 만들자는 구상이 나온 것은 1980년대 말이었다. 미국에서 세계 최대의 가속기 건설 계획이 아직 진행되고 있을 때였다. 초전도초대형입자가속기SSC였는데, 텍사스의 댈러스에서 50km 떨어진 왁사해치 인근에 지을 예정이었다. 이 가속기는 원둘레가 89km에 달하는 거대한 고리 모양이었다. 고리는 2개의 관으로 만들고, 양쪽 관에서 서로 반대 방향으로 양성자를 가속시킬 계획이었다. 양성자가 원형 궤도를 계속 돌도록 하려면 아주 큰 자석을 써야 했다.

자석은 장난감에도 쓰이고 냉장고에 물건을 붙이는 데에도 쓰이는, 우리에게 아주 친숙한 물건이다. 이런 자석들은 대부분 영구 자석이며, 전자들의 스핀 방향이 서로 일치해서 작은 자기장이 생성되는 원리에 토대를 둔다. 대개 보통 물질에서는 각 전자의 스핀 방향이 무작위적이어서 물체에 들어 있는 많은 원자들의 자기장이 상쇄된다. 그런데 철을 비롯하여 몇몇 물질은 스핀이 정렬되는 특수 성질을 지닌다(이는 자발적 대칭 깨짐의 또 한 가지 사례다). 사실 자기장은 자연 어디에나 있으며, 전류가 흐를 때에도 으레 생긴다. 이렇게 전류가 흐를 때 생기는 자기장은 입자가속기가 처음 만들어질 때부터 중요한 역할을 했다. 가속기에서 자기장은 하전입자가 나아가는 방향을 구부림으로써 입자가 벽에 부딪치지 않으면서 계속 돌면서 가속되게끔 하는 중요한 역할을 한다. 자기장은 가속기 내에서 입자의 방향을 조정하고, 입자를 표적에 충돌시키고, 입자의 속도를 측정하는 데 쓰인다.

과학자와 공학자가 제조법을 알고 있는 가장 강한 자석은 초전도성 물질로 만든 것이다. 가정, 자동차, 직장에서 쓰는 전기는 이를 쉽게 전달하는 물질을 통해 운반된다. 그런데 전기 기기는 조금 쓰고 나면 뜨거워질 때가 많다. 바로 저항 때문이다. 대부분의 물질은 전류에 저항한다. 구리와 알루미늄은 비교적 좋은 전도체다. 전기의 흐름에 저항이 적다는 뜻이며, 아주 비싸지도 않다. 1911년 네덜란드 물리학자 헤이커 카메를링 오너스

Heike Kamerlingh Onnes는 극도로 낮은 온도에서는 전기 흐름에 아예 저항하지 않는 물질이 있다는 것을 발견했다. 본질적으로 완벽한 전도체였다. 이 현상의 배후에 있는 물리학은 흥미로우며 응집물질물리학계의 꽤 많은 이들이 이 문제에 계속 매달리고 있다. 어쨌든 중요한 점은 초전도체가 엄청난 양의 전류를 전달할 수 있다는 것이다. 앞서 말했듯이, 전류는 자기장을 생성하며, 초전도체는 엄청난 자기장을 생성할 수 있다. 가속기에서는 일종의 균형이 이루어진다. 자기장이 클수록, 가속기 고리를 더 작게 만들 수 있다. 반면에 초전도 자석을 가동하는 데에는 엄청난 전력이 든다. 초전도체는 극도의 저온 상태로 유지해야 하는데, 냉각에 비용이 많이 든다. 따라서 초전도초대형입자가속기 장치의 크기는 비용과 성능을 고려한 최적 균형 상태를 의미했다.

1980년대 말부터 1990년대 초까지 초전도초대형입자가속기 계획은 빠르게 진행되었다. 자석 시제품이 제작되어 검사를 통과했고, 대량 생산 계획도 마련되었다. 가속기를 설치할 거대한 터널도 굴착을 시작했다. 실제 실험에 쓰일 거대한 입자 검출기도 포괄적인 계획에 따라서 개발이 진행되고 있었다. 이론가와 실험자는 실험을 통해 나올 것이라고 예상되는 엄청난 양의 자료를 어떻게 분석할지 연구하고 있었다. 특히 이론가들은 힉스 입자부터 초대칭supersymmetry 같은 별난 가능성에 이르기까지, 예상되는 다양한 현상들을 복잡한 실험 환경에서 놓치지 않도록 확실히 관측하는 데 초점을 맞추었다.

그러나 처음부터 초전도초대형입자가속기의 미래에 불안감

을 드리운 요인들도 있었다. 무엇보다도 전반적으로 비용이 가장 큰 장애물 중 하나였다. 대강 말하자면, 이 비용은 약 100억 달러(약 14조 원-옮긴이) 규모에 달했다. (설령 가속기에 필요한 기술을 개발하는 과정에서 많은 혜택이 있으리라는 점을 감안한다고 해도) 순수 지식을 위해 한 나라 시민들에게 부담하라고 요구하기에는 과한 수준이다. 미국의 많은 주에서 이 시설을 유치하기 위해 경쟁을 벌였는데, 막상 텍사스가 선정되자 나머지 49개 주는 가속기 예산 지원 의향을 싹 거두어들였다(납품업체들을 미국 전역에서 골고루 선정하기 위해 노력을 기울였음에도 말이다). 조지 부시 대통령이 텍사스 출신이라는 사실이 한동안 그 사업에 꽤 도움이 되었다. 그러나 다른 문제가 생겼다. 진퇴양난의 상황이 벌어진 것이다. 의회에서 초전도초대형입자가속기 예산을 따낼 때 썼던 논리 중 하나는 이 사업이 **미국**의 것이며, 미국이 과학적 우위를 유지하는 데 기여한다는 점이었다. 그러다가 예산 압박이 심해지자 이런 의문이 제기되었다. 전 세계에서 협력자들을 끌어들이면 되지 않을까? 게다가 1990년대에 새로 선출된 대통령은 (비록 지적 관심의 폭이 아주 넓었음에도 불구하고) 연방 예산 적자를 마뜩잖게 여겼고, 당시의 정치적 상황도 더욱 그러했다. 1993년경에는 의회의 지지도 약해져서, 결국 계획은 취소되었다. 미국 드라마 〈웨스트 윙West Wing〉의 애청자는 이 취소를 소재로 한 2002년 방송분을 기억할지(아니면 보고 싶어 할지)도 모르겠다.

다행히도 초전도초대형입자가속기 계획이 진행되고 있을 때, 다른 곳에서도 입자가속기 건설 계획이 수립되고 있었다. 스위스 제네바에 있는 대규모 연구소인 유럽입자물리연구소에서 가속기를 짓는다는 계획이었다. 유럽입자물리연구소는 제2차 세계대전 뒤에 설립되었고 전후의 어려운 시기에 유럽의 과학과 기술을 부흥시키는 데 중요한 역할을 했다. 그동안 유럽입자물리연구소에서는 다양한 가속기들을 써서 많은 중요한 발견을 했다. W와 Z 보손의 발견뿐 아니라, 양자색역학과 약한 상호작용 이론의 정밀한 검증도 이루어졌다. 원래 구상에 따르면 새 가속기인 대형강입자가속기는 성능이 초전도초대형입자가속기에 못 미치지만, 빨리 건설할 수 있었다. 초전도초대형입자가속기 계획이 활발하게 진행되고 있을 당시에 미국의 많은 이들은 유럽의 구상을 좀 시답잖게 바라보았다. 계획한 에너지와 성능이 초전도초대형입자가속기에 훨씬 못 미쳤기 때문이다. 미국의 일부 물리학자들은 유럽인들이 빨리 달려들어서 낮게 달린 열매를 따고 싶은 마음이 아닐까 추측했다. 더 깊이 있는 연구는 나중에 초전도초대형입자가속기가 하도록 남겨두고서 말이다. 그러나 초전도초대형입자가속기 계획이 취소되면서 모든 것이 달라졌다. 산타크루스의 실험 쪽 동료들은 초전도초대형입자가속기에 깊이 관여하고 있었다. 그런데 초전도초대형입자가속기 계획이 취소되었다는 소식이 나온 지 겨우 몇 시간 뒤에, 다행히도 그들은 대형강입자가속기 실험에 참여를 요청하는 연락을 받았다. 그들은 재빨리 제네바가 요구하는 쪽으로 연구 방향을 틀었다. 그들의 활력에 경외심을 느낄 지경이었다. 나라면 그동안 했던 일이 헛수고가 되었다는 사실에 적어도 몇 달 동안은 축 처져 있었을 텐데 말이다.

대형강입자가속기는 초전도초대형입자가속기와 달리 결코 취소 위협을 받은 적은 없었지만, 대신 기술과 예산 양쪽으로 여러 난관을 겪었다. 몇 년이면 완공될 것이라고 예상했던 공사는 꼬박 15년이 걸렸다. 나는 산타크루스의 동료들뿐 아니라, 내 물리학자 동료들의 인내심과 끈기에 정말로 탄복했다. 아무튼 시간이 흐르면서 서서히 모든 것이 끼워 맞추어졌다. 필요한 자석(마찬가지로 초전도성을 지닌 자석)도 개발되어 검사를 거쳐 (몇 개국에서 수천 개) 제작되었다. 길이가 27km에 달하는 터널도 팠다. 깊이가 150m를 넘는 곳도 많았다. 거대한 검출기도 두 대 설치되었다. 2008년에 마침내 가동 준비가 되었다.

나는 실험자가 아니기에, 이 놀라운 장치의 세세한 사항들까지 늘 관심을 갖고 지켜본 것은 아니었다. 2005년 페르미랩에서 있었던 일이 떠오른다. 소장은 연구소가 대형강입자가속기에 다방면으로 참여하고 있다면서, 그 장치에 담긴 에너지가 40노트 knot(항해·항공용 속력의 단위로 kn, kt로 주로 표시한다. 40노트는 약 시속 74km.-옮긴이)로 움직이는 항공모함의 운동 에너지와 맞먹는다고 했다. 나는 그의 말에 주의를 기울이는 것을 멈추고(내 지위를 생각하면 부적절한 행동이었지만 나도 어쩔 수가 없었다) 그 수치가 맞는지 검토했는데 곧 맞다는 사실을 알아차렸다. 나는 SF 영화의 한 장면을 상상하기 시작했다. 고속도로를 달리는 속도로 다가오는 항공모함을 관제소의 영웅이 멈추어야 하는, 정말 섬뜩한 장면 말이다.

대형강입자가속기는 긴 세월을 기다린 끝에 가동되었지만, 출발은 순탄치 않았다. 몇 주가 채 지나기도 전에 사고가 일어났다. 전기 설비에 문제가 생기면서 일부 자석이 가열되었고 초전도 성질이 사라졌다. 초전도 자석의 세계에서 이는 재앙이나 다름없었다. 자석과 자기장에 저장된 엄청난 양의 에너지가 거의 즉시 열로 변했다. 내 SF 악몽의 시나리오가 그대로 실현된 것이다. 장치를 통제하는 시스템이 알아서 과잉 에너지를 어떻게 내버리고 장치를 구해낼지를 파악하고 이에 실시간으로 대처해야 했다. 다행히도 대형강입자가속기는 살아남았지만, 완전히 폐쇄해야 했다. 수백 개의 자석을 교체해야 했고, 같은 재난을 겪지 않도록 시스템을 개선해야 했다. 이 과정에 2년이 걸렸다. 많은 이중 안전장치가 설치되었고, 원래의 목표 수준도 더 이상 안전하지 않다고 판단해 가속기는 당분간 설계 에너지의 절반 수준에서만 가동하기로 했다.

장치를 재가동할 때, 가속기 운전자들이 얼마나 조심스럽게 작동시켰을지 상상할 수 있을 것이다. 하지만 이번에는 상황이 달랐다. 대형강입자가속기는 탁월하게 작동했다. 그 뒤로 2년에 걸쳐서 양성자의 mc^2의 약 125배에 해당하는 에너지에서 힉스 보손의 단서들을 찾아냈다. 마침내 2012년 7월 4일, 힉스의 증거가 통계적 확실성 수준에 다다랐고, 발견이 공식 선언되었다.

그 실험들은 실제로 무엇을 했을까? 말 그대로 양성자를 수조 번 충돌시켰다. 대형강입자가속기에서 두 양성자가 충돌할 때의 에너지는 한 양성자의 mc^2의 약 8,000배였다. 즉 양성자 8,000개를 생성할 정도의 에너지였다! 사실상 충돌 때마다 다양한 입자 수백 개가 생성된다. ATLAS Toroidal LHC Apparatus와 CMS Compact Muon Solenoid라는 두 대형 검출기는 이런 입자들이 출현할 때 그 성질을 측정한다. 이런 장치는 거대한 한편(ATLAS는 7,000t, CMS는 1만 4,000t이다), 아주 섬세하다. 에너지, 운동량, 전하 그리고 가장 중요한 정체identity에 이르기까지, 출현하는 거의 모든 입자의 특성을 파악할 수 있다. 사실 1초마다 너무 많은(약 10억 번) 충돌이 일어나고 각 충돌마다 너무 많은 측정이 이루어짐에 따라서, 검출기가 수집하는 모든 정보를 기록하기란 불가능하다. 따라서 컴퓨터는 어느 사건이 힉스 입자나 다른 새로운 현상을 드러낼 가능성이 가장 높은지를 놓고 판단을 내렸다(지금도 그렇다). 그래서 1,000만 개 중 약 1개만 기록한다. 그럼에도 15페타바이트(1,500만 기가바이트, 내 노트북 저장 공간의 약 50만 배 혹은 미국 의회 도서관 자료의 약 1,000배) 수준의 데이터다. 이 건초 더미에서 어떻게 힉스 입자라는 바늘을 찾아낼까? 힉스 입자는 100억 번 충돌할 때 겨우 1개꼴로 생긴다. 1초마다 한 충돌의 산물들을 살펴본다면, 1,000년마다 힉스 보손을 세 번 관찰할 수 있을 수준이다. 그리고 힉스 입자는 출현할 때, 자신이 그 입자라고 명찰을 달고 나타나는 것이 아니다. 힉스 입자는 방사능을 매우 잘 발생시킨다. 즉 생성되자마자 거의 즉시 방사성 붕괴를 일으킨다는 뜻이다. 약 10^{-25}초, 100만×10억×10억 분의 1초 이내에다. 너무 짧아서 가장 빠른 전자 기기로도 결코 직접 측정할 수 없다. 대신에 단서가 되는 것은 붕괴 산물들이다. 이는 사실 불확정성 원리의 적용 사례다. 힉스 입자의 에너지를 파악하는 능력의 한

계(이는 데이터에서 드러난다)는 그 불안정한 입자의 수명과 관련이 있다.

힉스 검출을 어렵게 만드는 요인은 더 있었다. 힉스는 대부분 특정한 유형의 쿼크, 즉 바닥 쿼크(b 쿼크)로 붕괴한다. 그런데 바닥 쿼크는 가속기에서 다른 온갖 방식으로도 생산되므로, 그저 우연히 힉스 입자의 붕괴 산물처럼 보일 수 있는 경우가 아주 많다. 그래서 실험자들은 처음에 희귀한 붕괴를 탐색했다. 한 쌍의, 매우 높은 정도의 고에너지 감마선으로 붕괴하는 사례였다. 이 입자도 가속기에서 많은 과정을 통해 다량 생성되지만, 이론가들은 다른 과정들을 정확히 설명할 수 있다(이 자체도 경이로운 능력이다). 그리고 힉스 입자의 에너지가 100기가전자볼트GeV를 넘으면, 이 광자 쌍이 약간 더 초과 생산된다고 기대할 수 있었다. 사실 이것이 두 차례의 실험을 통해서 발견한 힉스 입자의 첫 번째 증거다.

힉스 입자를 발견했다는 첫 선언 이래로 점점 더 나은 증거들이 발견되었다. 힉스의 다른 붕괴 산물들도 관찰되었으며, 모두 표준모형의 가장 단순한 판본에서 예측한 것들에 들어맞았다. 따라서 우리는 원자핵보다 1만 배 더 작은 규모까지 자연을 통제하는 법칙들을 모두 알아낸 것인지도 모른다. 대형강입자가속기와 일본, 중국, 유럽입자물리연구소에서 설치 계획 중인 장치들에서 이루어질 후속 실험들은 무엇보다도 힉스 입자의 속성이 표준모형이 예측한 값과 근소하게 차이나는 부분들을 살펴보겠지만, 입자물리학을 통한 표준모형 연구는 이미 거의 완성된 것일 수도 있다.

7장

스타가 된 혹은 되지 못한 물리학자들

명성을 얻는 물리학자가 있는 한편, 탁월한 업적을 이루었음에도 그렇지 못한 물리학자도 있다. 앞에서 소개한 바 있는 한스 베테는 유명했고, 20세기(그리고 21세기 초)의 가장 위대한 이론 물리학자 중 한 명으로 널리 인정을 받았다. 1906년 독일에서 태어난 그는 일찍부터 재능을 인정받았다. 어머니가 유대인이었기에 1933년 나치가 정권을 잡자 그는 위험에 처했다. 그는 영국과 이탈리아에서 얼마간 지내다가 1935년 미국으로 가서 오랜 세월 코넬대학교에서 연구 활동을 했다. 이미 우리는 그의 양자전기역학 연구를 일부 접했다. 그는 원자와 원자핵의 물리학을 이해하는 데 많은 기여를 했다. 제2차 세계대전 때 그는 로스앨러모스에서 원자폭탄을 개발하는 이론가들을 이끌었다. 전후에는 군비 통제와 합리적인 에너지 정책을 지지하고 나섰으며 90대까지도 연구를 계속했다. 나는 운 좋게도 그가 말년에 천체물리학과 중성미자 같은 주제들을 열정적이고 유창하게 설명하는 세미나에 참석할 기회가 있었다. 베테는 인류가 우주를 이해하는 데 있어 특히 큰 기여를 했다. 그는 별이 어떻게 작동하는지를 설명했다. 원자핵과 핵반응에 수반되는 엄청난 에너지가 발견되기 전에는 태양과 별은 수수께끼였다. 별이 평범한 화학 반응으로 빛나는 것이라면 수천 년이면 연료가 고갈될 것이다. 하지만 별은 수십억 년 동안 빛난다. 핵반응은 화학 반응보다 수백만 배 더 많은 에너지를 수반하는데, 별이 그토록 오래 타는 이유를 그것으로 설명할 수 있다는 사실이 드러났다. 베테는 1938년 모든 연구 결과를 종합해 핵반응이 어떻게 태양과 다른 별들에게 힘을 공급하는지 현대적인 관점을 제시했다. 별을 이해하는 데 기여한 공로로 그는 1967년에 노벨상을 받았다.

천문학자들은 이를 출발점으로 삼아 별이 어떻게 형성되고 타오르고 죽는지 전반적으로 설명할 수 있었다. 별은 엄청난 규모의 수소 원자 구름이 자체 무게로 훨씬 더 작은 공간으로 붕괴하면서 태어난다. 중력으로 물질들이 엄청나게 짓눌리면서 매우 높은 온도로 가열된다. 내부가 아주 뜨거워지면서 수소핵 중 일부는 서로 부딪치면서 핵반응을 일으키며, 이때 대량의 에너지와 더 무거운 원소가 생성된다. 그러면서 수십억 년 동안 타오른다. 이윽고 연료가 고갈되면, 더 이상 뜨거운 내부가 중력에 맞서지 못하게 되고 별은 붕괴한다. 최종 단계는 별의 질량에 따라 다르다. 우리 태양은 커다란 적색거성 단계를 거쳤다가 붕괴하여 지구만 한 크기의, 타오르지 않는 치밀한 백색왜성이 될 것이다. 태양보다 더 무거운 별은 붕괴하다가 폭발하여 초신성이 되며, 이때 엄청난 양의 물질을 우주로 흩뿌리고 이후 남은 물질은 중성자별이나 블랙홀이 된다. 흩뿌려진 물질들은 붕괴하여 다른 별과 행성이 되고, 이윽고 우리가 아는 생명의 필수 요소인 탄소, 질소, 산소, 철 같은 원료를 제공한다. 이 모든 과정은 멋진 이야기를 구성하는 것은 물론 천문학의 많은 관측 자료와도 부합하는 내용이다. 그러나 이런 일들은 대부분 별의 깊숙한 내부에서 일어나므로, 우리는 별에서 무슨 일이 벌어지는지 볼 수 없다. 아니, 볼 수 있을까? 여기서 그리 유명하지 않은 과학자 존 바칼John Bahcall이 등장한다.

2016년에 나는 솔트레이크시티에서 열린 미국물리학회 회의에 참석해 가까운 친구이기도 한 에드워드 위튼을 만나러 갔다. 그는 그 학회의 우수연구업적상 제1회 수상자였고, 당시 추천자는 나였다. 하지만 그 회의에서 가장 기억에 남는 일 중 하나는 프린스턴대학교 천문학 교수 네타 바칼Neta Bahcall의 강연이었다. 그녀는 고인이 된 이론천체물리학자이자 천문학자인 남편 존 바칼의 이야기를 했다. 그녀는 애정 어린 부부의 이야기를 하면서 존이 노벨상을 받지 못해 좌절했다는 말도 했다. 많은 물리학자들이 그가 노벨상을 받아 마땅했다고 믿는다.

바칼은 많은 업적을 냈지만, 가장 큰 영향을 미친 연구는 다음과 같은 질문들에 초점을 맞춘 것이었다. 우리 태양은 정확히 어떻게 작동할까? 우리가 이해한 것을 실험으로 어떻게 검증할 수 있을까? 첫 번째 질문을 연구할 때 바칼은 베테를 비롯한 이들의 개념을 토대로 아주 상세한 모형을 개발했다. 태양의 내부가 정확히 얼마나 뜨거운지를 예측한 값도 들어 있었다. 1,500만K, 즉 1.5×10^7도였다.

두 번째 질문으로 가서, 우리는 태양 표면을 쉽게 볼 수 있으므로, 태양 표면 관측을 통해 얼마간의 정보를 추출할 수 있다. 모형이 예측한 값을 온도 관측값, 흑점, 태양지진(지구에서 이루어지는 지진학의 태양 버전이라고 할 수 있는 태양지진학이야말로 바칼이 관심을 가진 분야였다)이라고 부를 만한 활동과 비교해 검증할 수 있다. 그러나 우리가 더 멀리 떨어진 별의 내부는커녕 태양의 내부를 들여다보면서 예측한 바를 검증하기란 불가능하다. 태양의 내부는 극도로 뜨겁고 조밀하며, 빛 자체(많은 에너지를 지닌 광자)는 쭉 뻗어 나올 수가 없다. 태양 깊숙한 곳에서 생성되는 광자는 전자 및 원자핵과 끊임없이 부딪친다. 광자는 주정뱅이의 걸음처럼 나아간다. 중심핵에서 생성된 뒤 수백만 년이 흘러서야 표면에 다다라 밖으로 방출된다. 우주 공간을 지나 지구를 향한 여행을 시작할 즈음에는, 생성될 때 지녔던 에너지의 극히 일부만 남아 있다.

그러나 바칼은 태양의 중심핵을 조사할 다른 방법이 있음을 알아차렸다. 태양을 비롯한 별의 내부에서 핵반응이 일어날 때 중성미자가 생긴다. 중성미자는 광자와 전혀 다르다. 보통 물질 ordinary matter과 극도로 약하게 상호작용을 한다. 그래서 바칼은 태양에서 생성되는 중성미자가 거의 다 탈출할 것임을 알아차렸다. 그중 상당수는 생성된 지 8분 만에 지구에 도달할 것이다. 따라서 다음 문제는 이러했다. 그중 일부를 검출할 수 있을까? 몇 개나 '볼' 수 있을까? 바칼은 현재 **표준 태양 모형**standard solar model 이라고 불리는 모형을 구축했고, 곧 태양에서 초당 방출되는 중성미자의 수와 에너지를 추정했다. 그렇다면 어떻게 검출할까? 바칼은 많은 물질로 이루어진 검출기를 만든다면, 중성미자의 대부분은 그냥 통과하더라도 때때로 1~2개는 걸릴 것이라고 추론했다. 물질이 원자들, 더 중요하게는 원자핵들의 집합임을 생각하자. 염소 원자핵에 충돌하는 중성미자는 일종의 연금술을 부릴 수 있다. 이 실험에서 주된 표적으로 삼은 염소는 양성자 17개와 중성자 20개로 이루어져 있다. 중성미자가 중성자에 부딪치면 양성자와 전자가 생긴다. 그러면 양성자 18개와 중성자 19개로 이루어진 아르곤 원자가 생긴다. 이 아르곤은 방사성을 띤다. 즉 붕괴하며 반감기는 35일이다.

바칼은 브룩헤이븐국립연구소의 화학자 레이 데이비스Ray Davis를 공동 연구자로 끌어들였다. 데이비스는 검출기를 설계했다. 사실상 세정액(즉 탄소 원자 1개에 염소 원자가 4개 붙어 있는 사염화탄소)을 가득 채운 거대한 통이었다. 그는 몇 주마다 세정액을 빼내어 붕괴하는 아르곤 핵을 조사할 실험 방법도 개발했다.

방사능은 무시무시하지만, 다른 독극물에 비하면 검출하기 쉽다. 방사능은 대개 빠른 하전입자의 방출을 수반한다. 그런 입자는 물질을 지나갈 때 원자에서 전자를 떼어낸다. 그 결과로 생기는 이온은 다양한 장치로 관찰할 수 있다. 방사능을 측정하는 장치 중 가장 유명한 것은 아마 가이거 계수기일 것이다. 대형강입자가속기와 그 두 검출기는 사실상 이 장치를 크게, **극도로** 크게 만든 것과 같다. 데이비스에게는 아르곤의 방사능을 믿을 만하게 검출할 수 있느냐가 중요했다.

바칼과 데이비스는 이를 새로운 유형의 천문대라고 보았다. 태양이나 다른 별에서 오는 빛이 아니라 중성미자를 관측할 천문대였다. 그들은 실험을 깊은 지하에서 진행해야 한다는 사실도 깨달았다. 그렇지 않으면 다른 많은 효과들(가장 중요한 것은 우주에서 오는 우주선)이 두 사람이 관측하려고 하는 희귀한 중성미자 사건을 흉내 내는 일이 벌어질 터였다. 데이비스는 사우스다코타의 금광인 홈스테이크광산 지하 1.48km에 세정액 통을 설치했다. 데이비스와 바칼은 오랜 세월 관측을 계속했다. 그런데 중성미자의 상호작용이 일관되게 바칼이 예측한 것보다 약 3분의 1 수준으로 적게 일어났다. 나를 비롯한 많은 이들은 이 측정이 흥미로운 사실을 밝혀내리라는 데 회의적이었다. 바칼의 계산은 그가 주장하는 것에 비해 신뢰성이 떨어질 수도 있었다. 그가 태양의 내부 온도를 조금 잘못 계산했다면, 그 오차로 불일치를 설명할 수도 있었다. 또는 실험 자체가 문제일 수도 있었다.

하지만 바칼은 자신의 계산 결과를 계속 검토하고 다듬으면서도, 계산 오차로는 중성미자의 부족을 설명하지 못한다고 주장했다. 데이비스는 실험을 수없이 검토했고, 외부인들에게 실험 기법을 조사해달라고 의뢰하기까지 했지만 전반적으로 아무런 문제가 없었다. 시간이 흐르면서 이 문제는 점점 관심사로 떠올랐고, 다른 실험들도 제안되고 수행되었다. 그런 실험들은 데이비스의 실험과 다른 에너지를 지닌 중성미자에 민감했으며,

따라서 태양에서 일어나는 다른 과정들에 민감했다. 그 결과 실험 자체에 문제가 있지 않을까 하는 우려는 줄어들었다.

한편 많은 물리학자들은 다른 가능성도 생각하기 시작했다. 데이비스의 실험에서 나타나는 문제는 우리가 태양이 아니라 중성미자를 잘못 이해하고 있기 때문이 아닐까? 중성미자는 세 종류가 있다. 전자의 짝인 ν_e(전자 중성미자), 뮤온의 짝인 ν_μ(뮤온 중성미자), 타우의 짝인 ν_τ(타우 중성미자)가 있다. 모두 아주 가볍다는 것이, 전자보다 훨씬 가볍다는 것이 알려져 있다. 데이비스가 실험할 당시에, 많은 물리학자는 광자처럼 중성미자도 질량이 전혀 없다고 가정했다. 그러나 중성미자가 작은 질량을 지닌다면, 양자역학적으로 흥미로운 가능성이 생긴다. 양자역학이 입자의 위치와 속도를 동시에 정확히 측정할 수 없다고 말하는 것처럼, 중성미자가 질량을 지닌다면 세 종류 중 어느 것이라고 확실히 말할 수 없게 된다. 전자의 짝으로서 시작한 중성미자가 태양에서 지구까지 오는 도중 다른 종류의 중성미자로 바뀔 수도 있으며, 그런 것들은 데이비스의 실험에서 검출되지 않았을 것이다.

나 같은 회의주의자로서는 도저히 받아들이기 어려운 주장이었다. 중성미자의 질량 자체(그리고 '진동')는 놀라운 것이 아니었다. 그러나 중성미자가 훨씬 더 멀지도 가깝지도 않은 지구까지 여행할 때, 질량이 진동이 일어나기에 꼭 맞는 범위에 있어야 한다니. 마치 어떤 힘이 데이비드의 실험을 망치기로 음모를 꾸미는 양 보였다. 그런데 데이비스의 결과에 영감을 얻어 수행된 다른 실험들에서도 불일치가 나타났다. 그것들도 중성미자의 질량으로 설명할 수 있을까?

그런데 이때 중성미자를 수반하는 다른 현상에서 변칙 사례가 하나 나타났다. 중성미자는 태양에서도 올 뿐 아니라, 우주선을 통해서도 지구로 온다. 우주선은 심층 우주에서 생성된 고에너지 입자로 이루어진다(다른 은하에서 생성되는 것이 많다). 입자는 주로 양성자이지만 더 무거운 원자핵과 광자도 섞여 있다. 이런 원자핵은 상층 대기에 충돌할 때 격렬한 핵반응을 일으키며, 그 산물로 중성미자도 생긴다. 이런 중성미자는 대부분 뮤온 유형이며, 태양에서 오는 중성미자보다 훨씬 더 큰 에너지를 지닌다.

이러한 **대기 중성미자**atmospheric neutrino의 흐름을 관측하는 실험들도 이루어졌다. 일본 이케노산 지하 광산에서 이루어진 슈퍼 가미오칸데 실험도 그중 하나였다. 이 검출기도 뮤온 중성미자의 수가 예상한 것보다 부족하다는 사실을 발견했다! 이 관측 결과도 나 같은 회의주의자로서는 받아들이기 어려웠다. 길이의 규모가 너무나 달랐다. 1억 5,000만km가 아니라 150km에서 떨어진 곳에서 생성되는, 에너지도 종류도 다른 중성미자를 관측했음에도 그러했다. 따라서 이제 두 가지 음모를 상정해야 할 판이었다. 그러니 그보다는 우리가 태양을 제대로 이해하지 못하고 있으며, 물리학자들이 우주선에서 관측될 것이라고 예상한 중성미자의 수를 제대로 계산하지 못했다고 상상하는 편이 더 수월했다. 그러나 시간이 흐르면서 중성미자가 질량과 진동을 지닌다는 주장을 뒷받침하는 실험 증거들이 쌓여갔다. 일본에서 이루어진 두 실험 결과도 그러했다. 캄랜드 실험은 일본 전역의 원자로에서 생기는 중성미자를 측정했다. 원자로가 어떻게 작동하는지는 잘 알려져 있으며, 원자로에서 생성되는 중성미자의 수와 에너지도 믿을 만한 수준으로 계산할 수 있다. 측정 결과는 중성미자 진동 가설을 뒷받침했다(후쿠시마의 비극도 사실상 중요한 자료를 제공했다. 데이터 집합에서 그 원자로의 자료가 제거되자 일본 전체의 중성미자 방출량이 예상한 양상으로 달라졌다). 가미오칸데 광산의 고에너지가속기연구기구 KEK에서는 도쿄 인근의 가속기에서 생성되는 중성미자를 측정했다. 이 실험은 K2K라고 불렸다. 여기서도 중성미자가 질량을 지닌다는 가설을 뒷받침하는 결과가 나왔다.

결정적인 관측은 캐나다 서드버리중성미자관측소Sudbury Neutrino Observatory, SNO에서 이루어졌다. 이 실험은 아주 깊은 니켈 광산에서 이루어졌다. 연구진은 다른 전략을 취했다. 다른 모든 실험은 중성미자 상호작용으로 입자의 전하가 바뀌는 사건에 초점을 맞추었다. 양성자가 중성자로 변하거나 중성미자가 전자로 변하는 것이 그렇다. 그러나 또 다른 유형의 중성미자 상호작용이 있다. 중성류 과정neutral current process이라는 것인데, 여기서는 중성미자는 물론 어떤 입자도 다른 것으로 바뀌지 않는다. 이런 반응을 검출하는 일은 쉽지 않지만, 여기서 중요한 점은 각 중성미자 유형들이 같은 속도로 상호작용을 한다는 것이다. 그러니 중성미자가 오면서 진동을 한다고 해도, 태양(또는 상층 대기)에서 출현하는 모든 중성미자는 동일한 수의 상호작용을 유도해야 한다. 따라서 검출되는 중성미자의 총수는 바칼이 원래 예측한 값에 들어맞아야 했다. 놀랍게도 SNO 실험은 양쪽이 정확히 일치한다는 것을 보여주었다.

현재 우리는 중성미자의 많은 특성들을 꽤 정확히 측정한 상태다. 더 최근에는 중국의 (남중국해를 접한 만에 위치한) 다야만 원자로 인근에서 일하는 중국과 미국을 비롯한 국제 연구진이 중요한 결과를 내놓았다. 이런 계통의 연구가 계속 이어질 것이고, 미국 에너지부 고에너지물리학 사업의 중요한 부분을 차지하리라는 데에는 의심의 여지가 없다.

바칼과 데이비스의 공동 연구는 쉬운 길로 가기를 거부하고 진지하고 고집스럽게 꼼꼼한 연구를 끈기 있게 계속함으로써 놀라운 결과를 얻은 전설적인 이야기다. 레이 데이비스는 2002년에 노벨상을 받았다. 그런데 바칼은 제외되었다. 그 이유를 놓고 다양한 추측이 나왔지만, 노벨 위원회는 심사 자료를 공개하지 않는다. 나는 데이비스가 상을 받은 직후 프린스턴고등연구소를 방문한 적이 있다. 저녁 무렵 당시 여덟 살이었던 딸 시프라와 함께 야외에 앉아 있는데, 존 바칼이 다가왔다.

우리는 과학과 가족 이야기를 비롯해 온갖 주제를 섭렵하며 즐겁게 대화를 나누었다. 그 뒤에 나는 딸에게 바칼과 데이비스의 연구와 노벨상 이야기를 들려주었다. 딸은 여덟 살짜리가 할 수 있는 방식으로 분개했다. 나중에 물리학을 전공하는 대학생이 된 딸은 중성미자 질량의 발견을 주제로 논문을 썼다. 어느 날 아침 카풀 동료들과 함께 출근하는데, 슈퍼가미오칸데와 서드버리중성미자관측소 연구진들이 중성미자 진동을 발견한 공로로 2015년 노벨상 수상자로 선정되었다는 뉴스가 들렸다(일본의 가지타 다카아키와 캐나다의 아서 B. 맥도널드였다). 나는 재빨리 노트북을 꺼내어 딸의 논문에 실린 수치와 그래프를 써서 그 수상의 중요성을 설명할 강의 자료를 준비했다. 바칼은 2005년에 세상을 떠났다. 그는 다수의 상을 받은 것을 비롯하여 여러 방면에서 공로를 인정받았다. 나는 딸이 중성미자에 계속 관심을 가진 것도 그가 받은 영예 중 하나라고 생각하고 싶다. 그렇긴 해도 바칼 부부의 많은 친구들에게는 그가 노벨상을 받지 못했다는 사실이 몹시 가슴 아픈 일이었음이 분명하다.

중성미자가 어떻게 질량을 얻는가 하는 질문은 원자핵보다 훨씬 더 작은, 아마도 100조, 즉 10^{14}배 더 작은 크기를 살펴보아야 한다는 것을 가리킨다. 그러나 한없이 작은 것들에 관한 많은 질문이 그렇듯이, 이 질문도 우주적인 차원의 거대한 현상 중 일부를 설명한다. 이제 이 책의 다음 단계로 넘어갈 때가 되었다. 지금까지 우리는 우리가 답을 아는, 아니 안다고 생각하는 질문들에 초점을 맞추었다. 이제는 보다 덜 알려진 영역들을 들여다볼 시간이다. 질문과 추측이 난무하는 영역이며, 그 추측 중에는 설득력 있는 것도 있어서 실험을 통한 검증 대상이 되기도 한다. 다음 장에서 살펴보겠지만, 우리가 아는 물질이 존재하는 것은 중성미자(그리고 중성미자에 질량을 부여하는 과정들) 덕분일 수도 있다. 그렇다면 그 일은 빅뱅 이후 극도로 초기에, 10^{-37}초(약 1조×1조×1조 분의 1초)에 일어났을 것이다. 그리고 과학이 거의 모르는 다른 질문들도 있다.

음 절 다음그

8장

우주는 왜 무가 아닌 유인가?

앞서 말했듯이 디랙은 아인슈타인의 특수상대성원리에 부합하는 전자의 양자역학 이론을 도출하려고 애쓰다가 반물질이라는 개념을 떠올렸다. 그가 예측한 입자는 전자와 질량이 정확히 똑같고 전하만 반대인 것이었다. 곧 이 예측을 다른 입자들에까지 일반화할 수 있음이 명확해졌다. 전하를 지닌 모든 입자에는 질량이 똑같으면서 전하가 반대인 반입자가 있다. 반전자, 즉 양전자는 디랙이 이론상으로 존재할 가능성을 따지던 바로 그 무렵에 발견되었다. 반양성자는 1955년 버클리에 대형입자가속기가 설치되면서 발견되었다. 그 뒤로 그런 입자들이 많이 발견되었다. 다양한 중성 입자들까지 반입자를 지닌다는 것도 드러났다. 반중성자와 반중성미자 같은 것들 말이다. 반중성자는 중성자와 전하가 동일한 반면, 붕괴할 때 중성자와 차이를 보인다. 중성자는 양성자, 전자, 반중성미자로 붕괴한다. 반중성자는 반양성자,

양전자, 중성미자로 붕괴한다. 또 반중성자는 중성자와 충돌하여 소멸하면서 다른 유형의 물질과 에너지를 생성한다.

20세기 말, 반물질은 흔해졌다. 가속기에서 온갖 입자의 반입자가 생성되고 있었다. 스탠퍼드대학교와 유럽입자물리연구소에서는 반전자와 전자를 충돌시키는 실험을 하면서 Z^0 같은 입자를 연구했다. 유럽입자물리연구소와 페르미랩에서 반양성자와 양성자를 충돌시키는 실험은 W, Z^0, 꼭대기 쿼크의 발견에 핵심적인 역할을 했다.

반면에 우리 일상 세계는 반물질이 아니라 거의 오로지 물질로 이루어진 듯하다. 그 점은 분명히 우리에게 좋은 일이다. 반물질로 이루어진 바윗덩어리가 가까운 행성이나 별, 아니 그리 멀지 않은 곳에 있는 은하에 충돌한다면 정말로 재앙이 벌어질 테니 말이다. 아마 우리 우주에서는 그런 일이 일어나지 않을 것이다. 물론 그런 걱정으로 잠을 설칠 사람은 많지 않을 듯하다. 그러나 반물질을 좀 알면, 논리적으로 볼 때 그럴 가능성이 있다는 생각이 들 것이다. 우리 은하에 반물질 별이 있다고 가정해보자. 우리는 관측하는 것만으로는 그 별을 쉽게 구별할 수 없을 것이다. 그런 별이 뿜어내는 빛은 보통 별이 뿜어내는 빛과 그리 다르지 않을 것이다. 아니, 사실상 똑같다. 그러나 때때로 물질 별은 반물질 별과 충돌할 (또는 근처를 지나갈) 것이고, 그러면 엄청난 폭발이 일어날 것이다. 반물질 별이 물질 먼지matter dust (천문학자들은 우주 공간을 자유롭게 떠다니는 수소를 비롯한 원자들을 먼지라고 한다) 구름을 지나가기만 해도, 엄청난 양의 고에너지 감마선이 생성될 것이다. 천체물리학자들은 이런 점들을 고려해서 관찰 가능한 우주에 있을 반물질의 양을 추정할 수 있는데, 그리 많지는 않을 것이라고 본다.

사실 우리는 우주마이크로파배경복사에 들어 있는 광자의 수를 양성자와 중성자를 더한 수와 비교함으로써 현재 우주에 있는 물질의 양을 파악할 수 있다. 우주 $1m^3$에는 평균 약 5억 개의 마이크로파 광자가 있다. 같은 공간에서 양성자나 중성자를 발견할 확률은 그 값의 10퍼센트에 못 미친다. 다시 말해, 광자를 100억 개 찾을 때마다 양성자나 중성자('중입자')를 약 1개 찾을 수 있다는 뜻이다. 당첨금이 가장 많은 복권에 당첨될 확률보다 훨씬 낮다. 이 10^{-10}은 실제로 잘 측정된 값이며, '광자당 중입자 비baryon per photon ratio'라고 한다. 이 수는 시간이 흘러도 변하지 않는다는 것이 드러났다. 적어도 빅뱅으로부터 얼마 지나지 않았을 때부터 그러했다. 광자에 비해 물질이 부족하다는 점은 설명이 필요하다. 아무렇게나 추측해보라고 한다면, 중입자와 광자의 수가 비슷해야 한다거나 중입자가 아예 없어야 한다고 말할 수도 있다.

우리의 표준 우주론은 빅뱅 직후 우주는 지금보다 훨씬 뜨거웠다고 말한다. 온도가 높을수록, 입자가 더 많은 에너지를 지닌다는 것을 기억하자. 충분히 뜨거울 때, 전형적인 입자는 에너지를 충분히 지녀서 $E=mc^2$을 통해 그 에너지(E)의 일부를 (질량이 m인) 물질로 전환할 수 있다. 즉 양성자와 반양성자 또는 중성자와 반중성자로 말이다. 우주의 나이가 약 1만 분의 $1(10^{-4})$초일 때 바로 그런 일이 일어났다. 따라서 입자와 반입자의 수는 거의 같을 것이고, 광자의 수도 거의 같을 것이다. 이제 시계를 앞으로 돌린다고 할 때, 중입자와 반중입자의 수가 똑같았다면 모두다 소멸하고 광자만 남을 것이다. 양성자도 중성자도 없을 것이고, 그것들이 만들 별도, 은하도, 행성도, 사람도 없을 것이다. 대신에 지금과 같은 우주가 있다는 것은 물질이 반물질보다 조금 더 많았을 것이 틀림없다는 의미다. 현재 우리가 보는 수의 양성자, 중성자, 전자가 남을 만큼, 즉 마이크로파 광자 100억 개 당약 1개가 남을 만큼이다.

이런 식으로 생각하면, 우주에는 정말로 물질이 극히 적으며, 반물질은 거의 없다. 우주론자들은 이 약간의 물질 과잉을 물질-반물질 비대칭이라고 하며, 이는 자연에 존재하는 기이한 10의 거듭제곱의 아주 신기한 또 다른 사례다. 여기서 우리는 중입자(양성자 더하기 중성자)와 광자의 수가 약 10^{-10}의 비율을 이룬다고 말할 수 있다.

이 점이 얼마나 기이한지를 이해하려면, 자연법칙의 대칭으로 돌아갈 필요가 있다. 여기서는 두 가지 대칭이 중요한 역할을 한다. 첫째, 입자와 반입자의 대칭성이 있다. 즉 질량이 똑같으면서 전하가 정반대인 쌍이다. 이 대칭은 양자역학과 아인슈타인 특수상대성의 기본 원리에서 나온다. 입자와 반입자가 정말로 모든 면에서 동일하다면, 우주에 반입자보다 입자가 더 많은 이유를 과학적으로 설명하기 어려울 것이다. 우리는 우주가 왜 그냥 그런 식으로 창조되었다고, 어떤 지고한 권능을 지닌 존재가 그렇게 만들었다고 가정해야 할 것이다. 이 권능자가 우주가 인류가 살 수 있는 곳인지 그 이유를 설명하기에 딱 맞을 만큼 물질을 제공했다는 식으로 말이다. 하지만 나름의 종교를 지닌 과학자들조차도 이런 식의 설명을 마뜩잖게 여기는 경향이 있다.

물리학자들은 입자와 반입자가 정확히 대칭을 이루는 상황에 CP라는 이름을 붙였다. 양자역학과 특수상대성의 일반원리에 따르면, 이는 앞서 논의한 시간 역전 불변time reversal invariance에 해당한다. 그러나 입자와 반입자는 질량이 똑같아야 하지만, 다른 입자와 반응하는 방식(예를 들어 충돌하는 빈도)까지 똑같아야 할 필요는 없다. 표준모형은 입자와 반입자가 **거의** 정확히 대칭을 이룬다고 본다. 약한 상호작용을 연구하는 실험을 통해서 바로 그 미미한 어긋남이 실제로 나타난다는 것이 드러났고, 우리는 그런 차이를 설명하는 데 중요한 것이 3세대 쿼크와 경입자임을 알았다. 바닥 쿼크와 꼭대기 쿼크, 타우 경입자, 그와 관련된 중성미자들이다.

고등학교에서 화학을 배울 때, 나는 다른 보존 법칙들도 배웠다. 하나는 질량 보존의 법칙conservation of mass이었다. 이 법칙은 우리가 수업 시간에 하는 실험에는 유용했지만, 아인슈타인 덕분에 우리는 이 법칙이 정확한 것이 아님을 안다. 질량은 여러 형태의 에너지로 전환될 수 있고, 에너지는 질량으로 바뀔 수 있다. 당시 선생님은 이것의 더 정교한 형태를 **물질 보존의 법칙** conservation of matter라고 불렀다. 핵반응 때 양성자는 중성자로, 중성자는 양성자로 바뀔 수 있다. 그러나 양성자 더하기 중성자의 총량은 모든 핵반응에서 언제나 같다. 반양성자와 반중성자까지 있다고 하면, 이를 더 일반화해야 한다. 예를 들어, 두 광자는 충돌하여 양성자와 반양성자를 생성할 수 있다. 따라서 입자(양성자+중성자) 빼기 반입자(반양성자+반중성자)의 총량이 그런 충돌 전후에 동일해야 한다고 주장할 수도 있을 것이다. 물리학자들은 **중입자 수 보존**conservation of baryon number을 이야기한다. 이 규칙은 표준모형과 거의 동일하다. 자연이 엄밀하다면, 중입자 수는 초기 우주로부터 지금까지 변하지 않았을 것이다. 0에서 출발했다면, 지금도 0일 것이다. 그러면 우리는 다시금 신을 동원해야 할 위험에 처한다.

안드레이 사하로프Andrei Sakharov는 예전 소련에서 중요한 과학자이자 반체제 목소리를 낸 주요 인사였다. 1921년에 태어난 그는 1950년대에 소련의 수소폭탄 개발에 중요한 역할을 했다. 1960년대에 그는 공산주의 체제를 비판하는 주요 인물로 떠올랐다. 그는 소련을 이렇게 평했다. "우리 국가는 암세포와 비슷하다. 절대 신념과 팽창주의, 반대자의 전체주의적 억압, 권위주의 권력 구조를 갖추고 국내 및 외교 정책의 가장 중요한 결정에 대한 대중 통제력의 철저한 부재, 그 어떤 중요한 사항도 시민에게 알리지 않고, 외부 세계에 문을 닫고, 여행도 정보 교류의 자유도 없는 폐쇄 사회다." 인권과 군축을 옹호한 공로로 그는 1975년 노벨 평화상을 받았다. 하지만 1980년 그는 수용소로 보내졌고, 1988년에 생을 마감했다.

시간 역전(CP) 대칭 위반이 처음 발견된 직후인 1965년, 사하로프는 그것이 우주에서 물질이 어떻게 생성되었는지를 말해주는 중요한 단서일 수 있음을 깨달았다. 그는 처음에 물질과 반물질을 똑같은 양으로 지닌 우주에서 양쪽의 비대칭이 생겨나려면, 근본적인 자연법칙에 세 가지 조건이 가해져야 한다고 보았다. 이 요구 조건 중 두 가지는 이미 소개한 바 있다. CP 보존 위반과 중입자 수 보존 위반이다. 세 번째 조건은 시간 자체와 관련이 있다. 시간이 화살arrow을 지녀야 한다는 것이다. 다시 말해 시간이 앞으로 흐르는 것과 거꾸로 흐르는 것 사이에 명확한 차이가 있어야 한다는 것이다. 일상생활에서 우리는 시간의 화살을 당연시한다. 그래서 좀 감상적인 기분에 잠기기도 한다. 나이를 먹을수록 우리 몸은 서서히 노쇠한다. 가정과 직장의 장치들은 서서히 낡아가고 작동을 멈춘다. 다이빙 선수가 물 밖으로 튀어나와서 다이빙대에 발부터 착 내려앉는, 시간이 거꾸로 흐르는 광경을 상상하기란 어렵지만, 그런 사건도 뉴턴의 법칙에 위반되지는 않을 것이다. 순행 사건과 역행 사건의 차이는 출발점과 종착점의 복잡성에 달려 있다. 다이빙의 시간 역전을 설정하려면, 우리는 물방울들을 반대 방향으로 밀어 올려서 다이버를 수영장 밖으로 밀어내어 다이빙대에 올라갈 만큼 충분한 압력을 일으켜야 할 것이다. 상상도 할 수 없이 어려운 일이다.

엔트로피entropy는 그런 복잡성을 표현하는 한 가지 방법이다. 모든 '타당한' 상황에서 엔트로피(복잡성complexity)는 증가한다. 따라서 시간의 화살은 복잡성, 즉 엔트로피의 증가와 관련이 있다. 다이버와 물의 상태는 잠수하기 전보다 잠수한 뒤가 훨씬 더 복잡하다. 수영장에서 튀어나온다는 이 비유가 정말 초기 우주에서 어떻게 구현되었을까 하는 것이 바로 사하로프의 세 조건이 빅뱅 직후에 어떻게 구현되었을까 하는 질문의 일부다.

　중입자 수의 위반은 어떻게 보일까? 중입자 수를 위반할 수도 있는 반응은 양성자가 양전자와 핵물리학을 다룬 장에서 마주친 중간자 중 하나인 π^0로 붕괴하는 것이다. 이 붕괴는 $p \rightarrow \pi^0 + e^+$라는 기호로 나타낼 수 있다. 이는 우리가 절대적이어야 한다고 믿는 모든 보존 법칙, 즉 전하, 에너지, 운동량, 각운동량 보존 법칙에는 들어맞지만 중입자 수는 위반한다. 원래의 양성자는 중입자 수가 1단위이지만, π^0는 0이다(쿼크와 반쿼크 하나씩으로 이루어지는데, 양쪽은 각각 중입자 3분의 1과 반중입자 3분의 1에 해당하므로 중입자 수는 0이 된다). 양전자도 중입자 수가 0이므로, 전체적으로 이 붕괴는 중입자 수를 위반한다. 사실 π^0 자체는 방사성을 띠며, 광자 한 쌍으로 붕괴하는데 반감기는 10^{-16}초다. 따라서 그런 일이 일어난다면, 양성자는 궁극적으로 양전자 1개와 광자 2개로 바뀜으로써 원자핵을 만들 것이 전혀 남지 않는다.

　세심한 독자라면 이런 반응들이 또 다른 보존 법칙을 위반한다는 것도 깨달을지 모르겠다. 붕괴 과정에서 중입자가 사라질 뿐 아니라, 경입자(전자나 양전자)가 출현한다. 표준모형은 중입자 빼기 반중입자의 수를 보존하는 것처럼, 경입자 빼기 반경입자의 수, 즉 경입자 수도 보존한다. 그런데 뒤에서 보겠지만, 이 보존 법칙에 어긋나는 일이 자연에서 틀림없이 일어났다고 생각할 타당한 이유가 있다.

　사하로프가 이 개념을 내놓을 당시에는 이런 생각 자체가 좀 급진적으로 보였다. 많은 탐색이 이루어진 오늘날에도 중입자

수를 위반하는 상호작용이 일어난다는 증거는 전혀 없다. 그런 일이 일어난다면, 대저택만 한 물통에서 1년에 한 번 일어날까 말까 할 정도로 아주 드물게 일어날 것이다. 따라서 그런 과정이 관찰된 물질-반물질 비대칭을 설명한다면, 지금보다 초기 우주에서 더 흔하게 일어났을 것이 틀림없다.

CP(시간 역전) 위반이 일어나야만 했다는 점을 이해하기란 어렵지 않다. 아주 뜨거운 초기 우주에서 중입자 수를 위반하는 붕괴 과정들은 거꾸로도 일어날 수도 있다. 즉 양전자가 π^0 입자와 충돌하여 양성자를 생성하거나, 전자가 π^0와 충돌하여 반양성자를 생성할 수 있다. 이런 과정들이 똑같이 (즉 동일한 확률로) 자주 일어난다면, 양성자와 반양성자의 수가 같은 상태에서 시작한다면, 양성자와 반양성자의 수는 언제나 같은 채로 유지될 것이다. 따라서 입자와 반입자를 수반하는 과정들이 정확히 똑같은 비율로 일어나서는 안 된다. 앞서 말했듯이, 시간 역전, 즉 CP는 입자가 반입자와 정확히 똑같이 행동한다고 말하며, 대칭이 위반되지 않는 한 이 과정들은 똑같은 빈도로 **일어날 것이다**. 따라서 양성자가 반양성자보다 더 많이 생길 가능성이 적어도 있으려면 CP 위반이 필수적이다.

마지막으로, 사하로프는 시간이 **선호하는** 방향이 있는 것이 틀림없다고 주장했다. 물론 우리 인간은 자신이 시간의 방향성에 예속되어 있다고 본다. 우리는 시간을 되돌려서 실수를 바로 잡고 놓친 기회를 이용할(또는 수영장에서 거꾸로 튀어나올) 수 없다. 그러나 소립자에서는 사하로프의 조건이 몇 가지 측면에서 가장 미묘한 양상을 띤다. 여기서도 우리는 양성자와 반양성자가 붕괴하는 과정과 새로운 양성자와 반양성자를 생성하는 역행 과정을 생각할 수 있다. 시간에 특정한 방향이 전혀 없다면, 이런 생성 과정은 붕괴 과정만큼 자주 일어날 것이다. 중입자 수는 변하지 않을 것이다. 화학자와 물리학자는 계가 뜨겁고 반응이 정방향과 역방향으로 똑같이 빠르게 진행되는 상황을 열적 평형 상태에 있다고 말한다. 파인먼은 평형을 정의하는 간결한 방식을 제시했다. 그는 (대체로) 이렇게 말했다. "빠른 일들은 모두 이미 일어났고, 느린 일들은 모두 아직 일어나지 않았다면, 계는 평형 상태에 있다." 태양은 파인먼의 정의가 잘 들어맞는 사례다. 태양은 현재 뜨겁고, 어느 시점에든 간에 열적 평형에 아주 가깝다. 여기서 파인먼이 말한 빠른 일들이란 태양의 중심에 있는 수소의 충돌이나 표면 근처에서 일어나는 빛의 산란이다. 중심에서 일어나는 원자핵 충돌은 1초에 훨씬 못 미치는 짧은 시간의 규모에서 일어난다. 중심에서 생성된 광자는 끊임없이 전자 및 양성자와 충돌해 산란되면서 표면까지 서서히 확산된다. 태양의 내부에서 생성된 복사가 표면에 다다르기까지는 수백만 년이 걸리며, 그동안 태양에는 별 변화가 없다. 그러나 태양은 핵연료를 서서히 태운다. 약 50억 년에 걸쳐서 연료를 거의 다 태울 것이고, 그러면 먼저 붕괴했다가 이후 부풀어서 적색거성이 되는 극적인 변화를 일으킬 것이다. 이 시점에서 태양은 얼마 동안 또 다른 평형 상태에 있을 것이다. 파인먼이 말한 느린 일들의 극단적인 사례다.

태양 이야기는 시간의 화살을 보여주는 사례다. 그 과정에는 시간의 흐름을 보여주는 방향성이 있다(씁쓸하게도 이는 우리 인생과 일맥상통한다). 앞서 말했듯이, 이는 엔트로피 개념과 긴밀하게 연관되어 있으며, 엔트로피는 계의 무질서 수준이라고 말할 수 있다. 열적 평형 상태를 이룬 계는 매우 무질서하다. 어쨌거나 모든 원자와 광자의 목록을 작성할 수 없다면 (분명히 그럴 수 없다) 우리는 대략적으로 기술할 수밖에 없다. 우리는 태양의 온도, 밀도, 크기는 말할 수 있지만, 그밖에는 할 말이 거의 없다. 이 유명한 열역학 제2법칙은 엔트로피가 시간이 흐를 때 결코 감소하지 않는다고 말한다. 사실상 거의 언제나 증가한다.

빅뱅 우주론에서는 이 조건을 충족시키기 쉬워 보인다. 이 우주론에서는 시간의 화살이 분명히 있다. 시간이 흐르면서 우주가 팽창하고 있기 때문이다. 우리는 우주의 크기를 시계라고 생각할 수도 있다. 즉 우주의 나이가 1억 년이라고 말하는 대신에 당시의 크기를 댈 수 있다. 그런데 문제가 하나 있다. 우주의 나이가 3분이었을 때 (즉 현재의 나이에 비해 아주 어렸을 때) 우주는 약 15분마다 크기가 2배씩 늘어나고 있었다. 대단히 빠르게 증가하는 양 보일지 모르지만, 양성자와 중성자의 충돌 간격에 비하면 극도로 긴 시간이다. 따라서 초기 우주에서 뜨거운 플라스마plasma를 이루는 소립자들의 관점에서 보면, 이 팽창은 극도로 느렸다. 파인먼의 말을 빌리자면, 계는 늘 (거의) 평형 상태에 있었다. 빅뱅이 중입자 비대칭을 일으킨다면 더 이전에 훨씬 더 극적인 일이 일어나야 한다.

사하로프는 이 모든 조건을 충족시킬 모형을 내놓았다. 이 모형은 물질-반물질 비대칭이 초기 우주에서 발생한 미시 과정들의 산물일 수도 있다는 원리의 증명을 제시하긴 했지만, 그다지 설득력은 없었다(그리고 당시에는 표준모형의 주된 구성 요소들조차도 아직 알려지지 않은 상태였다). 그러나 현재 우리는 자연법칙을 훨씬 더 잘 알고 있으며, 표준모형의 상호작용을 좀 더 큰 이론 구조에 어떻게 끼워 넣을지 구상도 하고 있다.

사하로프 모형은 비록 그다지 설득력이 없었는지 모르지만 물질의 기원이라는 문제를 과학적 질문으로 바꾸었고, 거기에는 놀라운 의미들이 함축되어 있었다. 특히 양성자가 붕괴할 수 있다면, **모든 것**은 방사성을 띤다. 양성자의 반감기가 중성자의 그것과 비슷하다면, 우리 모두는 단 몇 분 사이에 사라질 것이다. 따라서 그럴 리가 없다. 사실 양성자의 반감기가 약 10^{16}년보다 짧다면 우리 몸에서 매초에 약 10만 번 그런 붕괴가 일어날 것이고, 그 결과 우리 모두는 곧 암으로 죽게 될 것이다(이 점은 물리학자 모리스 골드하버Maurice Goldhaber가 지적했는데, 그는 양성자의 수명이 아주 길다는 것을 '우리가 뼛속까지 알고 있다'라고 했나). 그렇다면 양성자의 수명은 얼마나 길까?

표준모형에서 중입자 생성

가장 먼저 풀어야 할 문제는 이것이다. 빅뱅으로 시작하는 표준모형 자체가 사하로프의 세 조건을 구현할까? CP 보존 위반, 중입자 보존 위반, 시간의 화살 말이다. 오랫동안, 1980년대 중반에 이를 때까지도, 답은 명백하다고 여겨졌다. 아니라고 말이다. 그런데 그 문제가 미묘하다는 사실이 점점 드러났다. 표준모형은 CP 불변이 위배된다고 말한다. 또 우주가 평형 상태에서 상당히 멀어져 있을 가능성, 요구되는 바로 그 시간의 화살이 있을 가능성도 제기되었다. 앞서 말했듯이, 힉스장은 현재 대부분의 소립자에 질량을 부여한다. 그러나 우주가 아주 뜨거웠을 때, 즉 광자, 쿼크, 경입자 같은 입자들의 충돌로 힉스 입자들이 풍부하게 생성될 만큼 뜨거웠던 시기에는 힉스 메커니즘이 작동하지 않았다. 이런 고온에서 W, Z^0, 쿼크와 경입자는 질량이 없었다. 힉스 메커니즘은 우주의 온도가 약 10^{16}K까지 식었을 때, 즉 빅뱅으로부터 약 10^{-11}초가 되었을 켜졌다. 힉스 메커니즘이 켜졌을 때, 소립자들도 질량을 갖게 되었다. 질량이 없는 상태에서 있는 상태로의 전이는 갑작스럽게 일어났을 수도 있으며, 이 켜짐은 시간의 화살을 설정했다. 그러나 유럽입자물리연구소에서 발견한 것 같은 무거운 힉스 입자에서는 이 켜짐이 너무 느리게 일어나서 의미 있는 시간의 방향을 제공하지 못한다. 따라서 사하로프의 세 번째 조건은 충족되지 않는다.

표준모형은 기껏해야 힉스 입자가 우리 우주의 것보다 훨씬 가벼운 대안 우주에 존재할 때 생기는 물질-반물질 대칭을 설명할 수 있었다. 하지만 표준모형을 완전히 내버리기 전에, 사하로프의 두 번째 조건을 생각해보자. 중입자 수 위반 말이다. 표준모형의 성공 사례 중 하나는 중입자 수를 보존하는 대칭을 상정한다는 것이다. 이 내용은 굳이 그 모형에 명시할 필요가 없다. 애써 끼워 넣지 않아도 자동적으로 도출되기 때문이다. 뒤에서 살펴보겠지만, 표준모형 이외의 대다수 모형은 그렇지 않다. 양성자가 방사성을 띤다면, 그 반감기는 엄청나게 길 것이다. 최소한 빅뱅으로부터 경과한 시간에 맞먹는 수준이어야 한다. 그렇지 않다면, 우리는 여기에 존재할 수 없을 것이다. 따라서 이는 표준모형의 승리다.

그러나 이야기는 거기에서 끝나지 않는다. 약한 상호작용을 이해하는 데 매우 중요한 역할을 한 헤라르뒤스 엇호프트는 표준모형 내에서 양성자가 붕괴할 수 있는 미묘한 양자역학적 효과가 있음을 발견했다. 그는 이 효과를 이용하여 양성자의 수명을 계산할 수 있었다. 상상하기조차 어려운 긴 시간임이 드러났다. 수명이 너무나 길기에, 적어도 빅뱅으로부터 1초쯤 지난 뒤부터는 우주의 역사에서 이런 식으로 양성자가 하나라도 붕괴할 확률이란 스무 번 연달아서 복권 1등에 당첨될 확률과 비슷하다. 그러나 다른 연구자들은 온도가 올라감에 따라서 이 효과가 더 커지며, 아주 초기 우주에서 중입자 수 위반이 빠르게 일어났을 것임을 깨달았다. 따라서 표준모형의 진정한 장애물은 두 가지다. 첫 번째는 이미 말했다시피 힉스 입자의 커다란 질량이고, 두 번째는 관찰된 비대칭을 생성할 정도로 CP 위반이 충분치 않다는 것이다.

대통일이론

양성자의 안정성과 물질-반물질 비대칭 생성이라는 문제를 탐구하는 판을 처음으로 본격적으로 벌린 것은 대통일이론grand unification theory이었다. 대통일은 앞서 약한 상호작용 이야기에서 만난 셸던 글래쇼가 같은 하버드대학교의 하워드 조지Howard Georgi와 함께 내놓은 개념이다. 표준모형은 이론 구조로서 대단히 성공을 거두긴 했지만(1974년에 이미 그 이론이 들어맞는다고 꽤 확신할 수 있었다), 한편으로는 좀 거추장스러워 보였다. 불필요하게 복잡해 보이는 한 가지 특징은 양-밀스 상호작용이 세 가지나 있다는 것이었다. 강한 상호작용, 약한 상호작용, 전자기 상호작용이었다. 조지와 글래쇼는 이 구조가 하나의 더 큰 게이지 상호작용에서 출현할 수도 있지 않을까 생각했다. 더 큰 대칭만 있으면 해결되었다. 그들은 수학책들을 샅샅이 훑어서 세 상호작용을 다 통합할 수 있는 가장 단순한 대상을 찾아냈다. 그들은 이 구조를 토대로 입자물리학 모형을 구축했다. 그들은 극도의 고에너지 상태에서 자연이 아주 높은 수준의 대칭을 보일 것이라고 보았다. 표준모형의 게이지 보손 12개(광자, 글루온 8개, W와 Z 보손)뿐 아니라, 추가로 극도로 무거운 게이지 보손 12개가 있다고 보았다. 그렇게 본다면, 이 대칭의 깨짐과 이 추가 게이지 보손들의 큰 질량은 힉스 메커니즘이 적절히 이행된 결과일 것이다. 이런 추가 게이지 보손은 (W처럼) 전하를 지니며, 색깔도 지닐 것이다. 그 결과 그들의 상호작용은 쿼크를 경입자로 바꿀 수 있다. 따라서 중입자 (그리고 경입자) 수를 위반한다. 위에 묘사한 방식대로 양성자의 붕괴를 일으킬 것이다.

이제 다음 질문이 나온다. 이 이론은 양성자의 반감기를 얼마라고 예측할까? 이 반감기는 무거운 게이지 보손의 질량에 아주 민감하게 반응한다. 질량을 10배 늘린다면, 반감기는 1만 배 커진다.

이 추가 게이지 보손은 극도로 무거워야 할 것이다. 강한 상호작용, 약한 상호작용, 선자기 상호작용의 세기를 알면 이런 보손의 질량을 계산할 수 있는데, 조지, 헬렌 퀸Helen Quinn, 스티븐 와인버그가 처음으로 계산 결과를 내놓았다. 그들은 그 질량이 양성자 질량의 약 10^{14}배여야 한다고 보았다. 따라서 양성자의 수명은 약 10^{27}년이라고 계산할 수 있다. 이 수도 흥미롭다. 물 100kg에는 약 10^{29}개의 양성자가 들어 있다. 따라서 그 정도의 물을 1년 동안 관찰할 수 있다면, 약 100개의 양성자가 붕괴하는 것을 본다고 예상할 수 있다. 5만kg(적당한 크기의 수영장을 채울 정도)을 관찰한다면, 1시간마다 몇 개씩 양성자가 붕괴하는 것을 목격할 수 있을 것이다!

물리학자들은 재빨리 바로 그런 유형의 실험 계획을 내놓았다. 중성미자 실험처럼 이런 실험도 성공하려면 우주선의 방해를 줄일 수 있도록 깊은 지하에서 해야 했다. 그렇게 해도 지구 깊숙한 곳까지 뚫고 들어오는 일부 우주선을 고려해야 하고, 자연 방사선으로 생기는 가짜 사건들도 염두에 두어야 했다. 미네소타의 오래된 철광산인 사우던광산에서 처음으로 실험이 이루어졌다. 깊이 약 700m의 지하에서였다. 그런데 양성자 붕괴는 전혀 관측되지 않았다.

그 뒤로 양성자 붕괴율의 예측값도 더 다듬어져왔으며, 현재는 10^{31}~10^{33}년이라고 추정하고 있다. 더 최근의 실험들, 특히 일본의 지하 약 1,000m에서 이루어진 슈퍼가미오칸데 실험은 이수준의 감도에 다다랐는데, 실험 결과 많은 이론이 틀렸다는 것이 드러났다.[1]

이 전체 과정에 이름을 붙여야 했는데 물리학자들은 우주의 중입자 비대칭 형성 과정을 **중입자 생성**baryogenesis이라고 한다. 중입자 수가 생성되는 것을 뜻한다. 대통일이론은 처음으로 명백하게 이 현상을 논의할 무대를 마련했다. 사하로프의 세 조건으로 돌아가자면, 우리는 대통일이론이 중입자 수 위반을 예측한다고 말했다. 또 CP 위반을 통합하는 쪽으로 구축되어 있다. 표준모형에서 관찰된 CP 위반을 설명해야 하기 때문이다. 따라서두 조건은 거의 자동적으로 도출된다. 그렇다면 평형에서의 이탈, 시간의 화살은 어떨까?

우주의 팽창은 시간의 화살을 제공한다. 시간이 흐르면서 우주가 커지고 식어가기 때문이다. 그러나 이를 더 미시적인 수준에서 대통일이론의 입자들에서 벌어지는 일과 연관 지을 필요가있다. 대통일이론에서 중입자 생성에 주된 역할을 하는 것은 아주 무거운 게이지 보손으로, 종종 X와 Y라고 불린다. 중입자 수위반이 나타나는 이유는 이들의 상호작용 때문이다. 이 입자들은 아주 무겁기 때문에, 이들의 행동은 시간의 화살과 연결된다. X와 Y 입자는 반감기가 10^{-40}초로서 **지극히** 불안정하다. 따라서 거의 생성되자마자 붕괴한다. 우주가 극도로 뜨거울 때, 전형적인 입자의 에너지가 X와 Y 입자의 mc^2보다 더 클 정도로 뜨거울 때에는 이런 보손을 생성하는 반응이 자주 일어나며, 붕괴하자마자 새로 생겨난다. 그러나 온도가 낮아짐에 따라서 보손 생성은 멈추어지고, 이 아주 무거운 보손들은 붕괴하여 사라진다. 이 과정을 상세히 살펴보면, 관찰된 것에 상응하는 중입자 비대칭을 쉽게 얻을 수 있다.

중입자 생성의 다른 배경

대통일이론의 중입자 생성은 맞는 이야기일 수 있다. 그러나 회의적으로 볼 이유도 몇 가지 있다. 첫째, 우리는 대통일이론의 결정적인 증거를 아직 찾아내지 못했다. 양성자 붕괴 말이다. 둘째, X와 Y 보손이 많이 있었을 정도로 우주가 뜨거웠던 적이 과연 있었는지 의구심을 품을 만한 이유가 있다. 12장에서 보게 될 인플레이션 이론은 빅뱅 이후 1초가 되기 한참 전의 기간을 설명하는 데 성공한 모형이다. 우주가 단기간에 아주 빠르게 팽창했다고 말하는 모형이다. 인플레이션이 끝났을 때 우주의 시계는 다시 째깍거리기 시작했는데, 이 시기에 우주가 X와 Y 보손을 생성할 정도로 뜨거웠을 가능성은 적다.

다른 가능성도 있다. 한 가지 좀 놀라운 가능성은 중성미자의 질량과 관련이 있다. 앞서 말했듯이 표준모형은 중입자 수뿐 아니라 경입자 수도 보존된다고 본다. 그러나 중성미자의 질량은 거의 확실히 경입자 수를 위반한다. 아주 초기의 우주에서 이 경입자 수 위반은 중요했을 것이다. 경입자의 생산 총량을 결정했을 수도 있다. 엇호프트가 발견한 중입자 수를 위반하는 효과도 경입자를 중입자로 바꿀 수 있다. 따라서 이 과정도 중입자 수를 증가시킬 수 있는 또 한 가지 방법이다. 이런 개념들을 **경입자 생성**leptogenesis이라고 한다. 경입자 생성은 특히 관심거리인데, 앞으로 10년 사이에 중성미자 실험을 통해서 직접적으로 관련된 정보를 얻을지도 모르기 때문이다. 첫째, 운이 좀 따라준다면, 우리는 경입자 수 위반이 어떻게 생기는지 알려줄 증거를 얼마간 얻을 수도 있다. 둘째, 우리는 중성미자에서 CP 위반을 측정할 수도 있다. 이는 중입자가 이런 식으로 생성된다는 것을 확인하기 위해서 우리가 알아야 하는 사항의 일부일 뿐이지만, 어느 정도 정황 증거를 제공할 수 있다.

또 다른 가능성도 있다. 나는 경입자 생성과 대통일 중입자 생성 둘 다를 연구해왔지만, 내가 개인적으로 선호하는 이론은 다른 것이다. 즉 내가 들려주고 싶은 이야기는 따로 있다. 교수실로 이론물리학자가 되겠다는 희망을 품고 새 대학원생이 찾아오면, 나는 적어도 어느 정도는 그들의 의욕을 꺾어야 한다는 의무를 느낀다. 나는 이 분야가 경쟁이 극심하며 대학교나 국립연구소에 자리를 얻을 확률이 그리 높지 않다고 설명한다. 또 자리를 잡는다고 해도, 이 분야에 중요한 기여할 가능성도 높지 않다고 말한다. 대개 이렇게 말한다. "과학사에 각주라도 남길 수 있을 정도가 되려면 아주 운이 좋아야 해." 그런 뒤에 안드레이 사하로프의 회고록에 실린 각주를 자랑스럽게 언급할 때도 있다. 내가 이언 애플렉Ian Affleck(나중에 브리티시컬럼비아대학교로 가서 저명한 응집물질물리학자가 되었다)과 함께 내놓은 메커니즘이 언급된 대목이다. 그 개념은 자연에 새로운 대칭이 있을 가능성에 토대를 두며, **초대칭**이라고 한다. 초대칭은 뒤에서 다룰 것이다. 여기서는 그 메커니즘의 가장 놀라운 특징이 극도로 효율적이라는 언급만 해두기로 하자. 그래서 종종 너무나 많은 중입자를 생성하곤 한다.

따라서 물리학자들은 물질과 반물질의 비대칭이 어떻게 생기는지를 설득력 있게 설명하는 개념 몇 개를 지니고 있다. 이제 이런 질문이 나올 것이다. 그중에 하나가 옳다고 할 때, 어느 것이 옳은 설명인지 어떻게 알아낼 수 있을까? 현재로서는 하늘을 관측함으로써 이런 개념들을 검증할 방법이 있다는 말을 할 수가 없다. 증거들은 간접적일 가능성이 높다. 대통일 중입자 생성의 증거는 양성자 붕괴를 발견함으로써 나올 수 있다. 경입자 생성의 증거는 중성미자와 그 특성을 더 깊이 연구함으로써 얻을 수 있다. 애플렉-다인 중입자 생성의 증거는 초대칭을 발견함으로써 얻을 수 있다. 아무튼 나는 우주에 왜 아무것도 없는 대신에 무언가가 있는지를 정확히 알게 될 날이 오기를 바란다.

9장

'큰 수 문제'

오늘날 우리는 으레 아주 큰 수를 접한다. 정치 쪽에서는 미국 정부의 예산 같은 수가 그렇다. 약 5조 달러, 내가 주로 쓰는 방식으로 표현하면 5×10^{12}달러다. 극도로 큰 수다. 1달러 지폐로 5조 달러를 센다면, 1만 년 넘게 걸릴 것이다. 1초에 한 장씩, 잠도 자지 않고 먹지도 않은 채 센다고 할 때 그렇다. 지구 인구(약 60억 명)도 큰 수이고, 하루 인터넷 검색 횟수(약 60억 번, 세계 인구 1명당 1번)도 큰 수다.

자연에는 우리 10의 거듭제곱의 큰 쪽에 속한 거대한 수도 있고 작은 쪽에 속한 아주 작은 수도 있다. 관측 가능한 우주는 약 130억 광년까지다. 빅뱅 이후로 흐른 엄청난 시간에 상응하는 엄청난 거리다. 그에 따른 부피도 엄청나며, 우리가 자연에서 접하는 더 작은 것들에 비추어보면 더욱더 그렇다. 예를 들어, 그

부피 안에는 중성자가 약 10^{100}(1구골googol)개 들어갈 수 있다.*
사람의 몸은 평균 약 5×10^{25}개의 원자로 이루어져 있다. 전형적
인 별에는 약 10^{55}개의 원자가 들어 있다. 앞 장에서 우리는 우주
에 있는 물질의 양을 약 10^{-10}, 즉 100억 분의 1이라는 아주 작은
수로 특정할 수 있다고 말했다. 우리의 존재 자체는 이런 많은
수의 우연성에 달려 있다. 우리가 지금 여기서 관측하고 있다는
점을 고려할 때, 우주의 나이는 지금보다 훨씬 더 크거나 작을
수가 없다(차수라는 관점에서). 사람은커녕 은하와 별조차도 빅뱅
으로부터 10억 년이 흐르기 전에는 형성되지 않았을 것이고, 앞
서 말했듯이 첫 세대의 별들이 없었다면 우리를 만드는 데 필요
한 무거운 원소들도 생기지 않았을 것이다. 우주는 현재 생명을
지탱하는 우주보다 훨씬 더 오래되었을 리가 없다.

이런 수 중 일부는 자연법칙에 나오는 좀 제정신이 아닌 듯한
몇몇 수들과 관련이 있다. 별이 생기는 데 걸리는 시간은 우리
가 잘 모르지만 우주의 아주 초기 역사를 결정한 법칙들과 관련
이 있다. 반면에 별의 크기는 우리가 이해할 수 있는 것이다. 별
은 물질을 끌어당기는 중력과 서로 밀어내는 원자들(사실은 이온
화한 원자 즉, 원자핵과 전자) 사이의 힘이 균형을 이루면서 생긴다.

---

* 인터넷 검색 대기업의 이름은 이 수학 용어를 잘못 적은 것이라고 한다. 구골은 아
인슈타인 이론에서 가능한 우주론이 무엇인지를 연구했던 수학자 에드워드 캐스
너Edward Kasner의 어린 조카딸이 제시한 용어다. 그런 기업을 출범시킨 부류들은 더
욱 큰 수인 구골플렉스googolplex도 제시한다.

태양의 양성자와 전자는 원자를 이루기도 하지만, 그에 못지않게 서로 떨어져 있을 때도 많다. 원자에서 양성자와 중성자 사이의 전기력은 중력보다 약 10^{43}(1조×1조×1조 이상)배 세다. 태양은 원자보다 부피가 약 10^{56}배 크다. 따라서 정확히 똑같지는 않을지라도, 이런 거대한 수들 사이에 어떤 관계가 있지 않을까 하는 생각이 들 수도 있다. 그리고 실제로 그렇다. 별은 중력이 우리가 관측한 값보다 더 약하다면 더욱 컸을 것이고, 중력이 더 강하다면 더 작았을 것이다.

자연의 상수들은 시간이 흐르면서 값이 변할까?

양자론을 확립하는 데 중요한 역할을 했고 반물질의 존재를 예측했던 폴 디랙은 이런 수들 중 일부가 매우 수수께끼 같다는 점을 아마 처음으로 눈여겨본 사람일 것이다. 그는 이를 '큰 수 문제large number problem'라고 불렀다. 우리는 한편으로는 아주 큰 수와 다른 한편으로는 아주 작은 수를 다루고 있으므로 좀 성가시다. 그럴 때에는 아주 작은 수의 역수를 취함으로써 아주 큰 수처럼 생각할 수도 있다. 그러면 그런 수들을 모두 한 묶음으로 다룰 수 있다.

디랙은 이런 큰 수들 중 일부가 우주의 나이와 관련이 있지 않을까 추측했다. 예를 들어, 중력의 세기는 시간이 흐르면서 점점 작아질 수도 있다. 지금 우주는 쿼크들이 결합하여 핵을 이루기에 딱 맞는 온도에 다다랐을 때보다 나이가 약 10^{38}배 많다. 따라서 아마도 그 시기에 양성자 사이의 중력은 전기력과 핵력만큼 강했을 것이고, 그 뒤로 우주가 나이를 먹어가는 속도와 거의 들어맞는 속도로 약해져 갔을 수도 있다.

그러나 이 설명이 맞지 않는다는 증거가 많이 있다. 첫째, 우주가 훨씬 뜨거웠을 때(우주의 나이가 약 10만 년이 된 재결합 시기의 온도나 빅뱅 후 약 3분이 지났을 때인 핵합성 시기의 온도) 중력의 세기가 지금과 거의 같았다는 관측 증거들이 많이 있다. 또 디랙의 설명이 옳다면, 다른 힘들의 세기도 시간이 흐르면서 변할 것이다. 그러나 그렇지 않다는 증거가 많이 있다. 지구 역사에서 오래전에 일어난 한 사건도 그렇다는 것을 보여주는, 극적이면서 놀라운 증거가 된다. 20세기 중반에 가봉에 있는 오클로 우라늄광산은 한 프랑스 기업이 운영했다. 우라늄이 무기와 발전 양쪽으로 쓸 수 있으므로, 그 채굴 회사는 U^{235}의 매장량이 얼마나 되는지 현황 파악을 해야 했다. 그런데 1972년에 정상보다 조금 더 적다는 발표가 나왔다. 빼돌렸거나 도둑맞았을 가능성을 우려한 프랑스 원자력위원회Commissariat à l'Énergie Atomique, CEA는 조사에 착수했고, 약 18억 년 전에 이 매장된 우라늄이 일종의 자연 발생 원자로 역할을 하는 바람에 그만큼 줄어들었다는 결과를 얻었다.

(양자전기역학을 논의할 때 만난) 프리먼 다이슨은 오클로 현상이 그 자체로도 흥미롭긴 하지만 물리법칙에 들어 있는 특정한 수들이 17억 년 전과 지금이 같은지 여부를 파악하는 데에도 쓸 수 있다는 것을 알아차렸다. 핵물리학자들은 이런 반응을 아주 상

세히 조사함으로써, 그 사이의 기간에 자연의 몇몇 상수들에 기껏해야 극도로 미미한 변화만이 일어났다는 것을 밝혀낼 수 있었다. 따라서 시간이 흐르면서 상수가 변할 것이라는 디랙의 개념은 매우 흥미롭긴 하지만, 대체로 외면당했다.

큰 수의 다른 설명들

자연법칙에 들어 있는 상수들 중에는 극도로 큰 수도 몇 개 있다. 꼭대기 쿼크는 질량이 전자의 $100,000(10^5)$배를 넘는다. 우리는 이를 타당하게 설명할 이론을 지니고 있지 않다. 중력의 세기는 훨씬 더 극단적인 사례. 막스 플랑크는 양자 가설을 내놓은 직후에 뉴턴의 법칙에서 말하는 중력의 세기를 질량이나 ($E=mc^2$을 통해서) 에너지로 변환할 수 있다는 것을 깨달았다. 좀 더 정확히 말하자면, 우리는 한 원자의 전자와 양성자를 서로 끌어당기는 정전기적 인력과 중력의 상대적 세기를 말하는 중이다. 전자와 양성자를 훨씬 더 무거운 입자로 대체한다면, 중력은 훨씬 더 강해질 것이다. 플랑크는 입자들이 표준 전하를 지니고 질량이 양성자의 10^{19}배라면, 두 입자 사이의 중력이 전기력과 같을 것임을 깨달았다. 이 엄청난 질량을 **플랑크 질량**Planck mass이라고 한다. 우리가 아는 모든 소립자에 비하면 큰 질량이지만, 손에 든다고 해도 그 입자의 무게를 과연 느낄 수나 있을지 모르겠다. 하지만 그 입자가 1,000개쯤 모이면 무게를 느낄 수 있을 것이다.

중력을 보는 이런 사고방식은 디랙의 큰 수 문제에도 적용할수 있다. 질문은 이런 식이 된다. 플랑크 질량은 왜 양성자 질량의 10^{19}배일까? 또는 왜 W이나 Z, 힉스 입자보다 약 10^{17}배 더 클까? 정말로 제정신이 아닌 듯이 큰 수다.

사실 첫 번째 질문은 우리가 이해한 강력의 관점에서 보면, 전혀 기이하지 않다. 양성자의 크기가 아주 작긴 하지만 그 이론에서 곧바로 도출되기 때문이다. 불확정성 원리에 따라서, 이 크기는 양성자의 질량과 관련이 있다.[1]

그러나 W 및 Z의 질량과 관련이 있는 힉스 질량은 더 어렵다. 문제는 표준모형에서 힉스 입자가 말 그대로 그냥 점, 무한히 작은 점일 뿐이라는 것이다. 따라서 불확정성 원리는 그 입자의 속도 그리고 에너지를 우리가 아예 알지 못한다고 말할 것이다. 에너지는 때로는 0으로 보이고, 때로는 엄청난 양으로 보일 것이다. 우리가 관측하는 것이 이 둘의 평균값이어야 한다면, 무한히 큰 값이 나올 것이다.

더 정확하게 해보려고 양자역학이 힉스 입자의 질량에 미치는 효과를 계산하려고 시도할 수도 있겠지만, 불확정성 원리의 논리에 따라서 무의미한 결과를 얻게 된다. 힉스 입자가 실제로 크기, 즉 어떤 내부 구조를 지닌다고 가정한다면, 더 타당한 결과를 얻을 수 있다. 그럴 때 힉스 입자의 크기가 더 작아질수록 질량의 양자 보정은 더 커진다. 질량의 보정이 질량 자체보다 더 커지지 않는다면, 힉스 입자의 크기는 적어도 양성자 크기의 약

1,000분의 1이어야 한다.

  디랙의 큰 수 문제에서 이 구체적인 사례(힉스 입자의 질량이 플
랑크 질량보다 아주 작다)는 계층 문제hierarchy problem 또는 자연스러
움 문제naturalness problem라고 한다. 나는 대학원생 때 레너드 서스
킨드의 강연에서 이 문제를 처음 들었다. 그는 앞서 핵력을 논
의할 때 말한 바 있는 물리학자 켄 윌슨이 이 문제를 제시했다
고 말했지만, 윌슨은 사실 이 문제를 진지하게 고찰한 적이 없었
다. 진지하게 다룬 사람은 스티븐 와인버그였는데, 그는 서스킨
드가 제시한 것과 비슷하면서 가능한 해법들을 살펴보았다. 서
스킨드는 유달리 불편한 방식으로 이 문제를 정식화했다. 그는
힉스 입자의 크기가 작아질수록 질량이 더 커지지만, 그 이론의
특징을 세심하게 (크기가 작아질수록 더욱더 세심하게) 조정함으로
써 보완할 수 있다고 했다. 크기가 플랑크 공식이 제시한 값인 약
10^{-32}cm라면, 소수점 아래 첫째 자리뿐 아니라 둘째, 셋째 등등
총 약 34자리에 이르기까지 두 수를 상쇄시켜야 한다. 나는 공식
을 너무 많이 적지 않으려고 애쓰고 있지만, 이것이 얼마나 불합
리한지를 보여주기 위해서 가상의 공식을 써보기로 하자. 힉스
입자의 질량은 다음과 같은 아주 비슷한, 두 수의 차이에 해당하
는 값이어야 할 것이다.

  5,378,443,281,965,748,315,889,724,792,162,335,814
  −5,378,443,281,965,748,315,889,724,792,162,335,262.

서스킨드는 이를 미세 조정fine-tuning의 문제라고 했다.

나는 엄청난 충격을 받았던 것으로 기억한다. 나는 어떤 전능한 존재가 다이얼을 아주 세심하게 돌려서 우리의 것과 같은 세계를 창조하려고 애쓰는 광경을 상상했다. 이는 불합리해 보였다. 레너드는 물리학계가 이 문제에 관심을 갖도록 촉구했다. 그는 해결책을 하나 제시했다. 아마 힉스 입자는 양성자와 비슷하지 않을까? 어떤 힘으로 함께 묶여 있는 몇몇 입자들의 속박 상태라는 것이다. 그는 쿼크들을 핵 안에 묶고 있는 '색력color force'에 빗대어 이를 '테크니컬러technicolor'라고 했다(어느 시점 이후에 태어난 독자는 테크니컬러가 영화를 흑백이 아니라 컬러로 만들기 시작했을 때의 초기 방식을 가리키는 이름이라는 사실을 모를 수도 있을 것이다. 레너드는 그 논문을 〈피지컬 리뷰〉에 제출했는데, 편집진이 상표권 침해 문제가 생길 수 있으니 명칭을 바꾸라고 했다며 투덜거렸다). 쿼크가 아니라 테크니쿼크techniquark가 글루온에 대응하는 테크니글루온technigluons을 통해 묶였다. 양성자와 마찬가지로, 속박된 대상은 크기가 유한하므로 미세 조정이나 자연스러움의 문제도 제거된다.

이 개념은 아름다우며, 나를 비롯한 많은 이들은 그것이 들어맞을 수 있는지, 어떤 실험을 예측하는지 알아내기 위해 많은 노력을 기울였다. 안타깝게도 그 개념으로는 쿼크와 경입자의 기존 실험 결과들에 들어맞는 모형을 구축하기가 어렵다는 사실이 곧 명확해졌다. 그럼에도 불구하고 그 개념은 아주 호소력을 지니며, 그 뒤로 여러 해 동안 '작은 힉스little Higgs'나 '비틀린 여분 차원warped extra dimension'(이는 리사 랜들의 2005년 책《숨겨진 우주

Warped Passages》의 주제이기도 하다)라는 조금씩 다른 형태로 부활하곤 했다. 유럽입자물리연구소의 대형강입자가속기에서는 이런 현상들의 증거를 찾기 위해 노력을 많이 기울이고 있지만, 지금까지 긍정적인 결과는 전혀 없다.

힉스의 질량 문제로 돌아가서, 이런 의문이 떠오를지도 모르겠다. 표준모형의 다른 입자들은 어떨까? 그것들도 점이지 않나? 힉스 입자와 같은 문제를 안고 있지 않을까? 답은 예 그리고 아니요다. 서스킨드는 세미나에서 이 질문에 답했다. 예를 들어, 전자는 일반 원리 때문에 질량을 작게 유지하기 위해서 상쇄시켜야 할 항들이 자동적으로 도출된다. 이는 그 이론이 질량에 맞서 싸우는 대칭을 지닌다는 사실에까지 거슬러 올라갈 수 있다.

사실 양자역학 초창기에 물리학자들은 바로 이 질문을 했으며, 답은 그리 명확하지 않았다. 파인먼을 비롯한 이들이 전자기의 양자론을 논의할 효과적인 기법을 개발하기 전, 볼프강 파울리Wolfgang Pauli는 학생인 빅토르 바이스코프Victor Weisskopf에게 이런 것들이 전자 질량에 얼마나 기여하는지 계산하는 문제를 맡겼다. 바이스코프가 처음에 계산했을 때에는 엄청난 값이 나왔다. 그때 다른 학생이 그가 실수를 저질렀음을 지적했다. 불확정성 원리 때문에 전자가 잠깐 동안 전자와 양전자 쌍처럼 보일 수 있다는 사실로부터 나오는 기여분을 제대로 고려하지 않았던 것이다. 전자 질량의 이 추가 기여분은 다른 기여분들을 상쇄하며, 원래의 전자 질량 중 아주 작은 비율만이 양자 교정으로 남는다. 이윽고 이 소거는 기본 대칭의 결과로 이해되었다. 강한 상호작용을 이야기할 때 말한 것과 비슷한 손대칭이었다. 바이스코프는 핵물리학 분야에서 중요한 기여를 함으로써 이론물리학계에 뚜렷한 발자취를 남겼고, 이윽고 유럽입자물리연구소의 사무총장이 되었다. 그러나 예전에 저지른 (중요하면서 교훈적이었던) 실수는 평생 그에게 후유증을 남겼고, 그가 다룰 문제를 선택하는 데 영향을 미쳤다.

견국 표준모형에서 이 계층 문제에 취약한 것은 힉스 입자뿐이다. 헤라르뒤스 엇호프트는 이 상황을 검토한 끝에 이를 원리로 격상시켰고, 거기에 '자연스러움naturalness'이라는 이름을 붙였다. 그는 모든 자연 이론이 큰 실수를 대칭으로 설명해야 한다는 의미에서 '자연스러워'야 한다고 주장했다. 테크니컬러는 이 특징을 지녔지만, 적어도 많은 추한 왜곡을 하지 않는 한 실험에 부합되지 않았다.

현재 많은 이론가와 실험자는 다른 방향으로 옮겨갔다.

초대칭이라는 수학적 아름다움

서스킨드의 테크니컬러 개념은 탁월하긴 하지만, 기본적으로 우리가 이미 아는 물리학의 복제판이었다. 아마 근본적으로 다른 무언가가 필요한 듯했다. 아마 어떤 새로운 종류의 수학이 필요할지도 몰랐다. 많은 이들에게 수학은 두려움의 대상이기도 하다. 어렵기 때문에 꼴 보기 싫을 수도 있고, 일상생활의 많은 것들과 동떨어져 있거나 차갑다고 느낄 수도 있다. 그러나 어떤 이들은 수학이 제기하는 도전을 즐기며 수학이 아름답다고 느낀다. 수학자 그리고 이 학문을 그냥 좋아하는 이들은 종종 수학을 인간사에 얽매이지 않고 절대 진리를 추구하는 것이라고 보곤 한다. 물리학과 수학은 복잡한 관계에 있다. 적어도 뉴턴 이래로 양쪽은 서로에게 자극제 역할을 해왔다. 미적분은 뉴턴 법칙을 이해하는 강력한 도구임이 증명되었고, 그 법칙의 추구가 미적분이 수학의 중요한 분야로 발달하는 데 기여하기도 했다. 물리학자, 특히 이론물리학자 중에는 고급 수학을 피하는 이들도 있다. 실험의 결과를 이해하려는 노력에 방해가 된다고 느끼기 때문이다. 반면에 수학을 애호하고, 과학적 흥미보다는 수학적 아름다움에 더 끌려서 어떤 문제에 매달리는 이들도 있다.

나는 양쪽 진영에 다 발을 걸치고 있다. 가장 짧은 거리와 가장 먼 거리 양쪽의 현상들을 이해하고 싶어서다. 수학, 특히 현대 수학은 매우 어렵지만 때로 내게 관심 있는 질문들로 나아가는 데 유용한 도구라고 본다. 하지만 나는 가끔 아름다운 수학에 끌린다고 고백해야겠는데, 때때로 바로 그것이 흥미로운 물리학으로 이어지곤 하기 때문이다.

나는 이 양쪽 사이에 걸쳐 있는 경향이 있지만, 현대 이론물리학 분야는 때로 서로 잘 지내지 못하는, 전혀 다른 두 진영으로 나뉜 것처럼 보이기도 한다. 그러나 역사를 살펴보면 양쪽의 균형을 이루는 것이 최선임을 짐작할 수 있다. 아인슈타인은 처음에 수학 분야의 중요한 발전 양상에 무지했기에 일반상대성이론을 정립하는 데 지장을 받았다. 당대의 위대한 수학자인 다비트 힐베르트는 수학적 도구를 지니고 있었지만 물리적 통찰력은 부족했다. 이윽고 아인슈타인의 영향 아래 물리학자들은 수학을 아주 많이 배웠고, 일반상대성이론을 통해 새로운 개념들이 수학의 세계로 유입되었다.

그 뒤로 이론가들은 수학의 많은 분야에 끌렸고, 때로 새 분야를 발전시키기도 했다. 초대칭이라는 개념을 통해 아름다운 수학이 도입되었고 갖가지 실험 계획들도 생겨났다. 실험 측면에서의 관심은 초대칭이 계층 문제를 푸는 데 어떤 역할을 할까 하는 생각에서 비롯되었다. 이론 측면에서는 처음에 이것이 새로운 수학 구조이기도 했고 초대칭이 중력의 양자론과 관련이 있을지 모른다는 희망 때문에도 관심을 갖게 되었다. 시간이 흐르면서, 이 수학은 지나치리만큼 풍성하다는 것이 드러났다. 순수수학과 물리 이론의 이해 양쪽으로 새로운 통찰을 낳곤 했다. 실험 쪽에서 보면 이 이론은 놀라운 예측을 내놓지만, 현재까지는 계속 실망만 이어졌다.

초대칭과 그 친척인 초끈이론은 그 세월 내내 그 분야의 방향이 너무 수학적이라고 우려하는 물리학자들의 공격 표적이었다. 나는 자연이 이 추가 대칭을 지닐 가능성이 압도적인 이유와 초끈이론이 왜 그렇게 사람들을 끌어들이는지를 명확히 이해시키고 싶다. 그런 한편으로 양쪽 분야에서 현재의 개념이 아마도 불완전할 것이고, 틀렸을 가능성도 꽤 높다는 점도 말하련다.

우리 중 일부는 엇호프트의 자연스러움 원리를 염두에 두고서 1980년대 초부터 최근에 발견된 새로운 유형의 대칭, 즉 초대칭의 관점에서 계층 문제를 해결할 수 있는지 살펴보았다. 초대칭이 엇호프트가 기술한 바로 그 방식으로 계층 문제를 풀 가능성이 있음을 알아차리면서다. 초대칭은 당시에는 좀 낯설었던, 신기한 유형의 대칭이다. 우리는 이미 동위원소 대칭과 그것을 머리 겔만이 일반화한 이야기를 한 바 있다. 이런 대칭은 다양한 종류의 쿼크들과 관련된 대칭이다. 초대칭은 자연에서 그것이 어떤 역할을 한다면 어느 면에서는 그런 대칭과 비슷하지만 어느 면에서는 다른 가상의 대칭이다. 우리가 아는 입자 하나하나 즉 쿼크, 경입자, 광자, 글루온 등을 아직 발견되지 않은 입자와 대응시킨다. 놀라운 점은 각 입자의 짝이 다른 스핀을 지닌다는 것이다. 따라서 전자는 스핀이 없지만 (힉스 입자처럼) 동일한 전하를 지닌 초전자selectron와 짝을 이룰 것이다. 광자는 전자처럼 스핀을 지니지만 전하가 없는 초광자photino(중성미자에 빗댄 이름)와 짝을 이룬다. 또 쿼크는 스핀이 없는 초쿼크squark와 짝을 이룰 것이다.

초대칭이 정확하다면, 각 입자는 초대칭 짝과 질량이 똑같을 것이다. 전자는 초전자와 질량이 같을 것이다. 그러나 그럴 수가 없다. 질량이 같다면, 전자가 초전자로 대체되고, 양성자와 중성자가 초대칭 짝으로 대체된 원자도 있어야 할 것이다. 그런 원자는 너무나 기이할 것이다. 스핀이 0인 입자는 배타원리exclusion principle를 따르지 않기 때문이다. 그 결과 주기율표도 전혀 달라질 것이다. 따라서 초대칭이 자연의 대칭이라면, 그것은 깨진 대칭이어야 한다. 사실 심하게 깨져야 한다. 그리고 바로 그것이 계층 문제를 푸는 데 필요한 것일 수도 있다. 힉스 보손의 주된 문제점은 질량이 **아주** 커야 한다는 것이다. 힉스의 질량을 줄인 다면, 표준모형은 대칭을 덜 띠게 되기 때문이다. 전자를 예로 들자면, 초대칭일 때 힉스의 질량에 서로 다른 기여분들이 있는 데, 깨지지 않은 정확한 초대칭이라면 이 기여분들은 상쇄된다. 힉스 입자의 질량은 늘어나지 않는다. 대칭이 깨진다면, 알려진 입자의 짝은 질량이 다를 것이고 상쇄가 완전히 일어나지 않겠 지만, 짝 입자의 질량 보정분은 질량 자체보다 작다. 앞서 기술 한 미세 조정의 관점에서 보면, 이 논리는 하나의 예측을 낳는 다. 초대칭 짝의 질량이 Z 입자의 질량과 그 값의 약 10배, 즉 양 성자 질량의 약 1,000배와의 사이에 놓여야 한다는 것이다. 우리 이론은 입자의 질량이 얼마나 되어야 하는지를 충분히 정확하게 또는 설득력 있게 예측하지는 않았지만, 자연스러움 원리는 대 형강입자가속기에서 이런 입자가 발견될 가능성을 강하게 시사 했다. 실험으로 무엇을 찾으려 했고 결과가 어떻게 나왔는지를 말하기 전에, 언급할 가치가 있는 초대칭 가설의 또 다른 두 가 지 특징을 살펴보자.

이 다수의 새로운 입자들을 예측하고 계층 문제를 풀 가능성 을 제시한 것 외에도, 초대칭 가설은 두 가지 더 극적인 예측을 했다. 첫째는 이 새로운 입자 대부분이 극도로 방사성을 띠리라 는 것이다. 터무니없을 만치 짧은 기간에, 즉 반감기가 대개 1조 ×1조 분의 1초에 불과한 시간에 붕괴하여 보통 입자를 더 많이 생성한다는 것이다. 반감기가 너무 짧기에 가속기에서 생성된다면 거의 광속으로 움직인다고 해도 1조 분의 1cm도 못 갈 것이다. 다시 말해, 가속기에서 생성된 바로 그 지점을 거의 떠나지도 못할 것이다. 그러나 한 입자는 다를 것이 틀림없다. 다른 모든 새로운 입자들보다 더 가볍고, 더 안정할 것이 틀림없다.[2] 그 입자는 전하를 지닐 것이 틀림없고, 중성미자처럼 다른 입자들과 사실상 상호작용을 거의 안 할 것이다. 이 아주 안정한 입자를 **'가장 가벼운 초대칭 입자**lightest supersymmetric particle', 줄여서 LSP라고 한다.

두 번째 예측은 강한 상호작용, 약한 상호작용, 전자기 상호작용의 세기가 결합 상수coupling constant, couplings라는 세 숫자에 좌우된다는 것이다. 이 수들은 서로 독립적이다. 또 교과서 뒤쪽에 으레 표로 실리는 값에 속하며, 학생들 그리고 물리학자의 대다수가 그다지 질문하지 않는 것들이다. 그러나 조지와 글래쇼가 제시한 가설의 연장선상에서 이 힘들이 아주 짧은 거리나 아주 높은 에너지에서 통일된다고 가정한다면, 우리는 전자기와 약한 상호작용의 결합 상수를 알고 있으므로 강력의 세기를 예측할 수 있다. 초대칭 가설이 있고 없음에 따라서 전혀 다른 결과가 나온다. 사실 큰 수 문제를 초대칭으로 해결할 생각을 처음으로 했을 당시에는 결합 상수의 값이 제대로 측정되지 않은 상태였고, 초대칭을 상정하여 계산한 값은 실험 결과와 들어맞지 않았다. 그 뒤로 대형강입자가속기의 전신인 대형전자양전자충돌기Large Electron-Positron collider, LEP에서 더 정확한 측정이 이루어지면서 상황이 변했다. 양쪽이 인상적인 수준으로 일치했고, 지금도 그렇다.

여기서 두 가지 중요한 질문이 나온다. 가속기에서 이런 입자를 생성하려면 얼마나 많은 에너지가 필요할까? 그리고 이런 입자들은 어떤 식으로 정체를 드러낼까? 첫 번째 질문, 즉 에너지가 얼마나 필요한가는 새 입자의 질량과 직접적인 관계가 있다($E=mc^2$을 통해서). 우리는 이들의 질량이 이떠힐 깃이라고 내강 생각하는 바가 있다. 초대칭이 힉스 입자와 연관된 계층 문제를 줄이거나 제거한다고 믿는다면, 힉스 입자는 자체 질량과 그리 다르지 않은 질량을 지녀야 한다. 위아래로 한두 차수 정도는 차이가 나도 괜찮다고 볼 수 있다. 다른 입자들이 붕괴할 때 잔해, 즉 붕괴 산물 중에는 언제나 안정한 LSP가 하나는 들어 있다. LSP는 중성미자와 아주 비슷하므로, 실험으로는 거의 검출하기가 어려울 것이다. 그냥 장치와 벽을 통과하여 날아갈 텐데, 그때 에너지도 함께 지니고 간다. 따라서 초대칭 입자는 독특한 명함을 남긴다. 몇몇 보통 입자를 생성하면서 많은 에너지가 사라지는 것이다. 이는 사실상 아주 독특한 실험 증거이며, 그래서 이 가설이 나온 뒤로 점점 더 높은 에너지를 써서 이런 입자를 찾으려는 실험이 이루어졌다. 앞에서 우리는 암흑물질 이야기도 했다. 이 새로운 안정적인 입자는 그 역할을 채울 좋은 그리고 이상적이라고 할 수 있는 후보이기도 하다.

초대칭이 계층 문제를 해결한다면, 이런 입자들은 대형강입자가속기에서 거의 확실히 검출 가능한 질량을 지녀야 할 것이다. 우리는 이런 새 입자들의 질량이 정확히 얼마인지 전혀 모르므로, 가능한 한 선입견을 지니지 않은 채 탐색하는 것이 중요하다. 그러나 질량을 안다면, 양성자 충돌 때 초대칭 입자가 얼마나 생성되고 어떻게 붕괴할지를 계산할 수 있다. 아직까지 대형 강입자가속기 실험에서는 초대칭의 단서를 전혀 찾아내지 못했으므로, 특정한 질량은 제외할 수 있다. 물리학자들은 이를 '초대칭 배제supersymmetry exclusion'라고 표현하곤 한다. 이렇게 질량에 제한이 가해지는 것에 초대칭 지지자들은 점점 인상을 찌푸리고 있다. (나를 포함한) 대다수는 초대칭이 존재한다면 지금쯤 어떤 징후가 관측되었을 것이라고 예상하기 때문이다.

계층 문제를 설명하는 다른 개념들도 더 나을 것이 없다. 새로운 현상들을 알려줄 어떤 단서가 머지않아 나올 수도 있겠지만, 자연스러움과 계층 구조에 관한 우리의 개념이 그냥 틀렸을 가능성도 있다. 대형강입자가속기는 점점 빔을 집약시키고 에너지를 높이면서 앞으로도 실험을 계속할 것이다. 어떤 미래가 나올지 지켜보아야 한다.

한편 이론가들에게는 초대칭이 다른 유형의 노다지임이 드러났다. 그것이 없었다면 어려웠을 양자장 이론에 관한 질문들을 이해할 수 있게 해주기 때문이다. 초대칭 이론은 유달리 분석을 쉽게 만들어주는 수학적 특성들을 지닌다. 이 깨달음은 몇몇 물리학자들이 표준모형의 손대칭 같은 대칭이 깨질 수 있는 방식을 이해할 방안을 찾다가 얻었다. 이 질문을 규명할 길을 연 사람은 에드워드 위튼이었다. 덕분에 이언 애플렉, 네이선 세이버그와 나는 그 문제에 달려들 수 있었다. 이 연구를 하다가 우리는 이 장 이론의 질문들을 종이와 연필만으로 풀 수 있다는 것을 깨달았다. 평범한 이론으로는 슈퍼컴퓨터를 써야 그나마 접근이 가능했던 질문들이었다. 세이버그와 위튼은 여기에서 훨씬 더 나아가서 이런 이론들 중 일부를 써서 쿼크가둠의 메커니즘까지 이해할 수 있었다. 이 연구는 엄청난 영향을 미쳤다.[3] 세이버그-위튼 논문은 인용횟수가 수천 번에 달한다. 초대칭은 자연의 새로운 법칙(나는 이를 근본 법칙이라고 말하고 싶은 유혹을 느낀다)이 어떤 형식을 취할까라는 근본적인 질문에 답하는 매우 강력한 도구로 남아 있다.

대형강입자가속기에서 나온 실험 결과들은 계층 문제를 풀 수 있는 물리학이 아직 우리 수중에 들어오지 않았음을 시사하지만, 한 수수께끼 같은 실험 결과는 어떤 새로운 현상이 곧 모습을 드러낼 것임을 예고하는 듯도 하다. 양자전기역학을 논의할 때, 우리는 전자 자기모멘트의 측정값과 이론 예측값이 놀라우리만치 일치했다고 말했다. 우리는 뮤온에도 같은 질문을 할 수 있다. 실험과 이론 양쪽의 값이 같을까? 여기서는 약간의 불일치가 있다. 측정값과 이론값은 비슷한 자릿수까지 알려져 있다. 즉 소수점 아래 약 10^{11}자리까지 같다. 즉 놀라우리만치 잘 들어맞는다. 그러나 마지막 자릿수는 계속 일치하지 않은 채로 남아 있다. 2000년에 브룩헤이븐국립연구소에서 믿어지지 않을 만큼 민감한 실험을 통해 나온 값인데도 그러했다. 이 수는 많은 주목을 받아왔다. 몇몇 이들은 계층 문제를 풀고자 하는 초대칭과 다른 시도에서 예상하는 새로운 유형의 입자들로 불일치를 **설명할 수 있지 않을까** 생각했다. 그 결과가 너무나 놀라웠기에, 시카고 인근 페르미랩의 물리학자들은 연구소의 뮤온 생성 장치를 이용하여 더욱 민감한 실험을 할 계획을 세웠다. 이윽고 브룩헤이븐의 장비 전체를 도로와 강을 건너 일리노이까지 옮기고 성능도 개선한 뒤 실험을 진행했다. 이 책이 완성될 무렵에 그 결과가 발표되었다. 이 하나의 숫자를 도출하는 분석에 미칠 인간의 편향 가능성을 고려하여, 데이터는 '가림 처리'를 했다. 다시 말해, 데이터를 연구하는 이들은 자신들이 어떤 값을 추출하고 있는 것인지를 정확히 모른 채 그 일을 했다. 그렇게 나온 최종값은 브룩헤이븐의 기존 측정값과 딱 들어맞았고, 이론 예측값과의 불일치를 무시하기는 더욱 어려워졌다. 개인적으로 나는 이것이 새롭고 흥분되는 물리학의 면모를 보여주는 일이기를 바라지만, 한편으로 나는 꽤 보수적인 사람이기도 하기에 표준모형 계산에 들어 있을지도 모를 한계를 검토하는 일에도 얼마간 노력을 기울이고 있다. 실험 결과가 달라질 것이라고는 기대하지 않는다. 사실 실험자와 이론가 모두 이 문제에 쏟은 노력은 영웅적인 수준이었다. 양쪽이 이 미미한 불일치를 무시하기를 거부함으로써 보여준 경이로운 수준의 과학적 고결함에 나는 경외심을 느낀다.

우주는 무엇으로 이루어져 있을까?

나는 천문학자들을 무척 우러러본다. UCSC에서 일하면서 얻은 기쁨 중 하나는 탁월한 천문학자들과 친구가 될 기회를 얻었다는 것이다. 그중에 내 동료 샌드라 파버Sandra Faber가 가장 유명한 편인데, 많은 발견을 했을 뿐 아니라 1993년 허블우주망원경을 구하는 일에도 앞장섰으며(1993년 12월 허블망원경의 결함을 보완하기 위해 첫 번째 교정임무가 수행되었다-옮긴이), 2013년 버락 오바마 대통령으로부터 국립과학훈장도 받았다. 내가 산타크루스로 자리를 옮긴 지 얼마 되지 않았을 때, 샌드라 파버와 나는 새너제이에서 열린 멋진 만찬 행사에 참석했다. 각자 자신의 배우자를 따라간 상황이었다(그녀의 남편은 변호사다). 주최 측은 우리를 어떻게 대해야 할지 좀 난처해하다가 함께 앉도록 해주었고, 덕분에 우리는 멋진 저녁 시간을 보낼 수 있었다. 우리는 과학을 주제로 많은 대화를 나누었다. 또 물리학과 천문학 분야를 비교하기도 했다. 샌드라 파버가 천문학자로서 얻는 보람은 어릴 때 했던 질문들을 평생에 걸쳐 계속할 수 있는 것이라고 말했던 것도 잘 기억하고 있다. 다만 질문의 형태가 점점 더 정교해질 뿐이라는 것이다. 우리는 사는 곳도 서로 가까웠기에, 여러 해를 지내는 동안 종종 카풀도 함께하곤 했다. 그녀는 아주 명석하며 어떤 분야든 간에 핵심 질문을 금방 파악한다. 그래서 나는 이런 질문들에 대답하면서 방어적인 입장에 서곤 했다. 왜 거기에 관심을 갖는 거죠? 왜 그 일을 하는 거죠? 왜 그 학생을 받아들이려는 거죠? 하지만 그녀는 동시에 내 중요한 응원군이기도 했다. 그리고 어느 여름에는 고등학교 학생들이 참가하는 모임에서 내 둘째 딸의 연구 자문가 역할을 해주기도 했다.

우리가 어릴 때 했을 법한 질문 중 하나는 이것이다. 우주는 무엇으로 이루어져 있을까? 1930년대에 과학자들은 우리 주변에 있는 물질의 기본 구성단위가 원자이며, 원자가 양성자, 중성자, 전자로 이루어져 있음을 이해했다. 그런 이해를 토대로 우리는 별 같은 상대적으로 무거운 천체들을 이해하는 쪽으로 나아갔다. 이런 입자들이 존재하는 거의 모든 것을 설명한다고 가정하는 것은 자연스러웠다. 그런데 사실은 그렇지 않다. 우주에 있는 물질의 대부분은 어떤 다른 형태로 존재한다. 바로 악명 높은 **암흑물질**이 그것이다.

천문학자들은 다양한 종류의 망원경으로 볼 수 있는 것들의 목록을 작성할 수 있다. 은하수에서 수십억 광년 떨어진 거리까지 내다볼 때 대부분은 별과 먼지(주로 수소 가스)라고 부르는 것이 차지한다. 이 모든 물질을 다 더하면, 우주가 얼마나 **무거운지** 어느 정도 감을 잡을 수 있다(답은 약 10^{52}kg 또는 파운드로서, 어느 단위를 쓰든 별 상관없다). 원자 10^{78}개의 질량에 해당한다.

그러나 우주에는 망원경으로 직접 볼 수 없는 것들도 있다. 최근에 과학에서 이루어진 가장 극적인 발견 중 하나는 태양계 바깥에 존재하는 행성이다. 많은 이들은 그런 외계행성을 발견했다는 말에 그리 놀라지 않을 것이다. 우리 태양계만 특별할 이유가 어디 있단 말인가? 지적 생명체가 존재할 수도 있는 행성까지 포함하여 다른 행성의 존재 여부는 과학소설이라는 장르가 등장할 때부터 흔히 쓰인 소재였다. 그런데 천문학자는 그런 천체를 어떻게 찾아낼 수 있는 것일까? 외계행성은 별과 달리 스스로 빛을 뿜어내지 않는다. 기껏해야 가까운 별에서 받는 빛을 조금 반사할 뿐이다. 지금까지 발견된 외계행성 중 가장 가까이 있는 프록시마켄타우리 b는 지구에서 4광년 떨어져 있다. 그 소량의 빛은 지구까지 오는 데 걸린 시간 동안 엄청나게 넓은 공간 전체로 흩어졌다. 지구에 도달한 빛은 몇 광년 떨어진 별에서 뿜어진 빛의 10억 분의 1에도 못 미친다. 직접 검출할 가능성은 전혀 없다.

대신에 이런 발견(현재까지 약 4,000개의 외계행성을 발견했다)을 낳은 주된 전략은 궤도를 도는 행성이 별에 미치는 효과를 살펴보는 것이다. 천문학자들은 민감한 장비를 써서, 이런 별의 운동에 생기는 미세한 흔들림을 관측하며, 뉴턴 법칙을 써서 주변을 도는 행성이 얼마나 무거운지를 파악할 수 있다. 처음에 발견된 것들이 목성만 한 커다란 행성들인 것도 놀랄 일이 아니다. 별을 가장 세게 끌어당기기 때문이다. 그러나 최근에는 지구만 한 행성들도 발견되고 있다. 우리는 의심할 여지 없이 행성이 흔하다는 것을 알았고, 생명이 살 수 있는 행성이 얼마나 있을지도 어느 정도 짐작하게 될 것이다.

나도 남들 못지않게 우주의 다른 어딘가에 지적 생명체가 있을지, 또 얼마나 가까이 있을지에 관심이 많다. 하지만 여기서 우리가 관심을 갖는 부분은 외계행성의 발견이 별과 은하의 운동을 관측한 뒤 뉴턴 법칙을 써서 그것들이 얼마나 끌어당겨지는지를 계산함으로써, 질량을 간접적으로 알아낼 수 있다는 사실을 보여준다는 것이다. 은하 같은 거대한 천체에서는 이런 연구가 더 일찍 시작되었다. 그런 관측을 개척한 천문학자는 프리츠 츠비키Fritz Zwicky였다. 그는 1898년 불가리아에서 태어나 스위스에서 공부했다. 1925년에 미국으로 와서, 거의 여생을 캘리포니아공과대학에서 천문학자로 일했다. 그는 중성자별과 초신성의 발견에 중요한 역할을 했고, 은하를 연구하여 목록을 작성했다. 그는 까다로운 인물이라는 평판을 얻기도 했지만, 인본주의자이기도 했다.

1930년대에 츠비키는 코마은하단에 있는 별들의 운동을 연구했다. 지구에서 약 3억 2,000만 광년 떨어진 곳에 있는 1,000개가 넘는 은하들의 집합인 이 은하단에는 100조 개가 넘는 별이 있다. 그는 눈에 보이는 별만으로는 별들의 빠른 운동을 설명할 수 없다는 것을 알아차렸다. 그들의 중력 자체만으로는 별들이 산산이 흩어지는 것을 막기에 부족해 보였다. 그는 은하단에 망원경으로 볼 수 있는 것보다 더 많은 물질이 있을 것이 틀림없다는 가설을 세웠고, 그것에 암흑물질이라는 이름을 붙였다. 흥미로운 내용이긴 했지만, 그 연구 결과를 놓고 오랫동안 회의론이 팽배했고, 코마은하단의 이 특징이 전형적인 것인지도 불분명했다. 사실 츠비키는 그 은하단 속 보통물질의 양을 상당히 과소평가했기에 암흑물질의 양을 과대평가한 셈이었다.

암흑물질이 은하에 존재하는 전형적인 물질이라는 설득력 있는 증거는 1970년대 말에야 등장했다. 베라 루빈Vera Rubin과 동료인 켄트 포드Kent Ford의 연구를 통해서였다. 1928년에 태어난 루빈은 성차별주의가 난무하던 시대에 활동한 여성 과학자로서 많은 난관에 직면했다. 앞 장에서 만난 네타 바칼은 프린스턴대학교에서 루빈의 동료였다. 그녀는 일화를 몇 가지 들려준다. 한번은 학과장이 곧 있을 학술대회에서 루빈이 참석할 예정임에도 루빈 대신 자신이 루빈의 연구 결과를 발표해야겠다고 주장했다. 그러자 루빈은 대꾸했다. "신경 꺼요. 내가 할 테니까요." 오랫동안 그녀는 여성이라는 이유로 팔로마산천문대(그곳의 전파망원경은 얼마 동안 세계 최대의 망원경이라는 명성을 누렸다)를 이용할 수가 없었다. 1960년대에 비로소 팔로마산천문대를 관측할 수 있게 되었지만 남성용 화장실만 있어서 곤욕을 치르기도 했다. 그럼에도 불구하고 그녀는 훗날 진행된 대규모 망원경 건설 계획에 자신의 이름을 올린 것을 포함해 많은 영예를 얻은 뒤 2016년에 세상을 떠났다. 루빈은 매우 비범한 제자들도 유산으로 남겼다. 내 동료인 샌드라 파버도 그중 한 명이었다.

현재 암흑물질의 증거는 은하에 있는 별의 운동뿐만 아니라 은하단에 있는 은하의 운동 그리고 더 간접적으로는 질량 때문에 별과 은하에서 지구로 오는 빛이 구부러지는 '중력 렌즈' 효과로부터도 얻는다. 아인슈타인 이론을 통해 우리는 질량을 지닌 더 친숙한 천체들이 보여주듯이 중력이 광선(광자)의 경로를 바꾼다는 것을 안다. 지구로 오는 별빛이 어떻게 왜곡되는지 연구함으로써, 천문학자들은 별들과 지구 사이에 보이지 않는 질량이 대량으로 있다는 증거를 찾아냈다. 암흑물질의 또 다른 증거는 우주에 있는 원소의 양과 우주마이크로파배경복사의 연구로부터 나온다.

우리는 암흑물질이 보통물질보다 약 5배 많다는 것을 어느 정도 확실히 안다. 암흑이란 말 그대로다. 그것이 무엇이든 간에 빛을 뿜어내지 않는다. 우리가 아는 것은 그것만이 아니다. 더 정확히 말하자면, 우리는 자신이 무엇을 모르는지를 안다. 우리는 암흑물질이 컴컴한 별이나 그 수를 세어보지 않은 행성이라는 형태로 있는 것이 아님을 어느 정도 확신한다. 그 문제를 연구한 실험들을 통해서 그런 가능성은 배제되었다. 앞서 말한 간접적인 관측들도 이 결론을 지지한다. (가벼운) 원소의 양과 우주마이크로파배경복사의 특징들이 그렇다. 그렇다면 암흑물질은 무엇일까? 어떤 새로운 유형의 소립자일 것이 거의 확실하다. 이 입자는 질량을 지녀야 한다. 암흑물질이 되려면, 이 입자는 현재 느리게 움직이고 있어야 한다. 그러나 전하를 지녀서는 안 된다. 전하를 지닌다면 우리는 말 그대로 그것을 볼 수 있을 것이다. 빛을 반사하고 방출할 것이다. 따라서 사실상 암흑물질은 보통물질과 상호작용을 거의 하지 않을 것이다. 중력으로 끌어당기는 것을 제외하고 말이다.

초대칭은 암흑물질을 설명할 수 있을까?

입자물리학자들이 초대칭에 그토록 관심을 갖는 이유 중 하나는 초대칭이 암흑물질의 한 후보를 (거의) 자동적으로 예측하기 때문이다. 초대칭 모형은 많은 새로운 입자를 요구한다. 적어도 기존에 알려진 모든 입자마다 새로운 입자를 하나 요구한다. 앞서 말했듯이, 전자가 있으면 초전자도 필요하다. 암흑물질 문제를 풀고자 할 때, 우리가 관심을 갖는 입자는 전기적으로 중성인 것이다. 광자의 짝인 **초광자**, Z 보손의 짝이자 좀 전문적이지만 그래도 좀 변덕스러운 이유로 **비노**bino 또는 **위노**wino라고 불리는 입자, 전자처럼 스핀을 지닌 중성의 힉스 입자인 **힉시노**higgsino가 그렇다. 또는 중성미자의 짝인 **초중성미자**sneutrino일 수도 있다. 스핀 없는 이 입자는 전기적으로 중성이며, 보통물질과 아주 약하게 상호작용한다. 그러나 정말로 중요한 점은 초대칭이 자연에서 어떻게 구현될지를 설명하는 대부분의 가설이 이런 입자들 중 가장 가벼운 것, **가장 가벼운 초대칭 입자**를 절대적으로 안정하다고 본다는 것이다. 즉 전혀 방사성을 띠지 않는다고 본다. 따라서 초기 우주에서 이런 입자들이 어떻게든 간에 딱 맞는 양으로 생산된다면, 그 입자들 중 가장 가벼운 것은 암흑물질의 역할을 하기에 딱 맞을 것이다.

더 일반적으로 말하자면, 이런 유형의 무거운 암흑물질 후보는 윔프WIMP라고 한다. 약하게 상호작용하는 무거운 입자Weakly Interacting Massive Particle의 약어다. 이 용어는 이런 입자가 대개 양성자보다 훨씬 무겁지만, 다른 유형의 소립자들과 상호작용을 하고 자신들끼리는 훨씬 더 약하게 상호작용을 한다는 개념을 담고 있다. 이 상호작용은 대개 중성미자의 상호작용만큼 약하거나 그보다 더 약하다. 그런데 진정으로 놀라운 점은 따로 있다. 기본 모형에 (그다지) 손대지 않아도, 초기 우주에서 이 입자들이 암흑물질로 관측된 양을 설명하기에 딱 맞는 정도로 생산된다고 나온다는 것이다.

앞서 살펴보았듯이, 탄생 초기에 우주는 극도로 뜨거웠다. 빅뱅으로부터 10만 년이 지났을 때에도 온도는 약 1만K이었다. 더 이전으로 갈수록 온도는 더욱 높았다. 여기서도 10의 거듭제곱을 써서 생각하는 것이 편리하다. 우주가 1만 배 더 어렸을 때, 즉 빅뱅으로부터 10년이 지났을 때, 온도는 약 100배 더 높았다. 즉 약 1,000만K이었다. 이 시기에는 원자들이 서로 아주 격렬하게 충돌하면서 전자들이 다 떨어져 나갔다. 우주는 이온과 전자의 플라스마 상태였다. 훨씬 더 초기, 즉 우주가 10^{20}(1조×1억!)배 더 어렸을 때, 입자의 전형적인 에너지는 엄청났다. 양성자의 mc^2의 약 1,000배였다. 전형적인 입자가 양성자 1,000개를 생산

할 수 있을 만큼의 에너지를 지녔다는 뜻이다. 또 윔프의 정지에
너지, 즉 mc^2보다도 컸다. 그 결과 입자들이 충돌할 때 윔프가 자
주 생성되었다. 이런 윔프는 다시 붕괴하거나 서로 부딪쳐서 소
멸하면서 고에너지 감마선이나 다른 입자를 생성할 수 있다. 광
자나 전자, 다른 입자를 많이 생산했을 것이다. 따라서 이 극도
로 뜨거운 플라스마에서는 윔프가 많이 있었다.

　이제 다음 질문은 이러하다. 시간이 흐르면서 우주가 식어갈
때 어떤 일이 일어났을까? 이윽고 쿼크와 경입자가 충돌해도 윔
프를 생성할 만큼 에너지가 충분히 나오지 않았다. 한편 윔프는
안정한 상태일지 모르지만, 다른 윔프와 충돌하여 소멸하면서
다른 형태의 에너지를 생성할 수 있었다. 우리는 이런 소멸이 얼
마나 자주 일어나는지 계산할 수 있다. 윔프의 대부분은 소멸했
지만, 남은 일부는 관측된 암흑물질을 설명하기에 딱 맞는 양일
수 있다. 전형적인 모형에서는 윔프 하나당 보통 입자들(쿼크, 글
루온, 전자, 광자)이 약 1,000억 개 있다는 의미다(1,000억은 지금까
지 지구에 태어난 인구수와 거의 비슷하다). 어떻게 알 수 있었을까?

윔프 검출하기

　에드워드 위튼은 지난 수십 년 동안 이론물리학계를 이끌어
온 인물에 속한다. 그는 비범한 지식인이다. 놀라우리만치 명석
하면서 늘 스스로에게 엄격하며 대단한 노력파이기도 하다. 대

부분의 사람들보다 수학적 재능이 아주 뛰어나고, 물리학의 단순한 개념적 문제에 초점을 맞추는 방면으로도 탁월하다.

내가 에드워드를 처음 만난 것은 대학생 때였다. 당시 나는 물리학 전공이었고 대학원에 가서 이론물리학을 공부할까 생각 중이었다. 몇몇 교수들은 몹시 회의적이었다. 한 명은 내게 이렇게 말했다. "그 분야에서는 천재들만 잘나가. 물리학자가 되겠다면 다른 전공을 택해야 해." 어느 날 신시내티에 있는 부모님 집에 갔는데, 옛 친구 이야기를 하셨다. 신시내티대학교의 물리학 교수인데, 아들이 이론물리학에 관심이 많고 얼마 전에 프린스턴대학교 대학원에 들어갔다고 했다. 한번 만나보고 싶니? 그래서 우리는 그를 저녁 식사에 초대했다. 식사가 끝날 무렵에, 나는 더할 나위 없이 우울해졌다. 이 물리학도는 지극히 쾌활한 성격에 나보다 훨씬 더 영리했고, 아는 것도 훨씬 많았다. 교수들이 내게 한 말이 옳았다. 어쨌거나 부모님 친구의 아들이 이렇게 명석하다면, 그 분야에는 그런 이들이 널려 있을 것이 분명했다. 나중에야 나는 이 사람, 즉 에드워드 위튼이 이 분야에서 가장 명석한 사람일 수도 있다는 것을 알아차리게 된다. 아무튼, 어리석은 행동이었겠지만, 나는 이론물리학을 하겠다는 마음을 굽히지 않았다. 나는 에드워드 그리고 그의 아내인 물리학자 치아라 나피와 좋은 친구가 되었다. 내가 그에게 이야기한 것 중 이따금 그의 흥미를 자극하는 것이 있었고, 덕분에 우리는 몇 차례 즐거운 공동 연구를 수행했다. 대개 위튼이 내 제안이나 주장을 비판하는 것으로 시작하곤 했다. 내 설익은 제안을 그가 가져가 보석으로 빚어낸 사례도 있었다. 또 나는 치아라와도 여러 번 공동 연구를 했다.

위튼은 지나치게 수학에만 초점을 맞춘다는 비판을 종종 받는다. 먼저, 그가 순수 수학에 인상적으로 기여했기에 그 말이 어느 정도는 맞다고 인정하지 않을 수 없다. 그러나 위튼은 물리학적 통찰력도 탁월하다. 1980년대 초에 그는 나를 비롯한 여러 사람에게 암흑물질을 연구하라고, 그것이 무엇이고 어떻게 검출할지를 연구해야 한다고 재촉하곤 했다. 나는 다른 문제들에 정신이 팔려 있기도 했고 솔직히 좀 게을러서 그 제안을 따르지 못했다. 1984년 위튼은 대학원생인 마크 W. 굿먼Mark W. Goodman과 함께 윔프를 검출할 실험을 논의한 선구적인 논문을 썼다. 그들은 그런 입자가 암흑물질을 이룬다면, 우리 주변에 널려 있으면서 우리와 지구 그리고 우리 연구실을 늘 지나다니고 있을 것이라는 말로 운을 뗐다. 그런 입자는 물질 덩어리를 관통하다가 전자나 원자핵과 충돌할 수 있다. 이런 충돌은 볼링공에 탁구공이 부딪치는 것과 좀 비슷하다. 윔프는 아주 무겁기 때문이다. 충돌할 때 윔프는 거의 방향이 바뀌지 않는 반면, 원자핵에 반동을 일으키는 형태로 약간의 에너지를 남길 것이다. 굿먼과 위튼은 좀 적긴 하겠지만 이런 에너지를 검출할 수 있을 것임을 깨달았다. 찌그러진 탁구공을 찾으면 되었다.

그 뒤로 수십 년 동안 굿먼과 위튼의 논문 그리고 그런 실험을 어떻게 구현할 것인지를 제시하는 여러 물리학자의 논문들을 토대로, 전 세계에서 암흑물질을 직접 검출하려는 실험들이 구상되었다. 이런 미량의 에너지 잔재를 검출한다는 개념은 매우 독창적이다. 세계 각국에서 정부 기관의 지원을 받아서 작은 시제품부터 크고 비싼 장치에 이르기까지 다양한 검출기가 진화해가고 있었다.

직접적인 검출 실험은 여러 난제에 직면한다. 첫째, 이따금 남는 작은 에너지를 탐색하는 것이기에, 장치를 우주선과 우주마이크로파배경복사로부터 차단할 필요가 있다. 따라서 앞서 논의한 중성미자 실험과 마찬가지로, 이런 실험 기기도 모두 깊은 땅속에 설치한다. 둘째, 미량의 에너지에 민감하게 반응하도록 검출기를 최적화할 필요가 있다. 규소, 게르마늄, 제논 같은 물질을 이용해서 다양한 검출 실험이 이루어졌다. 규소는 우리에게 친숙하다. 모래의 성분이자, 전자기기 기술에 쓰이는 기본 물질이다. 게르마늄은 규소의 친척이면서 더 비싸다. 화학 시간에 배운 내용을 기억할지 모르겠지만, 제논은 비활성 기체다. 희귀하면서 아주 비싸지만, 이런 연구에는 아주 좋은 재료다.

지금까지 이렇게 잘 설계된 실험들은 암흑물질을 전혀 발견하지 못했지만 예외일 가능성이 있는 것이 하나 있긴 하다. 암흑물질이 윔프로 이루어져 있다면, 그 입자는 놀라울 만치 무겁고 예상되는 것보다 보통 입자와 훨씬 더 약하게 상호작용한다는 것을 우리는 안다. 현재까지 암흑물질 탐색을 가장 한계 수준까지 이끈 검출기 중 하나는 CDMS다. 극저온 암흑물질 탐색Cryogenic Dark Matter Search의 약자다. 시제품은 스탠퍼드대학교 내에서 가동되었지만, 현재 미네소타 북부의 깊은 철광산인 수던광산에서 여러 해째 실험이 진행 중이다. CDMS와 그 후속 실험인 SuperCDMS는 규소와 게르마늄으로 만든 검출기를 극도로 저온에서 가동한다. 수천 분의 1K에서다(그래서 '극저온'이라는 이름이 붙었다). 초대칭 암흑물질을 지지하는 이들은 이런 실험들에서 검출에 실패하자 낙심했다. 다른 실험들도 마찬가지로 검출하지 못했다.

그런데 한때 한 실험에서 가능성이 엿보이는 신호를 검출했다는 소식이 들리기도 했다. 이탈리아 아펜니노산맥의 가장 높은 봉우리인 그란사소 지하에 판 고속도로 터널에 설치한 검출기로 한 실험이다. 이 놀라운 이탈리아 국립 연구 시설에서는 위쪽 1,400m 높이로 쌓인 암석이 우주선을 잘 차단한다. 이 DAMA 실험에서는 요오드화나트륨을 검출기로 이용하며, 개별 암흑 입자를 찾기보다는 연간 시기별로 암흑물질이 생산되는 양의 차이를 검출하고자 한다. 여기서 요점은 암흑물질 입자들이 상호작용하는 비율이 그들의 움직이는 속도에 비례한다는 것이다. 한 해 중 시기에 따라서 지구는 암흑물질 구름 속으로 들어가기도 혹은 멀어지기도 한다. 더 정확히는 우주가 지루해 보이는 규모 즉, 균질적이고 등방적인 규모에서 보자면 암흑물질 입자는 평균적으로 정지해 있다. 한편 궤도를 도는 지구는 이 구름에 상대적으로 움직인다. 따라서 한 해 전체로 보면 검출기가 암흑물질 입자를 더 많이 만나는 시기도 있고 더 적게 만나는 시기도 있을 것이다.

이 실험은 1990년대부터 죽 계속되고 있으며, 입자 수에 계절 변화가 있음을 관측했다. 그러나 이 결과를 놓고 많은 논란이 벌어졌고, 같은 그란사소 터널에서 제논을 써서 이루어진 다른 실험(그래서 제논 실험이라고 한다)에서는 모순되는 결과가 나왔다. 많은 이론가와 실험자가 이런 실험 결과들을 조화시킬 착상들을 내놓았지만, 아직 미해결된 상태다. 시간이 흐를수록 DAMA 결과를 다른 더 민감한 실험들에서 나온 부정적인 결과들과 조화시키기가 더욱더 어려워지고 있다.

암흑물질을 찾을 전혀 다른 전략이 하나 더 있다. **간접 검출** 방법이다. 암흑물질은 어디에나 있지만, 은하 사이의 공간보다는 은하를 중심으로 더 모여 있다. 암흑물질이 윔프로 이루어져 있다면, 물질과 반물질이 소멸하듯이, 이따금 서로 충돌하여 소멸할 것이다. 이런 충돌 때 다른 형태의 에너지들도 생길 것이다. 그중 상당수는 감마선 광자로 출현할 것이고, 그 광자 중 일부는 지구에 다다를 것이다. 지상이나 궤도에 적절한 검출기를 설치한다면, 이런 복사를 검출할 수 있지 않을까?

전형적인 윔프 질량을 고려할 때, 이런 광자의 에너지는 치과에서 쓰는 X선의 에너지보다 수억 배 더 클 것이다. 이런 사건이 일어날 가능성이 가장 높은 곳은 우리 은하에서 암흑물질의 농도가 가장 높은 지역, 바로 은하 중심이라고 예상된다. 천문학자들과 천체물리학자들은 은하 중심 근처에서 암흑물질의 농도를 대략 추정하고 있지만 불확실성이 크므로, 특정한 유형의 암흑물질에서 볼 것이라고 예상되는 광자의 수는 대강 추정할 수 있을 뿐이다. 그러나 많은 유형의 암흑물질에서는 그런 감마선이 대량으로 방출될 것이라고 예상한다.

　과학자들은 우주에서 오는 고에너지 감마선을 검출할 수 있는 장치들을 많이 설치했다. 2008년에 케이프 캐너버럴에서 발사한 페르미 위성도 그중 하나다. 페르미 위성은 우주에서 오는 광자의 에너지와 방향을 아주 정확히 측정할 수 있다. 더 앞서 띄운 이그렛EGRET 위성도 우주에서 오는 고에너지 감마선을 조사했지만, 페르미 위성은 훨씬 더 넓은 범위의 에너지를 감지하며, 감마선의 에너지와 방향을 더 정확히 파악할 수 있다. 이그렛 위성의 한 가지 중요한 임무는 감마선 폭발을 관측하는 것이었다. 감마선 폭발은 우주에서 일어나는 가장 밝은 전자기 사건이다. 페르미 위성은 이런 연구도 이어받았지만, 관측 범위가 훨씬 더 넓다.

　감마선 폭발은 그 자체가 아주 놀라운 현상이다. 이 현상을 처음 발견한 것은 천체물리학자나 천문학자가 아닌 미국 국방부다. 냉전이 정점에 달했던 때였다. 1967년 미국은 소련이 핵실험금지조약을 위반하는지를 감시하기 위해서 벨라Vela 위성을 발사했다. 이 위성에는 고에너지 감마선의 분출을 관측할 검출기도 실려 있었다. 처음에 그런 분출이 관측되자 핵 공격이 임박했다는 신호라는 우려가 퍼졌지만, 곧 그렇지 않다는 것이 드러났다. 관측이 되풀이됨에 따라서, 곧 위성이 관측한 신호가 깊은 우주에서 오는, 관측된 적이 없는 현상 때문임이 드러났다. 이그렛 위성이 관측을 시작하자, 그 폭발이 엄청난 에너지 분출을 수반하는 사건임을 깨달았다. 그러나 무슨 일이 벌어지고 있는지를 진정으로 파악하기 시작한 것은 페르미 위성을 쏘아 올린 뒤부터였다.

　페르미 위성에는 대단히 민감하고 성능 좋은 검출기가 실려 있으므로, 감마선 폭발뿐 아니라 다른 다양한 천체물리학적 현상들을 관측할 수 있었다. 또 암흑물질을 조사하는 것도 가능하다. 나는 산타크루스의 몇몇 동료들이 그 위성의 구상 단계부터 중요한 역할을 했다는 점을 자랑하지 않을 수 없다. 빌 앳우드Bill Atwood와 로버트 존슨Robert Johnson은 스탠퍼드대학교의 피터 마이컬슨Peter Michelson과 함께 주요 장치를 개발했다. 미국 항공우주국에서 이 계획의 과학 부문 책임자였던 스티브 리츠Steve Ritz는 나중에 산타크루스입자물리연구소Santa Cruz Institute for Particle Physics, SCIPP 소장이 되었다. 내 카풀 동료인 하트머트 새드로진스키Hartmut Sadrozinski와 테리 샤크Terry Schalk도 처음부터 핵심 역할을 했다.

　페르미 위성은 많은 발견을 했다. 암흑물질 측면에서 보자면, 데이터에 감질나는 변칙 사례들이 때때로 나타나긴 하지만, 관측한 감마선 신호들은 기존에 알려진 천체물리학적 과정들을 바탕으로 예상한 것들에 들어맞는다. 전 세계의 다른 나라들도 암흑물질 사냥을 포함한 임무를 지닌 위성들을 띄웠다. AMSAlpha Magnetic Spectrometer는 우주에서 양전자(반전자)를 찾고 있다. 맵시 쿼크를 발견한 실험을 이끈 소립자 실험자인 샘 팅이 이 연구를 이끌고 있다. AMS는 여러 가지 목표를 지닌다. 그중 하나는 우주의 먼 지역이 물질이 아니라 반물질로 이루어져 있는지 여부를 밝혀내는 것도 있다. 대다수 이론가는 그럴 가능성을 낮게 본다. AMS의 또 한 가지 임무는 암흑물질을 탐색하는 것이다. 암흑물질 소멸은 광자 한 쌍을 생성할 수 있을 뿐 아니라, 전자와 양전자 쌍도 생성할 수 있다. 이런 관측들을 통해 얻은 데이터에는 암흑물질과 관련이 **있을지도 모를** 약간의 변칙 사례들이 들어 있다. 여기서 항상 나오는 질문이 하나 있다. 이런 불일치, 예를 들어 AMS 데이터에서 양전자가 지나치게 많게 나오는 것이 암흑물질 소멸이 아니라 격렬한 천체물리학적 현상 때문이지는 않을까? 이 문제를 해결하기 위해 집중적인 연구가 이루어지고 있다.

액시온 암흑물질

암흑물질의 윔프 패러다임은 계층 문제를 생각하다가 자연법칙이 새로운 대칭을 드러낼 수 있다는 가설이 제기되면서 출현했다. 바로 초대칭 말이다. 새로운 입자로 계층 문제를 설명할 수 있다고 가정했는데, 공교롭게도 새 입자의 질량과 상호작용의 세기가 관측된 암흑물질 밀도를 설명하기에 딱 맞았다. 이 모든 것은 자동적으로 도출되었다. 이론을 수정하고 자시고 할 필요가 전혀 없었다. 참이라면 정말로 멋진 그림이 나올 것이다. 바로 이것이 초대칭 가설이 그렇게 오랫동안 많은 이들을 혹하게 만든 이유 중 하나였다. 그러나 지금은 예상했던 질량을 지닌 초대칭 입자들이 전부 다는 아니지만 대부분 배제된 상태다. 마찬가지로 예상한 질량을 지닌 윔프들은 직접 검출 실험에서 아직까지 검출되지 않았다. 절망하여 포기하기 전에, 암흑물질의 특성들을 딱 맞게 갖춘 암흑물질의 후보가 하나 더 있다는 점을 말해두자. 마찬가지로 자연법칙에 관한 원대한 의문 중 하나에서 도출된 것이다. **액시온**axion이라는 이 입자는 윔프만큼 오랫동안 많은 주목을 받아왔다.

우리는 강한 상호작용을 논의할 때 강한 CP 문제를 언급한 바 있다. 앞서 살펴보았듯이, 뉴턴 법칙은 시간 역전이라는 대칭을 지킨다. 하지만 중입자 생성 과정에서는 이 대칭이 약간 깨지는 것이 중요한 역할을 한다. 한편 강한 상호작용은 이 대칭을 지킨다는 사실이 잘 알려져 있고 앞서 논의했듯이 이 대칭은 CP라는 대칭과 연관되어 있다.

하버드대학교 실험가 노먼 램지Norman Ramsey는 1951년에 이 특성을 검사하는 아주 민감한 방법이 있다는 사실을 알아차렸다. 앞서 우리는 중성자가 양성자와 매우 비슷하다고 말한 바 있다. 질량이 거의 비슷하지만, 양성자와 달리 중성자는 전하가 없다. 그래서 중성자를 패러데이와 맥스웰의 전기장에 넣어도 아무 일이 일어나지 않을 것이라고 생각할지 모른다. 그러나 전하가 없다고 해도, 중성자는 전기장에서 당겨지거나 밀리는 전기 특성을 지닐 수도 있다. 어쨌거나 중성자는 쿼크로 이루어져 있고, 쿼크 자체는 전하를 지니기 때문이다. 따라서 비록 전기적으로 중성이긴 하지만, 적어도 중성자 안에서 쿼크들이 약간 분리되어 있는 만큼 전기장에 영향을 받을 것이다. 물리학자들은 이를 '전기 쌍극자 모멘트electric dipole moment'라고 부른다. 램지는 중성자가 대체로 자기 크기인 10^{-13}cm의 쌍극자 모멘트를 지닐 수 있다고 추론했다. 그러나 그는 시간 역전이 정확한 대칭이라면 쌍극자 모멘트가 숨겨진다는 것도 깨달았다. 첫 실험을 통해서 그는 모멘트가 있다고 한다면 단순히 추정한 값보다 적어도 1,000만 배 더 작을 것이라고 판단했다. 현재의 실험들은 이 모멘트가 존재한다면 그보다 1조 배 이상 더 작으리라고 말한다.

강한 상호작용 이론이 처음 제시되었을 때, 그것의 매혹적인 특징 중 하나는 이 사실을 자동적으로 설명하는 양 보였다는 것이다. 그러나 약한 상호작용 이론의 발전에 기여한 바 있는 헤라르뒤스 엇호프트는 그렇지 않다고 지적했다. 이유는 미묘하다. 당시 대다수 물리학자들에게 낯설었던 현대 수학이 약간 동원된다. 엇호프트는 우리가 그 이론의 방정식을 적을 때, 시간 역전 대칭을 위반하는 항을 추가할 수 있다고 설명했다. 이 항은 대개 그리스 문자 θ(세타)로 적는 하나의 값에 비례한다. 우주를 창조하면서 이 값을 무작위로 고른다면, 2라는 값이 나올 가능성이 높다.

20세기의 위대한 수학자 가운데 레바논 출신으로서 거의 평생을 옥스퍼드대학교에서 연구한 마이클 아티야Michael Atiyah와 MIT의 이저도어 매뉴얼 싱어Isadore Manuel Singer는 이 수학을 발전시키는 데 많은 기여를 했다. 1970년대에 싱어에게는 대니얼 프리단Daniel Friedan과 로저 슐래플리Roger Schlafly라는 두 박사과정 학생이 있었다. 한 명은 《여성성의 신화》를 쓴 저명한 여성운동가 베티 프리단Betty Friedan의 아들이었고, 다른 한 명은 최근 드라마

〈미세스 아메리카〉의 실제 인물인 유명 우익 활동가 필리스 슐래플리Phyllis Schlafly의 아들이었다. 프리단은 럿거스대학교 교수가 되어 끈이론의 주요 인사가 되었다. 프리단과 슐래플리는 같은 해에 박사 학위를 받았으며, 졸업식에 양쪽 모친이 다 참석한 듯한데, 그 자리에서 불꽃이 튀었는지는 확실히 알지 못한다.

아무튼 낯선 현대 수학을 적용해서 θ를 램지의 측정 결과와 어떻게 연관지을지는 불분명했다. θ가 정말로 어떤 역할을 할 것이라고 보지 않는 이들도 있었다. 여기서 내 친구인 에드워드 위튼이 다시 등장한다. 그는 중요하면서 정확한 실험 예측을 내놓았다. 그는 동료 연구자들과 함께 양자색역학이 관측된 강한 상호작용을 기술한다면, θ 값이 주어질 때 중성자 전기 쌍극자 모멘트를 믿을 만하게 계산할 수 있다고 주장했다. 그들은 θ가 이런 실험을 설명하는 것이라면, 그 값이 약 10억 분의 1보다 작아야 한다는 것을 보여주었다. 지금은 측정이 상당히 더 정확해졌고, 이 실수가 100억 분의 1보다 작아야 한다는 것이 드러났다. 그리고 앞으로 몇 년 사이에 이 한계는 더욱 내려갈 것이다(아니면 θ가 발견되거나).

이것이 그저 하나의 단순 사실에 불과한 것일 수도 있다. 하지만 배후에 더 깊은 설명이 있을 수도 있지 않을까? 어떤 메커니즘이 작용함으로써 θ가 자동적으로 지극히 작은 값을 지니게 될 수도 있지 않을까? 1977년 로베르토 페체이Roberto Peccei와 헬렌 퀸은 한 가지 가능성을 제시했다. 둘 다 스탠퍼드대학교에 있을 때였다. 그들의 해법은 새로운 대칭을 필요로 했고, 그 대칭은 현재 페체이-퀸 대칭이라고 불린다. 그러려면 표준모형의 최소 형태를 넘어서는 구조가 필요하다. 페체이와 퀸이 원래 제시한 이론에는 새로운 입자가 4개 있었다. 그러나 그들은 그 입자 중 하나가 필연적으로 아주 가볍다는 것을, 아마도 중성미자를 제외하고 기존에 알려진 모든 소립자보다 가벼워야 한다는 것을 알아차리지 못했다. 그 점을 간파한 것은 스티브 와인버그와 프랭크 윌첵이었고, 그들은 그 입자에 액시온이라는 이름을 붙였다. 그 이름은 학술 용어로 쓰이는 한편으로, 1960년대 말 열심히 광고한 세탁 세제의 이름이기도 했다(내 사무실에도 한 통 있다. 예전 박사후 연구원 한 명이 선물했다). 와인버그와 윌첵은 질량 및 다른 입자들과의 상호작용 세기 등 이 입자의 특성들을 조사했는데, 곧 기존의 많은 실험이 이 입자를 배제했다는 사실을 깨달았다.

페체이는 UCLA로 가서 표준모형의 현상을 계속 연구했으며, 교무처장을 역임하기도 했다. 퀸은 스탠퍼드대학교의 입자가속기 시설인 스탠퍼드선형가속기센터에 자리를 얻었고, 더 무거운 쿼크를 연구하는 일을 주로 했다. 그녀는 내가 그곳에서 박사후 연구원으로 일할 때 내 정신적 지도자였다. 그녀는 몇 년 전 스탠퍼드선형가속기센터에서 퇴직한 뒤, 초·중·고 물리 교육의 기본 체계를 개발하는 일을 맡고 있다. 미국 국립과학원 회원으로 선출되고 벤저민 프랭클린 메달(미국 펜실베니아주 필라델피아에 있는 프랭클린협회 과학박물관에서 수여하는 미국의 과학 및 공학 상-옮긴이)을 받는 등 여러 영예를 받았다. 페체이와 퀸은 2013년 미국물리학회의 사쿠라이상을 공동 수상하기도 했으며, 페체이는 안타깝게도 2020년 세상을 떠났다.

와인버그와 윌첵의 연구 이래로 액시온 개념은 여러 해 동안 잠든 상태로 있었다. 그러다가 이윽고 여러 연구자들은 페체이와 퀸의 개념에서 중요한 점은 모형의 세부 사항이 아니라 가벼운 액시온 그 자체임을 깨달았다. (박사후 연구원에 해당하는 연구원으로) 프린스턴고등연구소에 있을 때 나는 동료인 윌리 피슬러 Willy Fischler(당시 펜실베이니아대학교에서 연구소에 방문한 상태였다), 마크 스레드니키Mark Srednicki(당시 프린스턴대학교 박사후 연구원)와 함께 입자물리학계 최초의 초대칭 모형 중 하나를 만들고 있었다. 그런데 우리가 세우고 있던 모형에서 페체이와 퀸의 액시온과 비슷한 입자가 계속 나타났다. 우리는 곧 무언가 더 일반적인 양상이 있음을 깨달았다. 액시온이 원래의 모형에서보다 더 가볍다면, 그 상호작용도 더 약할 것이고, 가속기 실험에서 검출을 피할 것이다. 그러나 우리는 별에서는 이 입자에 다른 제약이 가해지리라는 것도 알아차렸다. 중성미자처럼 액시온이 별의 중심 핵에서 생성된다면, 대부분은 그냥 별을 통과해서 빠져나갈 것이며 그때 별의 에너지도 일부 지니고 간다. 사실 상호작용이 극도로 약하지 않다면, 액시온 방출은 별의 정상적인 과정들을 중단시킬 것이다. 가장 강력한 제약은 좀 별난 별에서 나온다. 적색거성, 백색왜성, 초신성에서다. 지구에서 맨눈으로 본 마지막 초신성은 SN1987a이다(Supernova 1987a의 약자로서, 발견자의 이름을 따서 셸턴 초신성이라고도 한다). 논문을 발표했을 때, 우리는 다른 학자들도 우리와 비슷한 생각을 갖고 이 '보이지 않는 액시온'의 다른 모형들을 내놓았다는 것을 알아차렸다.

나는 우리 연구에 처음에 좀 뿌듯함을 느끼는 한편으로 좀 당혹스럽기도 했다. 아무런 여파도 없을 수수께끼를 위한 변명거리를 하나 창안한 것 같았다. 그러나 윌리(현재 텍사스대학교에서 양자 중력을 연구하고 있고, 틈틈이 응급 구조사로도 일한다)는 이 입자가 초기 우주에서 어떻게 행동했을까 하는 문제를 들이밀면서 나를 재촉하기 시작했다. 이는 내게 새로운 영역이었다. 그 전까지 나는 우주론 문제를 한 번도 생각한 적이 없었다. 그러다가 아내가 한 대회에 참석하는 동안 브랜다이스대학교 물리학과에서 어정거리다가, 초기 우주에서 액시온이 힉스 입자와 비슷하게 모든 공간에 퍼진 장을 이루었을 것임을 알아차렸다. 힉스 입자와 달리 이 장은 빅뱅 직후에 요동쳤을 것이고, 긴 시간이 흐른 뒤에야 안정되었을 것이다. 피슬러와 나는 이 요동을 거의 모두 정지 상태에 있는 엄청나게 많은 가벼운 액시온 입자들의 집합이라고 볼 수 있다는 사실을 깨달았다. 윌리 덕분에 나는 액시온 질량이 딱 맞는다면, 이 액시온이 암흑물질일 수 있다는 것을 알아차렸다. 이윽고 윌리와 나만이 이 문제에 달려든 것이 아님이 드러났다.

스탠퍼드선형가속기센터에서 나와 함께 박사후 연구원 생활을 했던 피에르 시키비Pierre Sikivie와 래리 애벗Larry Abbott, 당시 하버드대학교에 있던 존 프레스킬John Preskill과 마크 와이즈Mark Wise, 앞서 만난 프랭크 윌첵도 같은 깨달음에 도달했다. 아주 약하게 상호작용하는 이 입자가 암흑물질이라면, 남은 문제는 명확했다. 검출할 수 있을까? 입자가속기에서는 검출이 안 될 게 분명했다. 극도로 약한 상호작용을 하기에 액시온은 아주 드물게 생성될 것이므로 가속기에서 생성될 가능성이 거의 없다. **설령** 생성된다고 해도, 검출이 거의 불가능할 것이다. 그러나 피에르 시키비는 우주에 이 입자가 아주 많이 있다는 점을 이용할 수 있지 않을까 생각했다. 어쨌거나 우리는 이 입자가 암흑물질이고 아주 가볍다고 가정하고 있으니까. 아주 강한 자기장에서는 암흑물질 액시온 중 일부가 광자로 전환될 것이다. 시키비의 계산은 암흑물질 액시온을 검출할 수 있을 만큼 아주 작은 광자 신호에 충분히 민감하고 충분히 큰 자기장을 갖춘 검출기를 만드는 것이 비록 쉽지 않겠지만 가능함을 보여주었다. 그리하여 장기적인 추진 운동이라고 할 만한 것이 시작되어 지난 몇 년 사이에 관심 대상인 액시온의 질량 범위까지 감지할 수준에 다다랐다. 실험은 노련하면서 결의가 굳은 물리학 연구진이 이끌어왔다. 가장 눈에 띄는 인물은 UC버클리의 카를 밴 비버Karl van Bibber와 워싱턴대학교의 레슬리 로젠버그Leslie Rosenberg다. 8개 기관에 속한 약 28명의 물리학자들이 공동으로 하는 이 실험은 ADMX라고 한다. 액시온 암흑물질 실험Axion Dark Matter Experiment의 약자다. 여러 해에 걸친 협력을 통해서 연구자들은 점점 더 강한 자석과 검출기를 만들어서 더욱더 미미한 광자 신호까지 검출해왔다. 경이로운 장치다.

앞서 윔프 소멸 때 나온다고 말한 감마선과 달리, 우리가 검출하고자 하는 광자는 파장이 아주 길다. 전자레인지의 복사 파장과 비슷하며, 에너지도 아주 낮다. 전략은 빈 공간, 기본적으로 전도성이 강한 물질로 만든 벽으로 둘러싼 상자 안에 그것을 포획하는 것이다. 이 공간을 만든다는 생각은 아주 창의적이다. 탐색 전략도 그렇다. 액시온의 질량은 그다지 잘 알려져 있지 않다. 즉 사전 정보 없이 실험을 하는 셈이다. 적어도 100배까지는 차이가 날 수 있다. 따라서 예상되는 마이크로파복사의 에너지도 정확히 알지 못한다. 그러니 이 탐색에서는 넓은 범위의 광자 진동수들을 아주 촘촘한 간격으로 훑어야 한다. 예전에 라디오의 다이얼을 아주 조금씩 돌리면서 약한 신호를 찾으려 애쓰는 모습을 상상해보라. 연구진은 체계적이면서 공들여서 탐색할 수 있는 실험 방법을 개발해왔다. 이 액시온 암흑물질 개념의 가장 단순한 판본이 만약 옳은 것이라면, 몇 년 안에 결과를 알 수 있을 것이다.

하지만 이 접근법이 과연 옳을까? 처음 연구를 할 때부터 피슬러와 나는 우리가 우주의 초기 역사에 관해 몇 가지 중요한 가정을 하고 있음을 알아차렸다. 좀 표준적인 가정들이긴 했지만, 결코 실험을 통해 검증된 적이 없는 것들이었다. 그중 가장 중요한 것은 우주가 한때 극도로 뜨거워 약 10^{25}K에 달했다는 가정이다. 그러나 우주가 이렇게 뜨거웠다는 실제 관측 결과는 전혀 없다. 우리가 실험을 통해 알아낸 것은 우주가 예전에 핵반응이 흔히 일어날 정도로 뜨거웠다는 것이다. 이는 약 10^{10}K의 온도에 해당하며 그 시기에 가벼운 원소들이 형성되었다. 논문에서 우리는 표준 우주론의 대안을 제시했다. 표준 우주론은 우주가 이보다 훨씬 뜨거웠던 적이 결코 없다고 보기 때문이다. 우리 모형에 따르면, 액시온은 훨씬 더 가벼울 것이다. 그러면 우주에 액시온이 훨씬 더 많이 있겠지만(암흑물질의 밀도는 같아야 하니까), 검출하기가 훨씬 더 어려울 것이다. ADMX 실험으로는 관측할 수 없을 것이다. 그 뒤로 그런 가벼운 액시온을 상정한, 더 꼼꼼하고 더 의욕적으로 개발된 모형들이 나왔다. 가장 놀라운 점은 끈이론이 그런 가벼운 액시온을 예측한다는 것이다. 또 이런 입자를 검출할 다른 전략들도 나왔다. 더 최근에 스탠퍼드대학교의 피터 그레이엄Peter Graham은 여러 이론가 및 실험자와 공동으로 한 가지 제안을 내놓았다. 그들의 개념은 별난 기술과 미묘한 물리학을 수반한다. 예비 실험이 현재 기획과 개발 단계에 있다. 그들이 이 흥분되는 가능성의 창문을 열 것이라고 기대하는 이들도 있다.

편견 없이 암흑물질 찾기

우리가 암흑물질에 관해 확실히 아는 것은 단지 이 물질이 얼마쯤 있다는 것과 보통물질과 거의 상호작용을 하지 않는다는 것뿐이다. 암흑물질은 아주 무거울 수도, 극도로 가벼울 수도 있다. CDMS와 제논1T(암흑물질 검출기로 알프스 산 아래 지하공간에 설치된 거대한 제논 통이다-옮긴이) 등에서 진행된 실험들이 아직 찾아내지 못한 윔프보다 훨씬 무거운 것일 수도 있다. 우리가 주장했듯이, 액시온과 비슷하지만 ADMX가 검출할 수 없는 훨씬 더 가벼운 무엇일 수도 있다.

초대칭 윔프와 액시온은 자연법칙에 관한 다른 큰 질문들에 답하다가 나온 것이라는 점에서 놀랍다. 그러나 이런 제안들이 큰 문제의 해답을 추정하는 능력을 자부하는 이론가들의 자신감이 반영된 것일 가능성도 꽤 있으며, 더 나아기 기의 그릴지도 모른다. 나는 여러 지면을 통해 액시온 개념이 강한 CP 문제를 설명할 최상의 방법이라고 주장해왔다. 그러나 여기에도 결함이 없지는 않다. 특히 ADMX가 폭넓은 질량 범위에서 액시온을 탐색해야 한다는 점이 그렇다. 초대칭 가설은 윔프 암흑물질을 탐색할 동기의 상당 부분을 제공했다. 그러나 앞서 말했듯이, 대형강입자가속기 실험은 초대칭 개념에 좌절을 안겨준다. 관측될 것이라고 예상하는 입자들이 아직 관측되지 않고 있어서다. 그저 운이 나빴을 뿐이고, 장비를 계속 가동하다 보면 언젠가는 초대칭의 증거를 발견할 가능성도 있다. 또 이 개념이 심하게까지는 아니고 약간 어긋난 정도이고 이 새 입자를 찾는 데 필요한 만큼의 에너지를 우리가 아직 내지 못했을 가능성도 있다. 윔프가 예상한 것보다 그저 조금 더 무거워서 검출되지 않았을 가능성도 있다. 그러나 우리는 윔프 암흑물질을 둘러싼 개념들을 대할 때 건강한 회의주의도 유지해야 한다.

자신감이라는 문제에서 한 걸음 물러나면, 이러한 정당한 물음이 가능하다. 이론물리학자들은 어떤 원리가 자연을 이끌어야 한다는 편견 때문에 더 깊은 지식으로 향하는 길을 스스로 막고 있는 것이 아닐까?

많은 이론가와 실험자는 암흑물질을 논의할 때 모든 편견을 버려야 한다고 주장한다. 우리가 모르는 것이 많다. 현재 우리를 성가시게 하는 수수께끼 중 어느 것에 꼭 매달려야 할 이유가 있을까? 암흑물질의 가능한 형태와 검출 전략을 목록으로 작성할 수도 있지 않을까? 가능한 질량과 상호작용 세기를 모두 다룬다는 것은 현실적으로 어렵겠지만, 폭넓은 가능성은 고려해볼 수는 있을 것이다. 그럼으로써 별난 기술을 이용할 방법을 모색하는 이론가와 실험자 간의 공동 연구가 많이 이루어졌다. 이론가인 내게는 건강하면서 가슴 떨리는 발전으로 다가온다.

11장

암흑에너지

아인슈타인의 중력 이론에서는 에너지가 시간과 공간을 구부린다. 별이나 블랙홀에 구부러진 시공간에서 행성과 광선은 직선에 가장 가까운 경로를 나아간다. 그러나 그 궤적은 주변 우주의 시공간에 따라 변형된다. 이런 효과가 정말로 나타나는지를 살펴본 것이 아인슈타인 이론을 처음으로 검증한 사례였는데, 대개는 아주 작은 변화를 관측한 수준이었다. 중성자별이나 블랙홀 같은 천체를 떠올리고 이윽고 발견한 것은 한참 뒤의 일이었다. 이런 무거운 천체 주위에서는 시공간이 극적으로 변한다. 최근에 블랙홀이나 중성자별이 충돌하면서 생긴 중력파를 관측함으로써, 우리는 시공간 자체가 왜곡되는 현상도 접했다.

아인슈타인은 우주 전체를 염두에 두고 시공간이 더욱 극적으로 변형되는 양상을 생각했다. 당시에 그는 공간을 구부리는 에너지가 별의 에너지라고 여겼다. 멀리 있는 은하는커녕 가까이에 은하가 존재한다는 것조차도 거의 알지 못했다. 아인슈타인의 우주 모형은 우주 자체가 시간이 흐르면서 팽창하기 때문에 시공간이 구부러진다고 본다. 따라서 모든 천체는 서로 멀어져 간다.

현재 우리는 이보다 훨씬 더 많은 사실을 알고 있다. 천문학자들과 천체물리학자들은 은하, 은하단, 초은하단으로 가득한 우주 지도를 작성해오고 있다. 은하 사이에는 주로 수소로 이루어진 대량의 가스가 퍼져 있다. 그리고 앞서 살펴보았듯이, 우주의 질량은 대부분 암흑물질이다.

다시 등장한 아인슈타인의 최대 실수

그러나 또 다른 유형의 에너지가 있을 가능성도 있다. 이 가능성은 처음부터 가공할 수준으로 어른거리고 있었다. 양뿐 아니라 시공간에 미칠 효과 면에서도 그러했다. 시간과 공간의 모든 점에 특정한 양의 에너지가 존재한다고 보면 그럴 것이다. 아인슈타인의 이론은 이를 허용한다. 바로 그가 우주상수cosmological constant라고 부른 것이다. 그는 처음에 시공간이 팽창한다는 개념을 회피하려는 목적으로 방정식에 이 상수를 추가했다. 그랬다가 앞서 말했듯이 허블이 우주가 팽창한다는 것을 발견하자, 아인슈타인은 이 우주상수를 버리려고 시도했다. 그 상수를 집어넣으려는 시도가 자신의 최대 실수라고 말하면서였다.

그런데 왜 그는 그것을 실수라고 생각했을까? 한 가지 확실한 것은 그가 우주상수 때문에 자신의 방정식이 지저분해 보인다고 생각했으며, 적어도 얼마 동안은 방정식이 우주 팽창을 가리키는 자료와 들어맞는지 그 여부가 불분명했다는 것이다. 그러나 자연법칙이 누군가의 미적 감각에 아름답게 보여야 할 이유는 전혀 없다. 그 누군가가 아인슈타인이라고 해도 마찬가지다. 아인슈타인이 양자역학에 그렇게 적대적이지 않았다면, 그는 우주상수를 괜히 제시했다고 후회하는 것이 아니라 왜 그 값이 크지 않은지를 붙들고 씨름했을지도 모른다. 우주상수가 아주 크다면 우주는 작은 공으로, 아마도 지름이 몇 km나 그보다 훨씬 더 작은 공으로 줄어들었을 것이다.

아주 작은 세계를 관장하는 양자역학과 우주만 한 규모를 다루는 이론 사이에 나타나는 이 충돌은 무엇을 의미할까? 여기서 문제가 되는 것은 불확정성 원리다. 불확정성 원리는 입자의 위치를 정확히 알고자 한다면 속도나 에너지를 정확히 알 수 없게 된다고 말하며, 따라서 빛이 진동할 수 있는 모든 방식을 알고자 한다면, 진동이 전혀 없는 사례는 알 수 없게 된다. 가능한 모든 진동, 즉 (라디오의 킬로헤르츠kHz와 같은) 가능한 모든 진동수는 반드시 약간의 에너지를 지닌다. 우리가 아는 한, 가능한 진동수의 개수는 무한하다. 따라서 우주는 어디든 간에 무한한 양의 에너지를 지녀야 한다는 결론이 나온다. 마찬가지로 기이한 점은 이 에너지가 음의 값을 지닌 압력과 함께 나온다는 것이다. 기이하긴 하지만 충격적이지는 않을 수도 있다. 우리 대다수(더 잘 알고 있어야 마땅한 내 동료와 학생 중 상당수도 여기에 속한다고 고백해야겠다)에게 압력은 아주 깊이 이해하고 있는 개념이 아니기 때문이다. 여기서는 풍선 안의 공기가 풍선 벽에 계속 부딪치면서 밀어대는 압력 덕분에 풍선이 쪼그라들지 않는다고 말하는 것만으로도 충분하다. 자동차 타이어도 마찬가지다. 반대로 기체가 벽을 빨아들이고 있다면 음압 상태다.

여기서 독자는 이렇게 물을 수도 있으며, 그 질문은 지극히 타당하다. 그렇게 어처구니없는 결과가 나온다면, 그냥 양자역학을 내던져야 하지 않나? 물리학을 배우는 모든 학생은 이 특징을 처음 접할 때 그런 질문을 한다. 그러나 교사와 교과서는 이 무한한 에너지가 아무런 결과도 빚어내지 않는다고 그들을 안심시킨다. 교사(나도 포함하여)는 이 문제를 그냥 제쳐둔다. 이 혼합물에 일반상대성을 덧붙이기 전까지, 광자, 전자, 양성자와 그밖의 모든 것은 전혀 방해받지 않은 채 이 에너지 수프 속을 돌아다니기 때문이다.

내 세대와 더 이전 세대의 교사들에게는 이 문제를 무시할 핑계가 하나 더 있었다. 일반상대성이론은 오랫동안 좀 어정쩡한 대접을 받고 있었고, 그것을 양자역학과 결합한다면 좀 수상쩍어 보일 것이 분명했다. 따라서 이 문제를 인식했을 때, 우리는 그냥 외면하는 쪽을 택했다. 굳이 생각해야 하는 상황이라면, 아마도 어딘가에서 어떤 다른 에너지가 나와서 이 에너지를 그냥 소멸시키겠거니 하고 그냥 넘어갔다.

나는 레너드 서스킨드가 떠미는 바람에 이 문제를 좀 일찍부터 직시해야 했다. 그는 이미 계층 문제를 소개하면서 내 세계관을 뒤흔든 바 있었다. 좀 더 뒤에 그는 미세 조정이라는 더욱 극단적인 문제를 내게 들이댔다. 멋진 산악 풍경에다가 엄청난 부를 자랑하는 유명 인사들의 집들이 자리한 콜로라도 애스펀에는 이론물리학자들이 여름에 모이는 작은 물리학 연구소가 있다. 대개는 약 3주 동안 지낸다. 정말로 아름다운 곳이다. 주중에는 일하고, 주말에는 걷거나 자전거로 주변 산을 오른다. 나도 박사후 연구원일 때 여름에 한 차례 방문했다. 친구인 윌리 피슬러와 레너드 서스킨드도 왔다. 나는 서스킨드가 내게 왜 우주가 이 작은 공으로 말려들어가지 않는지 물었던 것을 기억한다(그는 우주가 달만 한 크기로 줄어드는 것까지는 생각할 수도 있다고 했다). 내 평정은 깨졌다. 나는 알고 있는 지식을 총동원하여 적합한 우주를 만들기 위해서 변수들을 이리저리 조작하면서 소수점 아래 32자리까지가 아니라 100번째 자리까지 맞추려고 애써야 했다. 이제 계층 문제는 사소해 보이기 시작했다.

나중에 윌리와 나는 동료인 마크 스렌디니키Mark Srednicki와 함께 초대칭으로 계층 문제를 풀었다고 희망에 차 있었을 때, 이 문제도 풀면 좋겠다고 생각했다. 사실 이 관점에서 보자면 초대칭이 더 잘 들어맞는 듯했다. 초대칭이 깨지지 않는다면, 우주상수는 0일 수 있다. 다양한 입자들의 기여분은 상쇄될 것이다. 그러나 초대칭은 엄밀할 수가 없으며, 그럴 때에도 최소한 소수점 아래 60자리까지 상쇄가 이루어져야 한다는 사실을 깨달았다. 우리는 머리를 쥐어짜면서 이 수수께끼를 풀려고 애썼고, 해답이 가까이 있다고 상상했다.

그러나 해법을 추구하는 것과 별개로, 이 수수께끼에는 또 다른 측면이 있었다. 이윽고 우리는 그 수가 극도로 작아야 한다는 것을 알았다. 어쨌거나 우주는 아주 크니까. 따라서 우주상수는 아마도 그냥 0일 수도 있었다. 천문학자들이 지금처럼 오래된 우주에서 그런 것을 측정하고자 한다면, 거의 중요하지 않은 아주 미미한 값이 나와야 할 것이다. 왜 아니겠는가?

그러나 자연은 고개를 내저으려 하고 있었다.

우주가 어떻게 가장 오래된 별보다 더 어릴 수 있을까?

많은 이들처럼 나도 맞벌이 부부다(그리고 예전에는 아이들도 키워야 했다). 언제나 아내 직장 가까이에 집을 구해야 했으므로, 나는 늘 장거리 통근을 했는데 혼자 운전하면서 가는 것을 견딜 수 없었다. 혼자 자동차를 몰면 죄책감에 사로잡히기에, 앞서 말했듯이 대개 대중교통을 이용하거나 카풀을 한다. 비슷한 문제를 겪는 많은 이들에게 나는 이 통근 방식을 추천한다. 내 정서적 건강에 많은 도움이 되었고, 통근길이 그냥 버리는 시간이 아니라는 의미도 되었기 때문이다. 여러 해 동안 내 탄소 발자국도 상당히 줄었다. 조지 블루먼솔George Blumenthal은 여러 해 동안 내 카풀 동료였다. 그는 저명한 천문학자로서, 암흑물질의 이론 발전에 중요한 역할을 했다. 그리고 나중에 우리 대학교 총장이 되었다. 1990년대에 **그의 아내인** 법학 교수 켈리 와이스버그가 샌프란시스코에서 일을 하게 되어 우리 이웃이 되었을 때, 그들도 통근 시간의 균형을 찾으려고 애쓰고 있었다. 조지와 켈리의 자녀들은 우리 큰애와 둘째랑 나이가 같았고, 우리는 함께 차를 타고 출근할 때 자녀 이야기나 교내 정치 이야기를 하거나 아니면 한 가지 수수께끼 같은 문제를 놓고 토론하는 데 몰두했다. 아인슈타인 이론에서 우리가 보는 물질과 에너지(암흑물질도 포함하여)가 우주에 있는 전부라고 가정하고 현재 우주의 팽창 속도를 측정한다면 우주의 나이를 알 수 있다. 즉 빅뱅으로부터 얼마나 시간이 흘렀는지를 알 수 있다. 1990년대 중반에 허블상수를 측정하니, 우주의 나이가 약 90억 년이라고 나왔다. 하지만 이 값은 심각한 문제를 낳았다. 우주에 그보다 오래된, 약 100억 년 되었다고 알려진 구상성단globular cluster(적게는 수만 개, 많게는 수백만 개의 별이 매우 좁은 영역에 공 모양으로 묶여 있는 별들의 집단-옮긴이)이라는 천체들이 있기 때문이다. 매우 당혹스러운 일이 벌어진 셈이었다.

조지 블루먼솔은 내게 한 가지 해결책을 제시했지만, 나는 반박했다. 우주상수가 있다면, 우주의 팽창은 빨라진다(천문학자들의 표현에 따르면 가속이 일어난다). 이는 우주상수가 없다고 생각했을 때보다 과거에 우주 팽창 속도가 더 느렸고, 가속이 일어나지 않았다고 할 때보다 우주의 나이가 더 많다는 의미다. 많은 연구자들은 이것으로 나이의 모순을 설명할 수 있다고 지적했다. 그러나 나를 비롯한 많은 이들에게는 그러한 역할을 하기에 딱 맞는 크기의 우주상수를 상정한다면 엄청난 대가를 치러야 하는 것처럼 보였다. 그런데 우주상수를 고려해보려는 동기가 하나 더 있었다. 은하의 형성 연구로부터 비롯된 것인데, 산타크루스의 동료 조엘 프리맥Joel Primack이 내게 자주 이야기해준 것이기도 했다. 그는 여러 연구자들과 공동으로 은하가 어떻게 형성되는지 이해하고자 애쓰고 있었다. 그들은 그 연구를 시작할 당시에는 우주 역사의 대부분에 걸쳐서 우주의 에너지가 주로 물질 형태로 존재했다고 가정했다. 보통물질과 암흑물질이라는 형태로 말이다. 이 문제를 연구하려면 당시의 최첨단 컴퓨터로 시뮬레이션을 해야 했다. 그들이 찾아낸 값은 전형적인 은하에서 관측되는 값과 크게 다르지는 않았지만, 정확히 똑같지도 않았다. 그래서 우주상수가 있고 그것이 현재 에너지에 상당 비율로 기여했다고 가정함으로써 모형을 수정하자 더 나은 결과가 나왔다.

이 결과가 내게 왜 그렇게 이상하게 여겨졌는지를 이해하기 위해서, 우주의 역사에서 이 크기의 우주상수가 중요했던 때가 언제였는지 질문해보자. 답은 처음 수억 년 동안이다. 거의 아무런 영향도 미치지 못하던 시기였다. 별은 우주의 나이가 10억 년이 되었을 때에야 형성되기 시작했으므로 그 전까지 우주상수의 효과는 거의 알아볼 수 없을 정도로 미미했다. 어떤 이유로 내 동료들의 생각이 옳다면, 그 우주상수는 우주 역사의 현 시대, 즉 오로지 '지금'에야 중요해질 것이다. 다시금 나는 회의적인 입장에 설 수밖에 없었다. 이 터무니없는 수가 마침 지금과 미래에 우주에서 중요한 역할을 하고 있지만, 그 전에는 그렇지 않았다고 보는 것보다는 구상성단이나 은하 형성의 어떤 측면을 잘 못 파악했을 가능성이 훨씬 더 커보였다.

내 편견은 말 그대로 편견이었고, 완전히 틀렸음이 드러났다. 다행히도 천문학자들과 천체물리학자들은 일반상대성이론의 초기부터 우주상수의 가능성을 인식하고 있었고, 그것을 탐색하고 있었다. 우주가 작은 공으로 말려 있지 않으므로, 그들은 우주상수가 너무 클 수는 없다는 것을 알았다. 하지만 1990년대 초까지는 긍정적인 증거를 전혀 찾지 못했다. 그들은 그저 그 값이 어떤 수보다는 더 작아야 한다는 말밖에 할 수 없었다. 관측할 희망을 거의 품을 수 없을 만치 작아야 한다는 뜻이었다.

여기서 다시금 스티븐 와인버그가 우리 이야기에 들어온다. 와인버그는 관심의 폭이 놀라울 만치 넓은 과학자였다. 표준모형의 중요한 요소들을 제시했을 뿐 아니라, 그는 아예 우주론자가 되었다. 1970년대 초에 그 주제를 공부하기 위해서, 그는 강좌를 하나 개설했고 《중력 작용과 우주론Gravitation and Cosmology》이라는 포괄적인 교과서까지 썼다. 그는 많은 논문도 썼는데, 그중에는 암흑물질의 양을 계산하는 데 있어 출발점 역할을 하게 된 것들도 있었다. 최근에 그는 새로운 지식을 담기 위해서 다른 강좌를 개설했고,《우주론Cosmology》이라는 교과서도 썼다.

와인버그는 우주상수라는 질문 자체와 앞서 논의했다시피 그것이 왜 그렇게 작은가라는 문제에 아주 관심이 많았다. 1989년 그는 하버드대학교에서 그 주제로 공개 강연을 하고 리뷰 논문도 썼다. 그는 처음에 대강의 논지를 펼친 뒤 점점 다듬어갔다.

그는 '우주상수가 너무 클 수는 없다. 너무 크면 우주가 아주 작을 것이기 때문이다'라고 단순히 말하는 대신에, 우주상수가 너무 크다면 별과 은하가 형성되지 않았을 것이라고 지적했다. 더 정확히 말하자면, 은하는 빅뱅으로부터 약 10억 년 뒤에 형성되기 시작한다. 당시에 우주가 너무 빨리 팽창하고 있었다면, 별을 형성할 물질들이 폭발적인 팽창으로 멀리 흩어졌을 것이다. 따라서 그는 직접 관측하지 않고서도 우주상수가 얼마나 커질 수 있는지 말할 수 있었다. 이어서 방향을 돌려 우주상수가 왜 작은지 이해하기는 어렵다고 말하면서, 그는 우주상수가 특정한 값보다는 그리 작지 않을 것이라고 주장했다. 이 값을 관측하려면 수십억 광년 떨어진 별과 은하의 운동을 조사해야 할 터였다.

관측천체물리학 분야의 두 연구진은 우주상수를 측정할 전략을 고안했다. 한쪽은 UC버클리의 솔 펄머터Saul Perlmutter, 다른 한쪽은 존스홉킨스대학교의 애덤 리스Adam Riess와 호주국립대학교의 브라이언 슈밋Brian Schmidt이 이끌었다. 그들은 초신성 폭발이라는 매우 격렬한 사건을 연구한다면 그 질문에 답할 수 있다는 사실을 깨달았다. 일부 별이 폭발로 생을 마감하는 순간에 생기는 초신성은 우주에서 벌어지는 가장 극적인 사건 중 하나다. 천문학자들은 별의 탄생과 죽음을 아주 잘 이해하고 있으므로, 이런 사건은 우주를 측정하는 도구가 될 수 있다. 별은 물질(대개 수소 기체가 대부분을 차지하고 더 무거운 원소들이 일부 섞여 있는 형태)의 양이 평균보다 더 많은 공간에서 태어난다. 입자들은 중력에 끌려서 점점 모이기 시작한다. 일단 충분히 많은 입자가 빽빽하게 모이면 가열이 일어난다. 이윽고 충분히 가열되면 핵반응이 일어나기 시작하며, 별은 뜨거워져서 빛, 열, 기타 복사를 내뿜는다. 이때부터 별의 생애는 물질을 내뿜어서 산산이 흩어놓는, 내부 깊숙한 곳에서 일어나는 열핵반응과 별의 모든 물질을 중심으로 끌어당기려 하는 거대한 질량 때문에 생기는 엄청난 중력 사이의 경쟁이 된다. 이 힘들 사이의 균형이 별의 크기와 온도를 결정한다. 이윽고 핵연료는 고갈되고, 별은 중력 때문에 붕괴한다(물질은 사실상 사라지지 않지만, 기본 반응을 유지할 수소가 부족해진다). 이 시점에서 별의 크기(질량)에 따라서 서로 다른 일이 벌어진다. 우리 태양은 앞으로 약 50억 년 동안 핵연료의 대부분을 소비하면서 여러 단계를 거친 끝에, 거대하고 뜨거운 적색거성이 될 것이다. 이 단계는 짧게 끝나고 백색왜성이라는 차가운 잔해가 되어 삶을 마감할 것이다.

질량이 더 큰 별은 어느 시점에 핵연료를 다 소비한 뒤 붕괴한다. 별의 표면 가까이 있던 물질들이 모두 중심을 향해 밀려든다. 이 물질들이 충분히 빽빽하게 모이면, 별은 빠르게 다시 가열되고 엄청난 폭발이 일어난다. 이를 제2형 초신성이라고 한다. 이때 물질 중 상당량이 우주로 뿜어지고, 이 물질들은 나중에 다른 별의 원료가 될 수 있다. 특히 탄소와 철 같은 무거운 원소도 제공한다. 물질 중 일부는 중성미자나 빛으로 방출된다. 남은 것들은 중성자별이 되거나 때로는 블랙홀이 된다. 아주 드물게 지구에서 맨눈으로 초신성을 볼 수도 있다. 마지막으로 관측된 것은 1987년에 남반구에서였다. 초신성 폭발의 두 번째 유형은 쌍성계binary system에서 생긴다. 백색왜성이 다른 별로부터 물질을 충분히 끌어 모아서 다시 타오를 때다. 이런 별을 제1형 초신성이라고 한다.

제1형 초신성의 놀라운 점은 천문학자들이 **표준촛불**standard candle이라고 부르는 특징을 지닌다는 것이다. 리스, 슈밋, 펄머터는 바로 그 점을 이용했다. 이런 초신성들은 모두 거의 동일하며, 그 결과 이 별들이 뿜어내는 빛은 독특한 특징을 지닌다. 가장 중요한 점은 방출된 빛의 복사 스펙트럼이 알려져 있다는 사실이다. 우리가 지구에서 관측하는 빛의 파장은 아인슈타인의 적색이동 법칙대로 언제 어디에서 방출되었는지에 따라서 이동된 상태다. 펄머터, 리스, 슈밋과 공동 연구자들은 하늘에서 제1형 초신성을 관측하고 진동수별로 복사를 측정한다면, 우주의 중력장 지도를 작성할 수 있음을 깨달았다. 이 정보는 우주의 팽창 속도를 시기별로 파악하는 데에도 쓸 수 있다.

그들이 내놓은 우주상수의 값은 우주의 나이와 구조의 형성을 설명하는 데 딱 맞는 크기였고, 스티븐 와인버그의 논리로 예측한 값과 거의 들어맞았다. 사실 암흑에너지는 현재 우주 에너지의 대부분인 약 70퍼센트를 차지한다. 펄머터, 리스, 슈밋은 이 업적으로 2011년에 노벨상을 공동 수상했다.

그 뒤로 이루어진 초신성 관측과 다양한 여타 관측들에서 이 발견이 옳다는 사실을 확인했다. 물리학자와 천문학자는 이 연구 결과를 **암흑에너지**라고 부르곤 하지만, 나는 우주상수라고 말한다. 암흑에너지라는 말이 다른 무언가를 떠올리게 할 수 있어서다. 이 장의 제목은 암흑에너지이지만, 나는 두 가지 이유로 우주상수라고 계속 부르고 싶다. 첫째, 시간적·공간적으로 우주 전체에 걸쳐 예상한 대로 에너지 밀도뿐 아니라, 압력도 일정하다는 증거가 지금 꽤 많이 나타나고 있기 때문이다. 둘째, 뒤에서 논의하겠지만, 우주상수는 충분히 터무니없다. 그보다 더 터무니없는 것이 과연 또 있을까?

우리는 우주 역사에서 대단히 중대한 단계에 있다. 빅뱅으로부터 몇 초가 지난 뒤부터 현재에 이르기까지, 우주의 팽창 속도는 느려지고 있었다. 우주는 150년이 지났을 때, 3분이 지났을 때보다 약 1만 배 더 컸다. 그 뒤로 130억 년 동안은 비슷한 속도로 커졌을 뿐이다. 그런데 지금 모든 것이 바뀌려 하고 있다. 앞으로 250억 년 동안 우주는 겨우 10배 커질 것이다. 그다음 250억 년 동안에도 다시 10배 커지는 식으로 계속 진행될 것이다. 다시 말해, 1,000억 년이 지나는 동안, 지금보다 100억 배 커질 것이다. 1조 년이 흐르면 지금보다 10^{100}배 커질 것이다. 이렇게 큰 수를 **구골**googol이라고 한다. 지금 우리에게서 100만 광년 떨어져 있는 은하는 100만 구골만큼 멀어질 것이다. 어떤 관측 장비로도 볼 수 없는 거리다. 그렇게 긴 세월이 흐르면, 우주는 황량하기 그지없는 곳이 될 것이다.

이제 그 차디찬 먼 미래로부터 돌아올 시간이다.

그리고 불안정한 세계로

12장

모든 것들의 시작

우리는 우주가 예전에는 지금 보이는 것보다 훨씬 작았다는 것을 안다. 우리는 130억 년 전까지 우주 역사를 꽤 믿을 만하게 추적할 수 있다. 지금보다 20차수, 즉 10^{20}분의 1 수준으로 작았을 때다. 우리는 이 최초의 순간을 빅뱅이라고 부른다. 그런데 정말로 우주가 한 점으로 축소되어 있었을까? 우리는 어떻게 그렇게 오래전까지 살펴볼 수 있는 것일까? 천체물리학자들은 두 번째 질문의 답을 알고 있다. 빅뱅 직후, 중입자와 암흑물질이 만들어지기 전, 아주 놀라운 일이 일어났다. 우리는 이 사건의 증거를 많이 갖고 있지만, 아직도 수수께끼로 남아 있는 측면도 많다. 이 사건이 벌어진 때를 **인플레이션**inflation(급팽창) 시대라고 한다. 우리가 직접 증거를 찾을 수 있지 않을까 하고 기대할 만한 가장 오래된 시기에 해당한다.

바로 앞 장에서 우리는 우주가 지수 성장을 하는 시대로 진입하고 있다고 말했다. 약 100억 년마다 우주는 10배씩 팽창할 것이다. 그러나 아마 더욱 이상한 점은 이런 일이 예전에도 있었다는 사실일 것이다. 빅뱅으로부터 1초가 채 지나기도 전, 아마 10^{-33}초가 되었을 때, 우주는 10^{-33}초(약 10억×1조×1조 분의 1초)마다 10배씩 팽창하기 시작했다. 이 일은 우주가 10^{100}(구골) 배로 팽창할 때까지(10여 배 정도는 오차가 있을 수 있다) 지속되었다. 세균이 우주만 하게 커진 뒤, 다시 그만큼 커지는 일을 세 번 더 되풀이하는 것과 비슷하다. 게다가 1초에도 까마득히 못 미치는 시간 동안 이 일이 벌어졌다. 우주론자들은 왜 이런 생각을 하게 되었을까? 그리고 우리는 어떻게 알 수 있었을까? 이는 언뜻 볼 때 괴상하기 그지없는 착상이 정밀한 연구와 실험의 대상이 될 수 있음을 보여주는 사례다. 1970년대 말에 앨런 구스Alan Guth는 박사후 연구원으로서 힘겨운 연구 과제를 붙들고 씨름하고 있었다. 그는 빅뱅 우주론의 문제들에 초점을 맞추고 있었다. 당시의 이론물리학계가 주로 매달리고 있던 주제들과 동떨어진 문제들이었다. 내가 스탠퍼드선형가속기센터에서 박사후 연구원으로 있을 때, 여름에 그가 방문해서 자신의 연구 과제를 설명하던 모습이 생생히 떠오른다.

앨런이 고심하던 문제는 세 가지였다. 첫 번째는 아인슈타인이 우주론을 전개할 때 출발점으로 삼았던 것을 내가 처음 알게 되었을 때 느낀 불편함을 더 예리하게 다듬은 것이었다. 우주가 모든 방향으로 어디에서든 동일하다는 것, 즉 **우주원리**cosmological principle 말이다. 앞서 살펴보았듯이, 이 명제는 놀라운 수준까지 참이다. 예를 들어, 우리는 우주마이크로파배경복사의 온도가 1만 분의 1 수준까지 모든 방향에서 동일하다는 것을 안다. 한 방향에서 2.7001K이라면, 다른 방향에서는 2.7002K이다. 구스가 이 문제를 고심할 당시에는 그렇게 정밀한 수준까지 알려져 있지 않았지만, 그 온도가 어느 방향을 보든지 간에 거의 동일하다는 것은 분명했다.

이는 그리 놀랄 일도 아니다. 차가운 공기가 들어 있는 통에 뜨거운 공기를 불어넣은 뒤 밀봉한다고 하자. 처음에는 통의 각 부위마다 공기의 온도가 다르겠지만, 잠시 뒤에는 어디나 기체의 온도는 같아질 것이다. 그런데 우주의 온도를 이야기할 때는 이 '잠시'가 문제가 된다. 통의 공기 온도는 평균 에너지, 즉 분자들의 속도를 나타내는 척도다. 처음에 일부 공기가 다른 공기들보다 더 뜨거울 때에는 그 주변의 분자들이 통의 다른 곳에 있는 분자들보다 더 빠르게 움직인다. 그러나 빠른 분자는 느린 분자와 충돌하면서 에너지를 일부 전달하며, 잠시 뒤에는 모든 공기 분자가 비슷한 에너지를 지니게 된다. 즉 온도가 같아진다. 거기까지 걸리는 시간은 분자들이 얼마나 자주 충돌하느냐에 달려 있다. 뜨거운 공기를 주입한 뒤 재빨리 통의 여러 지점에서 온도를 잰다면, 지점마다 다른 결과가 나올 것이다.

통의 각 지점이 같은 온도에 다다르는 데 걸리는 가장 짧은 시간은 빛이 그 지점에 다다르는 데 걸리는 시간이다. 초기 우주에서는 바로 여기서 문제가 생긴다. 우주마이크로파배경복사를 살펴볼 때, 우리는 10^{12}곳에 해당하는 구역들을 되돌아보고 있는 것인데, 우주의 나이가 10만 년이 되었을 때 이미 이 구역들은 광속으로 나아가도 서로 닿을 수 없는 곳이었다. 그럼에도 모두 온도가 거의 똑같다. 그렇다면 우주가 원래 그냥 그런 식으로 만들어졌다는 것일까?

구스가 고심하던 두 번째 수수께끼는 공간의 곡률과 관련이 있다. 우주의 역사를 살펴보면서 현재 우리는 시공간이 비틀려 있다는 개념에 익숙하지만, 어느 특정한 시점이든 공간 자체가 휘어져 있을 가능성도 있다. 비유를 들면 이해하기가 쉬울 것이다. 우리가 공의 표면에 사는 개미라면, 우리 세계는 본질적으로 2차원이지만, 휘어져 있는 2차원 세계다. 우리도 아주 거대한 원의 둘레를 따라 여행한다면, 언젠가는 출발점으로 돌아올 것이다. 아인슈타인의 우주론에서도 비슷한 일이 가능하다는 것이 드러났다. 차원이 하나 더 늘어났을 뿐이다. 그런데 주위를 둘러보면 분명히 우주는 꽤 편평하다. 이 점은 납득하기가 어렵다. 우주 초기에 공간이 큰 곡률을 지니는 것을 피하게 만든 어떤 일이 일어났어야 한다.

구스의 머리를 싸매게 만든 세 번째 퍼즐은 **단극 문제**monopole problem라는 것이었다.

인플레이션 이야기를 하는 김에 연관된 다른 질문을 잠깐 살펴보기로 하자. 앞서 우리는 전기력과 자기력, 중력의 차이를 살펴본 바 있다. 원자의 전기력은 중력보다 훨씬 더 크다. 그러나 자연에 있는 원자와 원자 집합은 대부분 전기적으로 중성이므로 먼 거리에서 이 힘들은 상쇄되고, 큰 천체에서는 중력이 이긴다.

별과 행성뿐 아니라 훨씬 더 작은 천체들에서도 그렇다. 여기서 중요한 점은 전자의 전하가 양성자의 전하와 정확히 정반대라는 것이다. '정확히'라고 말할 때에는 신중해야 한다. 사실임을 실험을 통해 얼마나 정확히 측정했는지 물을 수도 있다. 하지만 해당 실험을 하지 않고서도, 우리는 대강 추측할 수 있다. 전자의 전하가 양성자의 전하보다 크기가 조금이라도 작다면, 태양과 행성은 모두 양전하를 지닐 것이다. 모든 원자의 양전하를 더한 값만큼이다. 그 결과 태양과 지구 사이에는 반발력이 생길 것이다. 전하가 대강 10^{19}개 수준이라면 이 힘은 중력을 이김으로써 태양과 지구를 서로 멀리 떼어놓을 것이다. 더 자세히 살펴보면 훨씬 더 강력한 결과도 일어난다는 것이 드러난다. 따라서 양쪽 전하는 서로 정확히 똑같고 정반대인 것처럼 보인다.

자연법칙을 생각할 때 종종 그렇듯이, 우리는 이렇게 물을 수 있다. 자연이 본래 그러한 것일까, 아니면 거기에 어떤 설명을 내놓을 수 있을까? 여기서 다시 폴 디랙이 우리 이야기에 등장한다. 나를 비롯한 대부분의 물리학자들에게는 전기가 자기보다 다루기가 훨씬 쉽다. 전기는 기본적으로 전하로부터 모든 것이 따라나오기 때문이다. 반면에 자기는 이해하기가 더 어렵다. 자기는 전류와 입자의 스핀에서 생긴다. 방정식도 더 복잡하다. 자하magnetic charge를 상정한다면 훨씬 일이 쉬울 것이다. 그런 것이 존재한다면 말이다. 그러나 지금까지 어느 누구도 자하를 발견한 적이 없으며, 맥스웰의 방정식도 오로지 전하만을 언급할 뿐, 자하는 말하지 않는다. 그런 분리된 자하를 **자기단극**magnetic monopole이라고 한다.

1931년 반물질이 존재한다고 주장했던 폴 디랙은 맥스웰 이론에 단극을 추가한다면 어떤 일이 벌어질지를 물었다. 나라면 뻔한 행동을 했을 것이다. 즉 그냥 맥스웰의 방정식에 자하를 끼워 넣었을 것이다. 그러나 중력의 상대성이론을 개발하고 있던 아인슈타인처럼, 디랙도 이 문제를 훨씬 더 깊고도 더 미묘한 방식으로 파고들었다. 디랙은 우주 어딘가에 자기단극이 (단 한 개라도) 존재한다면 양자역학에 심각한 도전이 될 것임을 깨달았다. 그는 전자 같은 하전입자들과 단 하나의 단극을 지닌 세계의 슈뢰딩거 방정식을 살펴보았다. 그러자 어떤 수학적 속임수를 부리지 않는 한 슈뢰딩거 체계가 양쪽 입자 유형을 허용하지 않는다는 것이 드러났다. 사실 그의 놀라운 논문은 이런 선언으로 시작한다. "물리학이 꾸준히 발전하려면 계속 더 발전된 형태의 수학으로 이론적 정립을 할 필요가 있다."

그런 뒤 디랙은 어딘가에 단극이 한 개라도 있다면, 양성자와 전자의 전하가 정확히 상쇄되는 방식으로 모든 전하가 연관을 맺지 않는 한, 양자역학이 적용되지 않는다고 주장했다(물리학자들은 전하가 양자화해 있다고 말한다. 즉 모든 전하는 하전 기본 단위의 유리수 배수다). 이는 전하 양자화라는 놀라운 사실에 처음으로 설명을 내놓은 사례였고, 그 뒤로 실험자들은 자기단극이 존재할 가능성을 고려해왔다. 다양한 연구를 통해서 이따금 자기단극일 가능성이 있는 것들이 발견되긴 했지만, 현재까지는 모두 평범한 현상을 착각한 것임이 드러났다. 이론적인 측면에서는 상당한 발전이 이루어졌다. 디랙의 접근법은 땜질용으로 단극을 도입한 것이었다. 단극의 전하도, 질량도, 다른 어떤 성질도 전혀 모르는 상태에서 제시한 것이다. 한편 대통일이론과 끈이론은 단극의 고향과 같으며 (이론의 일부로서 자동적으로 출현한다) 디랙의 법칙을 따른다. 대개 단극 입자는 극도로 무겁다. 또 안정적이다. 따라서 그런 것이 존재할 가능성이 꽤 높다. 너무 무거워서 가속기에서 생성되지 않으리라는 것은 거의 확실하지만, 우주의 어떤 장소와 시간에 단극이 생성되었을 가능성도 있다.

단극의 수에는 아주 강력한 제약이 가해진다. 하나는 우리 은하에 퍼져 있는 자기장의 존재로부터 생긴다. 자기단극이 존재한다면 이 장을 상쇄시키는 경향을 보일 것이다. 또 하나는 우주에 에너지가 얼마나 있는지 우리가 꽤 잘 알기 때문에 생긴다. 끈이론과 대통일이론 같은 이론에서는 단극이 극도로 무겁다고 본다. 대개 양성자 질량의 10^{16}배(약 1경 배)나 그 이상이다. 우리는 우주에 있는 물질에 얼마나 많은 에너지가 들어 있는지 알기에, 원자의 수를 고려할 때 단극의 수가 약 10^{16}개를 넘을 수 없다고 말할 수 있다. 따라서 평균적으로 우주 $1km^3$에서 단극 하나를 찾아낼 확률은 약 1억 분의 1일 것이다.

하지만 이제 우리는 엄청난 문제와 마주친다. 우주가 과거에 극도로 뜨거웠다면, 당시에 단극과 반단극이 생겨났을 것이다. 그중 상당수는 우주가 식을 때 살아남았을 것이다. 즉 오늘날 광자의 수에 상응할 만큼 존재해야 하는데, 질량이 엄청나다는 점을 생각하면 이런 결론은 받아들일 수가 없다. 설령 우주가 결코 그렇게 뜨거웠던 적이 없다고 해도, 우리는 여전히 많은 단극이 생성되었을 것이라는 일반론을 펼 수 있다. 따라서 단극은 자연에서 아무런 역할도 안 하거나, 극도로 초기의 우주를 설명하는 우리의 우주론에 뭔가 문제가 있는 셈이 된다.

인플레이션

1981년 앨런 구스는 단극 문제뿐 아니라 균질성, 등방성, 편평도 문제도 해결할 수 있는 착상을 내놓았다. 그는 자신의 착상에 인플레이션이라는 이름을 붙였다. 경제의 인플레이션 현상에 비유한 것이다. 1970년대 미국에서는 인플레이션이 좀 심하게 일어났고, 사람들은 '걷잡을 수 없는 인플레이션'이 일어날지도 모른다고 우려했다. 1923년 독일에서 바로 그런 극단적인 일이 벌어졌는데, 하루 사이에 물가가 무려 41퍼센트나 치솟았다. 그 속도라면 물가가 매주 10배 넘게 치솟는다(미국에는 다행스럽게도 그렇게까지 일이 진행된 적은 없었다. 남북전쟁 말기의 남부연합을 제외한다면). 이번 주에 좋아하는 빵이 5달러라면, 다음 주에는 50달러, 그 다음 주에는 500달러가 되는 식이다. 1년 뒤에는 10^{52}달러라는 상상할 수도 없는 가격이 될 것이다. 태양에 있는 원자의 수에 맞먹는 값이다! 물론 상황이 그렇게까지 치닫는 일은 결코 없을 것이다. 그 전에 돈이 다 떨어질 테니까. 현실에서는 정권이 바뀌거나, 더 안 좋은 일이 벌어질 가능성이 높다.

구스는 우주가 짧은 기간에 비슷한 방식으로 크기가 증가했을 것이라고 추정했다. 우주의 크기가 약 60차수 이상 커진다면, 우리가 나열했던 모든 문제들이 해결될 것이다. 거의 모든 곳에서 온도가 거의 같다는 사실은 자동적으로 해결될 것이다. 현재 우리가 볼 수 있는 우주의 모든 것들은 원래 믿어지지 않을 만치 작은 부피로 압축되어 있었고, 따라서 우리가 보는 모든 것의 온도가 동일한 것은 당연하다. 설령 우주가 공 같은 무언가로 시작되었다고 해도 완전히 편평해졌을 것이다. 그리고 단극이 무엇이든 간에 희석되었을 것이다. 기껏해야 우주 전체에 단극이 단 하나 있을 것이다.

구스는 대통합 개념에 착안하여 이 현상을 설명할 모형을 내놓았다. 그의 모형은 우주가 극도로 뜨거운 상태에서 시작되었고, 어느 시점에 인플레이션이 일어났다고 본다. 그런데 구스는 그가 제시한 모형이 자신이 기대했던 식으로 진행되지 않는다는 것을 곧 깨달았다. 인플레이션이 결코 멈추지 않았던 것이다. 그러나 곧 안드레이 린데Andrei Linde (당시 소련 란다우연구소에 있었고, 지금은 스탠퍼드대학교에 있다), 폴 스타인하트Paul Steinhardt (당시 펜실베이니아대학교에 있었고, 지금은 프린스턴대학교에 있다)와 그의 학생인 안드레아스 알브레히트Andreas Albrecht (지금 UC데이비스에 있다)가 개량된 모형을 제시했다. 그들의 모형과 그 뒤로 연구된 다양한 수정판들에서 인플레이션은 켜졌다가 꺼졌다. 그 모형은 힉스장과 좀 비슷한 인플라톤inflaton이라는 새로운 장을 비롯하여 몇 부분으로 이루어져 있었다. 그 이론은 나름의 결함을 지니고 있었지만, 들어맞았다. 이 이야기 전체에는 '새 인플레이션 우주 New Inflationary Universe'라는 이름이 붙었다.

인플레이션 가설은 빅뱅 이론의 문제를 해결하게 되지만, 처음에는 별 주목을 못 받는 듯했다. 그러다가 제임스 바딘James Bardeen, 폴 스타인하트, 마이클 터너Michael Turner 연구진, 앨런 구스와 피서영 연구진이 인플레이션 이론의 양자판을 내놓으면서 상황이 달라졌다. 양자역학과 결합되자, 인플레이션은 물리학과 우주론에서 오래된 크나큰 퍼즐 중 하나를 설명한다는 것이 드러났다. 은하와 별 같은 구조는 어떻게 생겨났을까? 그리고 이 설명과 더불어 우주마이크로파배경복사의 예측도 나왔다.

앞서 말했듯이, 완벽한 균질성과 등방성은 좋지 않다. 우리가 보는 구조가 형성되려면 씨앗이 될 어떤 불규칙성이 있어야 한다. 그러나 인플레이션이 모든 것을 거의 균질하게 만들긴 했지만 필연적으로 완벽하게 매끄럽지는 않은 우주를 생성했다는 것이 곧 드러났다. **비균질성**의 근원은 양자역학이다. 양자역학에서는 불확정성 원리가 대단히 중요하다. 가장 단순하게 보자면 이 원리는 한 입자의 위치와 운동량을 임의의 수준으로 동시에 정확하게 알 수는 없다고 말한다. 그리고 이 원리는 훨씬 더 폭넓게 적용 가능하다. 인플레이션 이론이라는 맥락에서 보면, 인플레이션장의 값과 시공간의 어느 지점에서 그 장이 변하는 속도를 동시에 정확히 알 수 없다는 뜻이다. 그러나 공간의 어느 한 점에 에너지가 얼마나 있는지 말해주는 것은 바로 이 조합이다. 따라서 이 이론은 우주의 평균 에너지 양을 예측하는 한편으로,

에너지 양에 지점별로 작은 무작위적(양자 확률로 나타나는) 편차가 있다는 것도 예측한다. 공교롭게도 두 연구진은 이 근본 이론이 아직 상세하게 연구되지 않은 상태에서, 인플레이션 때 에너지 밀도의 편차가 얼마나 생길지 예측값을 계산할 수 있었다. 그리고 에너지 밀도 편차는 곧 온도 편차이기도 했다.

새 인플레이션은 하나의 모형이 아니라 범위가 넓은 모형들의 집합임이 드러났다. 각 모형은 온도 편차에 관해 나름의 구체적인 예측을 하지만, 그 이론이 예측하는 값이 바로 이것이라고 단언하지는 못한다. 우리가 아는 것은 별과 은하가 빅뱅으로부터 약 10억 년이 지났을 때 생기기 시작했고, 그 점을 고려할 때 온도 차이가 약 10^{-5} 자릿수나 그보다 조금 큰 수준이어야 한다는 것이다. 그러자 이런 질문이 나왔다. 그 편차를 찾아낼 수 있을까? 앞서 살펴보았듯이, 초기 연구에서는 아무런 편차도 관측하지 못했다. 이 편차를 최초로 관측한 것은 1993년 COBECosmic Background Explorer라는 인공위성을 통해서였다. COBE는 온도의 미세한 편차를 관측했다. 약 10만 분의 몇 도 수준이었다. 우리가 우주에서 보는 구조를 설명하기에 딱 맞는 수준이었다. COBE 연구를 이끈 존 매더John Mather와 조지 스무트George Smoot는 이 업적으로 노벨상을 받았다.

과학에서는 어떤 현상을 최초로 관찰했다는 주장 정도를 간신히 할 수 있을 뿐, 회의적인 비판이 쏟아지는 위태로운 상황에 몰리는 사례가 많다. 하지만 그 현상이 실제로 일어난다면, 더 나은 장치와 기법을 통해 더 나은 후속 관찰이 이루어지게 되고 그럼으로써 설득력 있는 확인과 상세한 연구가 가능해진다. 우주 마이크로파배경복사가 바로 그러했다. 위성과 지상의 관측소에서 우주마이크로파배경복사의 아주 상세한 연구가 이루어졌다. (2001년 미국 항공우주국이 쏘아 올린) 윌킨슨 마이크로파 비등방성 탐색기와 (2009년 유럽우주국이 쏘아 올린) 플랑크 위성 같은 위성들 덕분에, 우리는 하늘 전체의 상세한 온도 지도를 작성할 수 있었다. 이 자료는 초기 우주의 아주 많은 정보를 재구성하는 데 사용되었다. 예를 들어, 에너지 수지energy budget의 정확한 측정값을 제공한다. 암흑에너지, 암흑물질, 보통물질의 비율이 그렇다.

데이터가 우리에게 알려주는 것

이 풍부한 데이터는 첫째로 빅뱅이 정말로 일어났고, 둘째로 우주의 온도가 과거에 약 1만K에 달했다고 확인해준다. 이 시기 우주는 아인슈타인이 처음 우주론을 전개하면서 가정했던 것처럼 높은 수준으로 균질하고 등방적이었다. 더 나아가 지금 우리는 별, 은하, 은하단 등 우리가 주변에서 보는 구조들이 이 등방성과 균질성의 작은 차이에서 비롯되었다고 매우 확신한다. 이 자료는 인플레이션이 일어났다고 믿을, 타당한 근거가 된다.

입자물리학자들은 여기에서 더 나아가고 싶어 한다. 그들은 정확히 어떤 자연법칙으로, 즉 어떤 장과 그 장의 방정식으로 인플레이션을 설명할 수 있을지 이해하고 싶어 한다. 그리고 그로부터 더 이전에 어떤 일이 있었는지도 얼핏 엿보고 싶을 것이다. 여기서 인플레이션이 우주의 여러 현상을 아주 잘 설명하고 있지만, 실제로는 단일한 이론이 아니라 이론들의 집합이라는 점을 다시 강조해두자. 우리는 아직 인플레이션이 정확히 일어났는지, 즉 정확히 언제 어떻게 끝났는지를 알지 못한다. 우주의 나이가 몇 분이 되기 전에 끝났다는 것은 꽤 확신할 수 있다. 그러나 가장 극적인 시기, 즉 급팽창이 가장 크게 일어난 시기는 아마 훨씬 더 이전이었을 것이다. 그 일이 벌어질 당시의 에너지양의 변화는 인플레이션의 한 특징이다. 그리고 이는 우주의 크기가 2배로 늘어나는 배가 시간doubling time이 얼마였는가로도 나타낼 수 있다. 한 예로, 에너지 밀도가 대통일이론이나 끈이론이 말하는 수준이라면, 이 배가 시간은 상상할 수도 없이 극도로 짧다. 10^{-37}초, 즉 0.0000000000000000000000000000000000001초다. 다시 말해, 위성들은 빅뱅으로부터 무한히 짧은 시간이 지났을 때의 우주 모습을 우리에게 보여주는 것이다. 우리는 그렇다는 것을 어떻게 알 수 있을까? 아주 많은 자료를 설명하고 이런 현상들을 정확히 예측하는 강력한 이론을 찾아내는 것이 한 가지 해결책일 것이다. 하지만 많은 이론이 나왔음에도 불구하고 아직까지 압도적인 설득력을 지닌 것은 없다.

그런데 실험이 이런 의문들 중 일부를 해결해줄 수도 있다는 희망이 엿보인다. 인플레이션의 에너지 척도가 특히 그렇다. 이 척도가 너무 낮게 나오지 않는다면, 아마도 대통일 척도의 약 100분의 1 수준이라면, 인플레이션에서 비롯된 중력파를 관측할 수 있어야 한다. 이런 중력파는 구조를 빚어내는 에너지의 미세한 비균질성과 거의 마찬가지로, 양자 효과를 통해 생성될 것이다. 그러나 중력 그리고 중력파는 에너지를 통해 생기므로, 에너지가 적을수록 중력파도 적게 생긴다. 2014년에 남극점에서 BICEP2 전파망원경으로 초기 우주의 중력파를 관측했다는 소식이 전해지면서 엄청난 화제가 되었다. 그 뒤로 상세한 조사와 비판이 이어졌다. BICEP2의 관측 결과는 먼지로 설명할 수 있다는 것이 드러났다(다시 말하지만, 천문학자들은 수소와 다른 원자들을 포함한 모든 입자를 먼지라고 부른다). 곧 발견했다는 주장은 철회되었고, 먼지의 영향을 파악하기 위해서 탐색과 분석 방법을 개선하는 작업이 이루어지고 있다. 몇 년쯤 지나면, 인플레이션이 정확히 언제 일어났는지를 알 수 있을지도 모른다. 현재의 내 이론적 편견에 들어맞지 않긴 하지만, 이런 실험들이 중력파 신호를 전혀 검출하지 못하고, 우리가 기껏해야 인플레이션이 약 10^{-36}초가 지난 뒤에 일어났다는 말밖에 하지 못하게 될 가능성도 얼마든지 있다. 그러나 탄생한 지 10^{-36}초가 되었을 때의 우주를 인류가 엿보았다는 말을 믿을 만하게 할 수 있다고 상상해보라!

인플레이션이 끝났을 때 우주는 아주 뜨거웠고, 어디나 온도가 거의 정확히 같았다. 여기서 의문이 하나 떠오른다. 현재 우리가 보는 온갖 비균질성, 즉 은하와 별과 행성은 이 균일한 수프에서 어떻게 출현한 것일까? 답은 앨런 구스와 피서영이 예측한, 에너지의 미세한 편차에 달려 있어야 한다. 이 편차가 온도의 미세한 편차를 일으켰다. 앨런 구스와 피서영은 이런 작은 편차가 얼마 뒤 밀도가 더 높은 구역에서 붕괴가 일어나 은하와 별이 형성되기 시작할 만치 충분히 커졌다는 것을 알아차렸다. 그들은 온도 편차를 측정하는 실험이 실제로 진행되기 전에 이론을 내놓았는데, 이 편차가 10^{-5}일 것이라고 **예측했다**(그들은 이 편차로부터 은하가 어떻게 형성되는지 구체적인 모형을 지니고 있지 않았기에, 어느 정도 불확실성이 있었다). 놀랍게도 이 밀도의 작은 요동은 양자역학적 요동의 결과다. 본질적으로 불확정성 원리의 구현이다.

은하의 형성 과정은 구체적으로 들여다보면 복잡하다. 암흑물질은 은하의 중요한 구성 요소이며, 1984년 산타크루즈의 내 동료들인 조지 블루먼솔, 샌드라 파버, 조엘 프리맥이 처음으로 설명했다. 그들은 암흑물질이 먼저 뭉치면서 보통물질을 끌어들였다고 보았다. 이 보통물질은 주로 수소 기체였고, 수소 기체가 붕괴하면서 별과 은하를 형성하기 시작했다. 현재 은하 형성 연구는 강력한 컴퓨터와 창의적인 알고리듬의 도움을 받아서, 인플레이션 직후에 이런 작은 양자역학적 씨앗들로부터 우리가 우주에서 보는 구조들이 어떻게 형성되었는지를 설득력 있고 상세하게 제시한다. 지금까지 우리는 양자역학과 원자 및 그보다 작은 것들의 세계를 이야기했다. 이제 우리는 양자역학이 하늘에 뚜렷한 발자취를 남겼음을 안다!

태초의 우주, 어디까지 밝혀냈을까?

우주마이크로파배경복사와 우주의 구조 형성을 관측한 결과로부터 우리는 앨런 구스가 인플레이션이라고 부른 현상이 일어났다는 것을 꽤 확신할 수 있다. 그러나 우리는 그런 초기의 현상들을 어느 정도 알긴 하지만, 감질나게도 전반적인 윤곽만 겨우 이해하고 있을 뿐이다. 인플레이션은 새로운 자연법칙과 아마도 새로운 기본 원리를 가리키고 있는 것이 거의 확실하다. 인플레이션의 중력파를 발견하면 무슨 일이 벌어지고 있는지를 알려줄 중요한 단서를 얻게 될 것이다. 그러나 그 뒤에도 우리는 아마 무슨 일이 벌어지는지를 제대로 이해하려면 끈이론에서든 다른 어떤 방향에서든 간에 어떤 이론적 돌파구가 필요할 것이다.

다른 크나큰 질문들도 어른거린다. 인플레이션은 우주가 아직 어렸을 때 어떤 일이 벌어졌는지를 가린 커튼 같다. 우리는 인플레이션 이전에 시공간이 한 점으로 쪼그라들어 있었는지, 아니면 전혀 다른 무언가가 있었는지 아직 알지 못한다. 대체로 근거 없는 추측들이 난무하는 그 세계로 이제 들어가기로 하자. 내 뒤를 잘 따라오기를.

13장

최종이론에 도달할 수 있을까?

우리는 학교에서 고대 그리스인 같은 옛사람들이 실험이나 꼼꼼한 관찰을 하지 않은 채 순수한 사고를 통해서 자연법칙을 추론할 수 있다고 믿었다고 배운다. 또 갈릴레오 이후에는 대부분의 사람이 자연법칙을 실험과 관찰을 통해 밝혀지는 것이라고 생각한다는 사실도 배운다. 실제로 뉴턴의 법칙은 일상생활에서 접하는 사물과 행성을 관찰했을 때 보이는 운동을 이해하고자 애쓴 갈릴레오로부터 한 세기가 지난 뒤에 나왔다. 전기와 자기의 법칙은 한 세기 넘게 전하와 전류를 꼼꼼하게 연구한 결과물이었다. 원자의 질량, 뉴턴이 주장한 중력의 세기, 전자의 전하량 등 자연에서 중요한 수들은 어떤 추상적인 추론을 통해 파악된 것이 아니라, 실험실에서 측정을 통해 밝혀낸 것이다. 그러나 굳이 그런 식으로 해야 할 필요가 있을까? 책에 실린 자연법칙, 방정식, 상수가 어떤 원대한 원리 집합에서 필연적으로 나오는 것일 수도 있지 않을까?

학창 시절 선생님들은 내게 과학에서 원대한 개념이 원대한 이론 작업을 통해 드러난 사례는 거의 없었다고 경고했다. 그들은 아인슈타인의 일반상대성은 예외 사례라고 인정했다. 그의 탐구는 실험과 관찰을 토대로 한 것이 아니었다. 대신 그 이론은 원대한 원리에서 나온다. 자연법칙은 어디에서든 어느 관찰자에게든, 관찰자가 어떤 식으로 움직이든 간에 동일해 보여야 한다. 이 단순한 출발점에서 경이로운 구조가 출현한다. 그러나 선생님들은 눈앞에 손가락을 저으면서 말한다. 그런 식으로 뭔가 해낼 수 있다고는 상상도 하지 말라고. 첫째, 너는 아인슈타인처럼 똑똑하지 않다. 둘째, 아인슈타인은 인생의 후반기 중 상당 기간을 전반기에 이루었던 성공을 재현하기 위해 애쓰다가 실패를 거듭하면서 낭비했다.

나는 권위를 존중하는 성향이 있다. 그러나 동료들 중 상당수와 때로 나 자신도 그런 야심적인 목표를 추구하려는 유혹을 거부할 수 없는 상황이 때때로 벌어지곤 한다. 아마 일반이론만큼 극적이지는 않을지라도, 순수 사고를 통해 이론적 도약을 이룬 몇몇 사례들은 나를 고심하게 만들었다. 맥스웰의 연구가 바로 그러하다. 전기와 자기의 법칙 발전이 실험과 긴밀한 관계를 맺고 있긴 했지만, 맥스웰은 적어도 어느 정도는 원대한 원리의 인도를 받으면서 나아갔다. 우리가 논의한 자연법칙 중에 전하가 보존된다는 것이 있다. 즉 전하는 새로 생성되지도 파괴되지도 않는다. 나는 맥스웰의 시대에 이 법칙을 뒷받침할 실험 증거가 얼마나 있었을지 확실히는 모르지만, 맥스웰은 그것이 참이어야 한다고 생각했다. 그는 당시 알려진 전기와 자기의 법칙들을 살펴보았는데 그것들이 이 원리에 위배된다는 것을 알았다. 그는 전하가 언제나 보존되는 것은 아니며 이 법칙을 실험으로 검증해야 한다고 주장했을 법도 했지만, 그러는 대신에 법칙을 수정하는 쪽을 택했고 전하가 보존**되었다**. 이를 출발점으로 삼아서 그는 전자기파의 존재를 예측했다.

양자론은 분명히 그 어떤 이론상의 추론을 통해 예견된 것이 아니었으며, 어떻게 그런 것이 존재할 수 있을지 상상하기도 어렵다. 원자의 세계를 실험적으로 탐구하자 모든 것이 고전물리학에 잘 들어맞지 않는다는 것을 시사하는 결과가 나왔다. 그러나 나는 초기 양자역학자들이 무슨 일이 벌어지고 있는지를 이해했다는 사실에 늘 경외심을 품어왔다. 대체 어떻게 전체 구조에 확률을 도입해야 한다는 생각을 할 수 있었을까? 어떤 의미에서 보면, 여기서 순수 사고가 중요한 발전을 이루었다고 할 수 있다. 그 발전은 독일 이론가 막스 보른의 연구를 통해 이루어졌다. 보른은 실험을 생각하고 있었지만, 어떤 구체적인 실험이 아니라 러더퍼드의 실험처럼 일종의 투사체, 아마도 전자를 원자나 원자핵 같은 표적에 충돌시키는 폭넓은 범주의 실험과 그 이론을 어떻게 조화시킬 수 있을지를 생각했다. 그는 슈뢰딩거의 방정식이 그런 과정을 어떻게 설명하는지 알아내고자 애쓰다가, 슈뢰딩거의 파동함수가 다양한 결과들의 확률과 관련이 있으며, 더욱 기이하게도 그 함수의 제곱을 취하면 실제로 그 확률이 나온다는 생각을 떠올렸다. 방사성 붕괴라는 실험적 사실을 통해 이 결과에 도달하는 것도 상상할 수 있겠지만, 여기서 양자론의 가장 중요한 (그리고 당혹스러운) 특징은 순수하게 이론적 추론에서 나왔다. 보어, 하이젠베르크, 디랙은 밀접한 관련이 있는 생각을 하고 있었기에 이 관점을 금방 받아들였지만, 슈뢰딩거와 드브로이는 결코 받아들이지 못했다. 앞서 말했듯이, 아인슈타인은 끝까지 확률의 역할을 못마땅하게 여겼고, 초기의 광자 연구 및 사티엔드라 나스 보스와 함께 한 양자 입자의 대규모 집합체의 행동 연구 이후에는 양자역학에 의미 있는 기여를 하지 않았다.

그래도 아인슈타인이 일반론으로 거둔 성취는 그런 성공의 가장 눈부신 사례에 속하며, 그는 모든 자연법칙이 비슷한 방식으로 출현해야 한다고 믿었다. 아니, 적어도 그래야 한다고 희망했다. 인생의 후반기에 그는 스스로 통일론이라고 부른 것을 탐구하기 시작했다. 당시까지 알려진 모든 법칙이 따르는 원리 집합이었다. 그 탐구는 정말로 끝없는 수렁과 같았다. 아인슈타인은 덜 투철한 과학 정신을 지닌 많은 이들이 그렇듯이, 결실 없는 탐구임이 드러나게 된 것에 여러 해를 허비했다.

이런 역사적 사례들이 있음에도, 많은 이론가들은 끈이론이 대통일이론(때로 만물의 이론이라고도 하는)이라는 아인슈타인의 꿈을 실현시킬 수도 있다는, 감질나는 전망에 혹하곤 했다. 정말로 그렇다면, 끈이론의 발견은 진정으로 뜻밖의 행운인 셈이다. 아인슈타인의 일반상대성이론과 달리, 현재 정립된 형태의 끈이론은 단순하면서 압도적인 원리로 묶여 있는 것이 아니다. 대신에 온갖 이론적 개념들을 긁어모아서 끼워 맞춘, 일종의 루브 골드버그 장치(루브 골드버그의 만화에 등장하는 것으로 단순한 결과를 얻기 위해 매우 복잡한 과정을 거쳐야 하는 온갖 장치-옮긴이)다. 하지만 그렇게 나온 결과물은 좀 놀라우면서 아름답다.

양자론과 일반상대성의 충돌은 다양한 형태를 취한다. 지엽적인 것임에도 해결하기 어려워 보이는 문제도 있다. 스티븐 호킹이 제기한 문제는 사실 더 개념적이다. 양자론의 핵심에 놓인 확률 개념 자체가 블랙홀이 있을 때 무너지는 듯하다는 것이다. 끈이론은 이 모든 의문을 해결한다. 또 표준모형의 여러 특징, 우주의 역사, 암흑물질과 암흑에너지 등 많은 것도 설명할 수 있는 듯하다. 그러나 이 이론이 옳은지, 아니 어떤 명확한 예측을 내놓을 수 있는지도 아직은 불분명하다.

일부에서는 이 모든 것을 인류가 최종이론이나 만물의 이론을, 즉 알려진 모든 자연법칙을 설명하고 새로운 법칙을 예측할수 있는 이론을 우연히도 발견했다는 징후로 보지만, 그저 또 하나의 막다른 골목일 뿐이라고 주장하는 이들도 있다. 많은 독자들이 이 책에서 끈이론에 온갖 비판이 쏟아져왔다는 사실도 알게 될 것이다. 이 장에서는 그 이론이 대단히 유혹적인 한편, 비판자들의 말도 일리가 있는 이유를 살펴보기로 하자.

표준모형 같은 현재의 이론들은 전자, 쿼크, 중성미자, 광자 같은 기본 대상들이 공간의 한 점일 뿐이라고 본다. 이상화한 것처럼 들리지만, 놀랍게도 우리 이론과 실험 양쪽 모두에서 그런 입자가 더 복잡한 것일 필요가 있다고 시사하는 부분이 전혀 없다. 가속기를 이용한 소립자 연구 결과는 초기 광학 현미경을 통해 드러난 세계와 극명하게 대비된다. 최초의 현미경은 연못의 물 한 방울과 생체 조직을 낮은 배율로 들여다보자 온갖 복잡한 구조를 보여주었다. 미생물, 세포 등 온갖 것들이 모습을 드러냈다. 현대의 입자가속기는 고해상도 현미경처럼 작용한다. 그러나 전자, 쿼크 등 우리가 기본 입자라고 부르는 소립자들을 수백만×1조 배로 확대했을 때 비슷한 구조가 나타난다는 증거는 전혀 없다.

그럼에도 우리는 자연의 기본 대상들을 묘사한 이 전반적인 그림이 좀 소박하다고 생각할 수도 있다. 점이 생물의 세포 같은 아주 복잡한 것을 대체한다고 상상할 수도 있지만, 대신에 점보다 아주 조금 더 복잡한 것으로 바꾼다고 해보자. 자연의 기본 실체들이 점이 아니라 선이라고, 양쪽 끝이 있는 선분 혹은 고무 밴드처럼 양쪽이 붙어서 끝이 없는 닫힌 선이라고 하자. 우리는 이런 실체를 끈string이라고 부를 것이다. 이런 끈은 다양한 방식으로 진동할 수 있다. 끈이 특수상대성이론과 양자역학의 규칙에 따라야 한다고 가정한다면, 놀라우면서 기이한 일들이 벌어진다. 각각의 진동 모드는 서로 다른 종류의 입자에 상응한다. 그중에 중력자graviton도 있다. 아인슈타인의 중력 이론에서 힘을 전달하는 입자다. 또 쿼크, 글루온, 전자, 광자 등도 있다. 이 입자들은 표준모형과 일반상대성이론의 규칙에 따라 상호작용한다. 이 이론은 양자역학과도 아무런 문제가 없다. 세세한 부분까지 들어맞게 하는 것, 예를 들어 우리가 보는 쿼크와 경입자의 정확한 집합, 힉스 질량, 우주상수의 관찰된 값에 들어맞도록 하는 것은 어렵지만 말이다.

이 소박해 보이는 출발점이 20세기 물리학의 탁월한 성취 중 두 가지, 즉 표준모형과 일반상대성이론을 낳는다는 사실이 바로 일부 이론가들이 그 이론 앞에서 발을 떼지 못하는 이유다.

따라서 우리는 기본 실체가 점이 아니라 선일 수도 있다는 것을 납득하기 어렵긴 해도 받아들일 수는 있다. 하지만 그렇게까지 열광할 이유가 있을까? 일부 물리학자들이 무엇 때문에 그렇게 끈이론에 흥분하는지 이해하려면, 양자역학과 아인슈타인의 중력 이론이 왜 충돌하는 것처럼 보이는지, 그리고 끈이론의 근본적인 관점이 이 둘을 화해시킬 수 있을지를 이해할 필요가 있다. 아인슈타인이 양자역학에 회의적이었다는 점을 생각할 때, 일반상대성과 양자역학이 긴장 관계에 있는 것도 어느 정도는 당연할 수 있다. 아인슈타인은 보른의 확률 개념을 논평한 편지를 보른에게 보냈는데, 거기에 유명한 대목이 있다. "양자역학은 확실히 인상적입니다. 하지만 내 내면의 목소리는 그것이 아직은 진짜가 아니라고 말하네요. 그 이론은 많은 이야기를 하고 있지만, 실제로는 '오래된 신'의 비밀에 근접조차 하지 못하고 있어요. 아무튼 나는 그가 주사위 놀이를 하지 않는다고 확신합니다." (아인슈타인은 1926년에 이 편지를 쓸 때 당시에 전형적으로 쓰이던 방식으로 신을 가리키는 성별 대명사를 썼지만, 사실 그는 기존 종교의 신 개념을 받아들이지 않았다.)

양자역학 초기에 아인슈타인은 불편한 심기를 느끼고 양자역학 이론을 무너뜨릴 예리한 비판을 하려고 했다. 그는 닐스 보어에게 양자론과 보어의 해석이 이치에 맞지 않음을 보여주는 듯한 가상의 '사고 실험'을 제시하면서 지속적으로 반박했다. 아인슈타인이 제기한 의문들은 때로 까다로웠고, 보어는 오래 고심해야 할 때도 있었다. 하지만 그는 매번 그 역설을 해소할 방안을 찾아냈다. 여러 해가 지난 뒤 존 벨John Bell은 이런 사고 실험 중 하나(본질적으로 아인슈타인, 포돌스키, 로젠의 역설, 즉 EPR 역설)를 실제 실험을 위한 제안으로 전환했다. 이 실험은 반복해서 이루어졌고, 결국 양자 규칙이 옳다는 것을 확인해주었다. 즉 아인슈타인의 불편한 심기만으로는 양자에 토대를 둔 현실관을 무너뜨리기에 역부족이었다.

그러나 일반상대성은 새로운 갈등 분야를 조성했다. 자연법칙에 확률 계산을 포함시켜야 하는지를 놓고 벌어지는 이 충돌을 해소한다면 가장 어려운 과학적 의문 중 일부에 답하는 데 기여할 수도 있었다.

지금까지 우리는 블랙홀, 우주론, 우주상수와 관련된 의문들을 살펴보면서 중력을 고전 이론이 말하는 의미로 다루었다. 일상적인 상황이나 우주 전체를 다룰 때에는 그렇게 보아도 무방하다. 사실 본질적인 방식으로 일반상대성과 양자역학을 다 수반하는 실험은 상상조차 어렵다. 인류와 양자역학의 만남은 대부분 원자와 그보다 더 작은 것들의 세계에서 이루어졌는데, 앞서 말했듯이 그런 계에서 중력은 전혀 중요하지 않다. 더 명확히 표현하자면, 전기장과 자기장의 양자가 광자(전기와 자기의 불연속적 조각)인 것처럼, 중력장의 양자는 중력자라는 입자다. 과학자와 공학자는 한 세기 넘게 광자 하나하나를 조작할 수 있었다. 하지만 현재 우리는 중력자 하나를 분리하여 연구할 실험을 하기는커녕 중력자를 분리한다는 상상조차 할 수 없다. 그러니 우리는 사고 실험의 세계로 더 깊이 들어갈 수밖에 없다. 그 전에 잠시 짬을 내어 중력의 양자 연구가 실현 가능한 실험과 얼마나 동떨어져 있는지를 명확히 파악해보자.

고전적 중력의 실제 실험 vs. 양자 중력의 사고 실험

양자역학을 이해하기 위해 보어가 제시한 지도 원리 중 하나는 적절한 조건에서는 양자역학이 고전역학처럼 보인다는 것이었다. 한 예로, 빛줄기가 많은 광자로 이루어져 있을 때에는 고전물리학의 규칙에 따라야 한다는 말이다. 즉 양자역학의 불연속성은 사라져야 한다. 우리가 일상생활에서 접하는 빛은 아주 많은 광자의 집합이다. 60와트 전구는 1초에 약 10^{20}개의 광자를 뿜어낸다(더 효율적인 전구는 약 10^{18}개에 가깝다). 이렇게 많은 광자로 이루어진 빛은 고전물리학의 규칙을 매우 근사적인 수준으로 따른다. 즉 양자를 고려한 보정을 전혀 하지 않은 맥스웰 방정식에 들어맞는다. 그러나 현재의 기술 수준에서는 한 번에 광자 하나를 연구할 수 있는 상황을 만드는 것도 어렵지 않다. 이런 광자 하나는 양자역학의 모든 규칙에 따른다. 우리는 광자 하나가 전자에 충돌하여 원자에서 전자를 떼어내는 것을 지켜볼 수 있고, 양자론이 예측한 다양한 결과들의 확률을 검증할 수 있다. 또 한 전자가 양성자와 충돌하여 광자를 1개나 2개, 또는 3개를 생성하는 과정을 관찰할 수 있다.

그러나 다시 말하지만, 많은 수의 광자, 전자, 양성자를 수반하는 상황을 연구할 때에는 양자 효과가 사소해지며, 뉴턴과 맥스웰의 규칙이 대신한다. 예를 들어, 빛은 대량의 하전입자들이 가속되거나 느려질 때 생긴다. 우리는 전기장과 자기장이 그런 물결을 이루어서 우리 망막의 하전입자들을 가속할 때 빛을 감지한다. 아인슈타인은 일반상대성이론을 통해 질량이나 다른 유형의 에너지가 가속되거나 감속될 때 맥스웰의 이론과 비슷한 방식으로 중력장의 물결 즉 중력파가 생길 것임을 알아차렸다. 이 물결은 지나가면서 물질을 가속시킬 것이다. 중력은 전기와 자기보다 훨씬 약하므로, 이런 효과는 설령 엄청난 질량이 수반된다고 해도 미미할 것이다. 20세기 후반기에 이런 중력파를 검출하려고 초보적인 실험을 하긴 했지만, 검출 가능성은 전혀 없었다. 진정으로 중력파를 검출할 희망을 품을 만한 실험 계획은 1990년대에 처음으로 꾸려졌다. 바로 레이저 간섭계 중력파 관측소Laser Interferometer Gravitational-Wave Observatory, 즉 LIGO를 건설하는 계획이었다.

전자기파는 물질을 통과할 때 하전입자를 흔드는 등 온갖 현상을 일으킨다. 우리는 이 흔들림을 말 그대로 눈으로 볼 수 있다. 한편 중력파는 지나는 길에 있는 그 어떤 것도 거의 흔들지 않기에, 검출하기가 극도로 어렵다. LIGO 계획을 구상한 이들은 중력파의 가장 큰 원천이 무엇일지 생각했다. 질량이 크고 빠르게 움직일수록 중력파도 더 강하다. 중성자별 2개, 혹은 더 나아가 블랙홀 2개가 충돌할 때만이 검출할 수 있을 것 같았다. 이런 천체들은 대개 질량이 태양과 맞먹거나 그보다 더 무겁다. 충돌하기 몇 초 전 이들은 빠르게 가속되어 거의 광속에 가까워진다. 이런 천체들은 관측 가능하리라는 희망을 품을 수 있는, 가장 강한 중력파를 생성하는 이상적인 후보였다. 아인슈타인 이론은 중력장의 변화가 시공간의 왜곡이라고 본다. 중력파가 어떤 천체를 지나갈 때 그 주변의 공간은 늘어난다. 그 천체는 약간 늘어났다가 약간 짧아지고, 이어서 다시 약간 늘어나는 것처럼 보인다. 이늘어남과 줄어듦이 바로 중력파 검출의 열쇠가 될 것이다.

약간이라고 말했는데, 말 그대로 **약간**이다. LIGO 중력파 검출기는 길이가 4km인 금속관들로 이루어져 있다. 블랙홀들의 충돌로 생긴 중력파가 지나갈 때 이 긴 막대가 차지하는 공간은 약 10^{-18}cm만큼 늘어났다가 줄어든다. 원자핵의 지름보다 약 10^{-5}배, 즉 10만 분의 1배 짧은 길이다. 달리 표현하자면, 각 막대의 길이에 비해 약 1조×1조 분의 1만큼 흔들린다는 뜻이다. 이런 터무니없을 만치 작은 변화를 측정한다는 것 자체가 마법처럼 들린다. LIGO가 첫 발견을 발표할 당시 나는 대학생들을 대상으로 일반상대성이론을 강의하고 있었는데, 그 실험이 어떻게 이루어지는지 설명하고자 했다. 나는 그 실험이 어떻게 이루어지는지 물으면서 학과 복도를 돌아다녔다. 그런데 아무도 완벽한 답을 제시하지 못했다. 결국 직접 온라인으로 논문과 기사를 훑어보아야 했다(그리고 전문가로서의 자존심이 깎일 위험을 무릅쓰고 솔직히 말하자면, 유튜브 동영상들도 섭렵했다). 이 관측에 성공하는 데 대단히 중요한 역할을 한 것은 평범한 빛의 특성 집합과 고출력 레이저다.*

앞에서 평범한 전구에서 나오는 광자의 수를 이야기했다. 블랙홀 충돌로 생성되어 LIGO 검출기를 지나는 중력자의 수는 그보다 훨씬 더 엄청나게 많다. 이런 엄청나게 많은 중력자가 지나간다고 해도, 관측 가능한 신호를 찾기란 극도로 어렵다. 중력자 하나를 검출하려면 이 신호를 약 10^{70}으로 나누어야 한다. 진정으로 가망이 없는 수준이다. 우리가 내다볼 수 있는 미래까지 양자 중력은 오로지 실현 불가능한 사고 실험의 세계에 속해 있다.

LIGO 실험은 1990년대에 처음 구상되어 미국 의회의 예산 승인을 받았다. 실제로는 워싱턴 핸퍼드 인근과 루이지애나 리빙스턴 인근의 두 곳에 관측소를 설치해 이 두 곳에서 실험이 이루어진다. 관측소가 두 곳인 이유는 관측한 신호가 맞는지 확인하기 위해서다. 건설 과정은 순탄치 않았다. 이 장치는 극도로

---

* 좀 더 상세히 알고 싶은 독자를 위해 한마디 하자면, 이 실험은 두 팔을 따라 죽 뻗어 있는 레이저 광선의 간섭을 이용한다. 막대가 약간 늘어날 때, 두 팔을 따라 나아가는 광선의 길이에 약간 차이가 생긴다. 따라서 정확히 똑같은 시간에 끝에 다다르지 못한다. 검출 가능한 신호를 얻으려면 레이저의 출력이 높아야 한다.

민감하다. 관측소에서 좀 떨어진 곳을 지나가는 트럭조차도 중력파 효과로 착각하게 만들 수 있는 진동을 일으켰다. 초기 단계에는 핸퍼드 인근에서 지진이 일어나는 바람에 많은 설비를 다시 손봐야 하는 사태도 벌어졌다. 이윽고 현대 과학기술의 성과물이 완성되었고, 놀라운 결과가 나왔다. 이미 크고 극도로 복잡한 장치였지만, 시운전 단계에 있을 때에는 관측 대상인 신호를 검출할 만큼 민감하지 않았다. 그러나 지난 10년 사이에 중성자별들과 블랙홀들의 충돌로 생긴 중력파를 실제로 관측했다. 우주를 연구할 전혀 새로운 방식이 출현한 것이다. 이론가인 킵 손 Kip Thorne, 고에너지 실험가인 배리 배리시 Barry Barish, 원자물리학 실험가인 라이너 바이스 Rainer Weiss는 미래 전망, 기술 혁신, 관리 능력을 종합한 이 업적으로 노벨상을 공동 수상했다.

사고 실험과 블랙홀

중력이 양자 세계에 미치는 효과를 검출할 실험을 할 때 현실적으로 접하는 모든 장애물을 제쳐둔다고 해도, 우리는 여전히 그런 실험이 원리상으로라도 가능한지 여부를 물을 수밖에 없다. 양자역학의 규칙들을 일반상대성이론에 적용하려고 시도하는 물리학자는 두 가지 문제와 맞닥뜨리게 된다.

중력자가 거의 상호작용을 하지 않는다는 말에는 한 가지 단서가 달린다. 얼마나 상호작용을 하는지는 에너지에 달려 있다는 것이다. 간단히 말해서, 에너지를 10배 더 늘린다면 상호작용할 확률은 100배 커진다. 한 광선의 각 입자가 플랑크 규모의 에너지를 갖는다면 상호작용할 기회는 상당히 높을 것이다. 대형 강입자가속기처럼 많은 입자를 움직이는 가속기가 각 입자에 이만한 에너지를 부여하려면, 원자로 약 10^{16}기에 해당하는 즉 거의 태양의 출력에 맞먹는 동력원이 필요하며, 그렇게 해도 중력자 하나를 생성하려면 수조 년에 걸쳐서 입자들을 계속 충돌시켜야 할 것이다. 이런 추론을 토대로 프리먼 다이슨은 중력자를 검출하는 것이 **원리상** 불가능할 수도 있다고 주장했다.

그러나 우리 사고 실험의 원동력은 불확정성 원리다. 우리가 실험실에서 아주 높은 진동수(에너지)를 생성할 수 없을지라도, 불확정성 원리에 따르자면 극도로 짧은 시간 동안 지속되는 중력장 같은 것이 전혀 없다고는 말할 수 없다. 사실 이렇게 아주 강하게 결부되는 고에너지 중력장이 존재할 때, 일반상대성의 양자론은 통제를 벗어난다. 파인먼, 슈윙거, 도모나가, 엇호프트 같은 이들이 고안한 표준모형의 광자, 글루온, 기타 입자들을 계산할 때 쓴 유형의 기법들이 먹히지 않는다. 양자역학이 일반상대성에 미치는 효과를 계산하려 시도할 때, 적은 방정식은 아무런 의미도 없게 된다. 리처드 파인먼은 이 사실을 처음으로 알아차리고 해결하려고 시도했지만 실패한 인물 중 하나이며, 그 뒤로 여러 해 동안 많은 이들이 이 문제에 매달렸지만 실패를 거듭했다. 일반상대성을 전제로 한 상태에서 표준모형만으로는 아무것도 들어맞지 않는다. 이 문제가 단순히 기술적인 성격의 것이라고, 즉 엇호프트 같은 이들의 연구가 이루어지기 전의 표준모형이 지녔던 문제들 같은 것이라는 희망을 품은 이들도 있다. 그러나 호킹은 적어도 언뜻 보아도 중력과 양자의 문제가 전혀 다르며, 양자역학과 일반상대성의 그 어떤 결합도 실패할 것이라고 지적했다. 그 문제는 블랙홀과 관련이 있다.

아인슈타인은 일반상대성이론을 발표할 때, 이론을 뒷받침할 실험 증거를 찾기 위해 애썼다. 문제는 이 이론이 대부분의 상황에서는 뉴턴의 이론과 거의 동일한 예측을 내놓는다는 것이다. 즉 일반상대성이론이 수정한 값은 극도로 미미한 수준이다. 관찰 가능한 효과를 찾아내기 위해서 아인슈타인은 거대한 태양의 질량을 이용해서 태양 가까이에서 일어나는 현상을 연구해야 했다. 그럴 때에도 그 효과는 아주 작았다. 20세기 초에 쓸 수 있는 기술로 간신히 측정할 수 있는 수준이었다. 하지만 일반상대성의 효과가 중요한, 더 나아가 압도적인 상황도 있다.

아인슈타인이 이론을 발표한 직후에, 제1차 세계대전 때 군인이었던 독일 물리학자이자 천문학자인 카를 슈바르츠실트Karl Schwarzschild는 아인슈타인의 방정식에서 별 바깥의 중력장을 기술하는 해를 발견했다(안타깝게도 슈바르츠실트는 그로부터 얼마 뒤에 세상을 떠났다). **슈바르츠실트의 해**는 태양 주위의 빛 휘어짐과 수성의 근일점 세차 운동이라는 결과를 쉽게 재현한다.

이 해는 별이 충분히 무겁고 작을 때 블랙홀이 된다는 것도 기술한다. 우주 여행자가 블랙홀에 다가간다고 하자. 블랙홀의 중심에서 특정한 거리까지, 즉 **슈바르츠실트 반지름**이라는 곳까지 다가가면, 기이한 일들이 일어난다. 공포 영화의 한 장면 같다. 시간과 공간의 역할이 뒤바뀌는 듯하다. 블랙홀에서 나오는 광선은 다가오다가 방향을 돌려서 되돌아간다. 중력이 너무 세서 빛조차 탈출할 수가 없다. 태양의 슈바르츠실트 반지름은 약 1km이므로, 태양의 깊숙한 곳에 놓여 있기에 태양에는 이 해를 적용할 수가 없다. 그러나 우리는 훨씬 더 작고 밀도가 더 높은 천체라면 이 반지름 안쪽에 들어갈 수도 있다는 것을 안다. 한 예로, 중성자별은 질량이 태양과 비슷하지만 반지름이 약 1km에 불과하다고 말한 바 있다. 따라서 우리는 블랙홀**이라는** 약간 더 작거나 약간 더 무거운 천체도 쉽게 상상할 수 있다. 그런 천체에서 슈바르츠실트 반지름은 우리가 바다를 내다볼 때 저 멀리 보이는 수평선과 비슷할 것이다. 멀리서 지켜보고 있으면, 블랙홀에 접근하는 천체는 이 블랙홀 지평선을 지나자마자 눈앞에서 사라질 것이다.

앞에서 블랙홀이 진짜로 있다는 것을 살펴보았지만, 블랙홀은 극도로 흥미로운 사고 실험들도 제공한다. 우리는 블랙홀을 이론 실험실이라고 생각할 수도 있다. 고전적인 일반상대성의 관점에서 볼 때 블랙홀의 놀라운 특징 중 하나는 거의 아무런 특징도 지니지 않는다는 것이다. 블랙홀의 질량, 전하, 회전 속도를 알면, 사실상 알 수 있는 모든 것을 아는 셈이다. 블랙홀은 고도의 문명을 갖춘 행성들에 둘러싸인 복잡한 별이 붕괴하여 생겼을지 모르지만, 형성되면 그 모든 정보는 그냥 사라진다. 이는 화재나 폭발과는 다르다. 화재나 폭발 때에는 많은 노력을 통해

재와 폭발로 생기는 복사(빛과 열)를 살펴봄으로써 원래의 모든 정보를 재구성할 수 있다는 희망을 품을 수도 있다. 블랙홀로 붕괴하면, 적어도 고전적인 관점에서는 그런 일이 불가능해 보인다. 고전물리학자에게는 이 점이 당혹스러울 수도 있지만, 그 자체가 이론의 뼈대를 무너뜨리는 것은 아니다.

그러나 양자론은 일찍부터 블랙홀이 이런 식으로 행동할 수 없다는 단서들을 제시했다. 그 고전적인 견해에 처음으로 의문을 제기한 물리학자는 예루살렘에 있는 히브리대학교 이론가인 제이콥 베켄슈타인Jacob Bekenstein이었다. 그는 블랙홀과 열역학 제2법칙의 유사성에 주목했다. 제2법칙은 엔트로피(중입자 생성과 인플레이션을 논의할 때 언급한 무질서의 척도)가 언제나 증가한다는 것이다. 블랙홀에서는 언제나 증가하는 양이 하나 있다. 바로 블랙홀 지평선 면적이다. 블랙홀에 무엇을 하든 간에, 식탁이나 의자를 던져 넣든 행성이나 별을 던져 넣든 간에, 블랙홀의 질량은 증가하고 지평선의 면적도 커진다. 베켄슈타인은 블랙홀 면적과 엔트로피 사이의 정확한 관계를 제시했고, 블랙홀이 사실상 온도를 지닌 열역학적 계라고 주장했다.

그런데 이것이 무엇을 의미할까? 대체로 우리는 온도를 어떤 입자 집합(원자, 분자, 광자)의 전형적인 에너지를 측정한 것이라고 생각한다. 그러나 밖에서 보는 우리는 질량 같은 몇몇 전반적인 특성 외에는 블랙홀에 관한 정보를 전혀 갖고 있지 않으며, 분명히 입자 같은 것들을 알아볼 수가 없다. 블랙홀이 온도를 지닌다는 것이 어떤 의미인지를 알아차린 사람은 호킹이었다.

거의 50년 동안 호킹은 일반상대성 연구를 이끈 인물이었다. 또 그는 그 주제를 일반 대중에게 널리 알리는 데에도 큰 역할을 했다. 영국에서 태어나고 배운 그는 아직 21세의 학생이었던 1963년에 루게릭병이라고도 하는 근육위축가쪽경화증에 걸렸다. 대개 목숨을 잃는 신경퇴행질환이다. 처음 진단을 내릴 때만 해도, 의사들은 그가 2년 이상 살지 못할 것이라고 예상했다. 그러나 그는 2018년까지 살면서 활동을 했다. 그는 장애로 정의되는 삶을 살지 않겠다고 결심했고, 그의 과학적 업적과 복잡한 개인 생활은 이 결심이 어떻게 실현되는지를 잘 보여준다. 그는 분명히 유명세를 즐겼고, 동료들을 비롯한 이들에게 호감을 갖거나 아니면 넌더리를 내거나 둘 중 한 가지 반응을 불러일으키는 방식으로 그 명성을 이용하곤 했다. 그는 과학·정치·종교에 의견 표명하는 것을 주저하지 않았고, 과학 쪽으로도 내기를 걸고 장난을 하는 것으로도 유명했다.

연구자 생활 초기에 그는 로저 펜로즈와 함께 아인슈타인 방정식에서 우주를 이해하는 데 중요한 측면들을 연구했다. 아인슈타인 방정식은 최초의 순간, 즉 빅뱅의 순간에 다가갈 때 무의미해진다. 호킹과 펜로즈의 연구는 이것이 일반적인 특징임을 밝혔다. 즉 우주의 역사를 조금 다르게 생각한다고 해도 바뀌지 않는 특징이다. 앞에서 은하수의 중심에서 블랙홀을 발견한 공로로 2020년에 앤드리아 게즈와 라인하르트 겐첼Reinhard Genzel이 노벨 물리학상을 받았다는 말을 했다. 블랙홀이 아인슈타인 이론의 핵심에 놓인 특이점을 필연적으로 지닌다는 것을 입증한 업적으로 로저 펜로즈도 이 상을 공동 수상했다.

호킹의 가장 두드러진 과학적 업적은 블랙홀 연구다. 그는 블랙홀이 실제로는 검지 않다는 것을 보여주었다. 즉 복사를 방출한다는 것이다. 어떻게 그런 일이 일어날까? 양자역학에서 불확정성 원리는 평범한 시공간에서 에너지 보존에 위배되는 일이 짧게 일어나도록 허용한다. 그 결과 극도로 짧은 시간 동안, 한 입자와 그 반입자가 생성될 수 있다. 다른 에너지원이 전혀 없는 완전한 진공에서도 생성될 수 있다. 그 뒤에 이런 입자들은 소멸되어 다시 사라질 것이다. 평범한 공간에서는 이것이 관찰 가능한 결과를 전혀 빚어내지 않는다. 관찰하고 싶다면, 물질 입자를 출현하게 만드는 에너지원을 지닌 진공을 탐사해야 할 것이다. 그런데 블랙홀의 지평선 근처에서는 이런 가상 입자 중 하나는 탈출하고, 다른 하나는 안쪽으로 떨어질 수 있다. 탈출하는 입자는 큰 중력장에서 약간의 에너지를 빌릴 수 있으므로, 에너지는 여전히 보존된다. 그러나 이제 어느 정도 복사가 방출되므로, 블랙홀의 총 에너지(질량)는 약간 줄어든다. 호킹은 이 방출이 우리가 우주마이크로파배경복사를 이야기할 때 다루었던 흑체의 복사에 해당한다는 것을 알았다. 흑체의 온도는 바로 베켄슈타인이 예견한 것이다.

따라서 양자역학적으로 볼 때, 블랙홀은 고전 세계보다 양자 세계에서 훨씬 더 복잡한 천체인 듯하다. 그 안에서 많은 일이 벌어지고 있다. 블랙홀은 정적이지 않다. 서서히 증발하다가 이윽고 완전히 사라진다. 태양 질량만 한 블랙홀이 완전히 증발하는 데 걸리는 시간은 아주 길다. 약 10^{67}년으로서, 우주의 현재 나이보다 훨씬 더 길다. 그러나 우리는 더 작은 블랙홀도 생각할 수 있고, 그런 블랙홀은 지금 사라지는 중일 수도 있다. 생애를 마감할 즈음에는 엄청난 에너지를 분출할 것이다. 천체물리학자들은 이 가능성을 탐구하고 있다. 그러나 그런 천체를 찾으려면 아주 운이 좋아야 할 것이며, 지금까지 그만한 크기의 블랙홀이 있다는 증거는 전혀 없다.

호킹은 이 발견으로 학계에서 명성을 얻었고 대중에게도 널리 알려졌다. 이윽고 그는 아이작 뉴턴이 맡았던 케임브리지대학교 루카스좌 수학 교수가 되었다. 그 자리가 뉴턴을 보호하기 위해서 만들어졌다는 점을 생각하면 좀 역설적이다. 뉴턴은 독실한 기독교인이었지만 이단적인 견해를 고수한 반면, 호킹은 무신론자임을 당당하게 밝혔기 때문이다.

호킹의 사고 실험

호킹복사Hawking radiation의 (이론적) 발견은 그의 주된 업적이었다. 그런데 1976년에 그는 또 하나의 사고 실험을 제시했는데, 이 사고 실험은 많은 이론가들이 당혹스럽게 했다. 문제를 이해하려면, 양자역학의 다른 측면, 즉 정보와 관련된 측면을 살펴보아야 한다. 앞서 논의했듯이, 양자역학은 확률을 다룬다. 확률은 유용한 개념이며 때로 복잡할 수 있지만, 아주 단순해서 명백하고, 너무나 명백하기에 쉽게 간과되는 측면이 하나 있다. 이 점은 많은 이들이 몇몇 형태로 접하는 사례를 생각하는 데 도움을 준다. 복권 판매점에 들어가서, 당첨 확률이 얼마인지 살펴본 다고 하자. 복권을 한 장 샀는데 1,000만 장이 발행된 것이라면, 1등에 당첨될 확률은 1,000만 분의 1이다. 정말로 적은 수다. 학생들에게 그런 확률이 어느 수준인지 감을 잡도록 하기 위해서 나는 어느 날 교통사고로 사망할 확률과 비교해 보라고 권한다. 미국에서 하루 교통사고 사망자 수는 약 100명이다. 미국 인구를 약 3억 명으로 잡으면, 개인이 교통사고로 사망할 확률은 약 300만 분의 1이다. 이러한 상황에서 내가 취하는 태도는 거의 일어날 법하지 않은 사건인 교통사고로 사망할 걱정을 하지는 않는 것이다. 그런데 복권에 당첨될 확률이 그만큼, 아니 그보다 훨씬 더 낮다면, 그런 일은 내게 결코 일어날 리가 없다고 보아야 할 것이다(이 책을 읽을지도 모를 복권 발행 책임자들께 미리 사과를 드린다.)!

그러나 확률에 관한 한 가지 단순한 사실은 무언가가 일어날 확률은 1이라는 것이다. 내 복권은 당첨되거나 낙첨된다. 나는 오늘 자동차 사고로 사망하거나 사망하지 않는다. 슈뢰딩거 방정식의 가장 중요한 특징 중 하나는 바로 이 성질을 지닌다는 것이다. 복권보다 덜 뚜렷하긴 하다. 알아보려면, 좀 복잡한 수학을 써서 이 방정식을 연구해야 한다. 그러나 이 말이 참이 아니라면, 양자역학의 확률론적 해석은 무의미할 것이다.

확률에 관한 이 사실은 다음 질문과 관련이 있다. 정보는 사라질 수 있을까? 물론 우리 모두는 이런저런 것들을 잊거나, 적어 놓은 것들을 잃거나, 노출되면 난처하거나 위험에 빠뜨릴 수도 있는 서류를 일부러 파쇄하거나 태운다. 그러나 우리는 인내심과 자원이 충분하다면 이 정보를 재구성할 수 있다고 믿는다. 컴퓨터 시대를 사는 우리는 정보의 **양**을 생각하고 측정하는 데 익숙하다. 내 노트북의 하드드라이브는 80기가바이트의 정보를 담고 있다. 인터넷에 연결되면 1초에 많은 바이트를 전달한다. 내가 무제한적으로 자원을 지닌다면, 내 노트북이 고장 나거나 내 집이 불타버려도 나는 이 정보를 재구성할 수 있다. 한 계(또는 우주)에 있는 정보의 양은 변하지 않는다. 접근하기 어려운 것이 많을 수는 있다. 일반상대성이론을 포함하기 이전의 양자역학에도 같은 말이 적용된다. 양자 계의 상태에 관한 정보는 지금은 유명해진 **슈뢰딩거 파동함수**에 담겨 있다. 붕괴하는 별 같은 복잡한 계에는 많은 정보가 들어 있다. 상상도 못할 만큼 많은 양이다. 고전물리학에서는 모든 원자핵과 전자의 위치와 속도가 그런 정보가 될 것이다. 양자역학에서는 이 모든 것들 사이에 복잡한 관계가 있다. 각각의 장소에서 다른 모든 입자를 발견할 확률을 지정하지 않고서는 특정한 지점에서 한 입자를 발견할 확률도 말할 수 없다.

따라서 붕괴하는 별에는 엄청난 양의 정보가 들어 있다. 호킹 덕분에 우리는 별이 충분히 무겁다면 블랙홀을 형성한 뒤 복사를 뿜어내면서 서서히 증발한다는 것을 안다. 원래의 별에 있던 모든 복잡한 구조는 따뜻한 천체의 평범한 복사로 전환된다. 이 모든 정보는 어디로 갈까? 호킹은 1976년 논문에서 이 정보가 그냥 사라진다고 주장했다. 그는 블랙홀 근처에서는 양자역학이 무너진다고 주장했다.

이는 탁월한 사고 실험이었다. 양자역학이나 일반상대성이론, 또는 양쪽을 다 위협했다. 그리고 너무나 극단적이어서 실험으로 살펴볼 방법을 상상하기조차 어려운 의문들을 포함하는 진정한 사고 실험이었다. 많은 뛰어난 이론가들은 이 의문을 놓고 벌어진 논쟁에 뛰어들었다. 아예 양자역학이나 일반상대성이론을 수정해야 한다고 생각한 이들도 있었다. 더 회의적인 이들도 있었다. 예를 들어, 블랙홀의 증발은 잿더미, 난로에서 장작 때기와 비슷할 수도 있다. 물체가 탈 때 양자역학 법칙이 무너지지 않는다는 것은 분명하다. 그런 사례에서 이 퍼즐의 해답은 방출되는 복사가 흑체복사와 똑같지 않다는 것이다. 즉 방출되는 광자들 사이에는 미묘한 연결이 이루어져 있다. 그러나 블랙홀 문제에서 호킹이 던진 의문의 답이 그렇게 단순할 리 없다는 것이 드러났다. 공간과 시간의 구조는 그런 상관관계가 어떻게 출현하는지 이해하기 어렵게 만든다. 다른 식으로 설명하는 주장들도 나왔지만 아주 흡족한 것은 전혀 없었다. 아마도 호킹이 옳았던 듯했다. 양자역학이든 일반상대성이든 하나를 포기해야 했다.

그런데 블랙홀도 존재해야 하고 양자역학도 들어맞아야 하는 상황도 있다는 것이 드러났다. 바로 끈이론이 그렇다고 말하고 있었다. 끈이론은 이 수수께끼의 해결책을 적어도 일부나마 제공했다. 그러니 살펴보기로 하자.

끈이론

왜 어떤 이론가들은 스스로를 끈이론가라고 부를 정도로 끈이론을 성배처럼 여기는 반면, 어떤 이들은 그 이론의 가장 기초적인 사항조차 모르는 것을 일종의 영예로 여기면서 이를 철저히 경멸할까? 앞에서 우리는 끈이론을 잠깐 살펴보면서 그것이 어떻게든 일반상대성이론을 담고 있다고 말했다. 이 분야의 좀 독특한 역사를 살펴보면 끈이론이 어떤 매력을 지니고 있으며, 적어도 아주 대강이나마 우리 세계와 닮은 세계와 일반상대성의 출현을 이 이론이 어떻게 설명하는지 어느 정도 감을 잡을 수 있다. 그러므로 물리학자들이 이런 흥미로운 이론과 어떻게 마주치게 되었는지를 살펴보기로 하자. 1960년대 말 양자색역학이 등장하기 전, 강한 상호작용은 이론가와 실험자 양쪽을 크나큰 좌절에 빠뜨린 원흉이었다. 말 그대로 입자가 수백 가지나 있었다. 쿼크 모형은 많은 관심을 끌었지만, 쿼크가 과연 실제로 존재하는지는 불분명했다. 머리 겔만 자신도 의문을 품었다. 쿼크 모형은 쿼크들이 서로 다른 방식으로 조합되어서 강하게 상호작용하는 입자들이 만들어진다고 보았다. 전자가 서로 다른 궤도를 지닐 수 있다는 닐스 보어의 원자 모형과 거의 흡사한 방식이었다. 우리는 이를 합성 모형이라고 부른다. 이 모형은 더 단순한 입자가 들뜬 상태에 따라서 서로 다른 입자가 된다고 본다. 그러다가 모든 강입자가 비슷한 토대 위에 있다고 보는, 더 민주적인 모형을 추론하는 이들이 나타났다. 난부 요이치로와 레너드 서스킨드는 이런 모형들을 붙들고 씨름하다가 강하게 상호작용하는 입자들을 끈으로 모형화할 수 있지 않을까 하는 생각을 떠올렸다.

앞서 말했듯이, 여기서 끈이라는 말은 점에 반대되는 선이라는 의미다. 그런데 왜 난부와 서스킨드는 강하게 상호작용하는 온갖 입자들의 무리를 끈과 연관 지을 생각을 했을까? 그런 이론이 무엇을 하는지 알아내기란 쉽지 않지만, 열심히 일하는 대학원생에게 맡길 과제로는 딱 맞는 문제일 것이다. 과제 1: 고전적인 끈이론을 공부해서, 그것이 특수상대성의 규칙들에 들어맞도록 만들기. 과제 2: 양자역학의 규칙을 과제 1의 결과에 적용하기.

대학원생은 첫 번째 과제를 공부하다가 악기의 현에 관해 모두가 알고 있는 사항들을 발견할 것이다. 기타, 바이올린, 피아노의 현처럼 끈은 독특한 진동수, 즉 **기본**fundamental 진동수뿐 아니라, 그 진동수의 정수 배(1, 2, 3…)인 더 높은 진동수로도 진동할 수 있다. 이를 **배음**harmonics이라고 한다. 음악을 감상하는 데 중요한 요소다. 그런데 악기의 현은 한 가지 중요한 차이가 있다. 끝이 고정되어 있는 악기의 현과 달리, 난부와 서스킨드의 근본적인 끈은 그 자체가 공간을 날아다닐 수 있다.

과제 2, 즉 양자역학을 적용하는 문제는 언뜻 볼 때 재앙처럼 여겨질 것이다. 둥근 구멍에 네모난 못을 박는 문제처럼, 대학원생은 적어도 3차원 공간과 1차원 시간으로 이루어진 우리의 평범한 세계에서는 특수상대성의 규칙은 들어맞지만 양자론의 규칙은 들어맞지 않거나, 그 반대임을 알아차릴 것이다. 사리 분별이 뛰어난 대학원생이라면 여기서 포기를 하겠지만, 현실에 구애받지 않는 대학원생은 더 많은 차원의 공간을 지닌 세계도 살펴볼 것이다. 그러다가 공간이 25차원인(즉 시공간이 26차원인) 세계라면 아인슈타인과 슈뢰딩거-하이젠베르크-디랙의 요구 조건들을 충족시킬 수 있다는 점을 알아차릴 것이다.

이 별난 학생은 거기에서 더 밀고 나갈지도 모른다. 진동수가 곧 에너지를 뜻하고, 아인슈타인의 상대성이 에너지가 곧 질량이라고 말한다는 점을 떠올릴 것이다. 다시 말해, 끈을 들뜨게 할 수 있는 다양한 방식들은 곧 명확한 질량을 지닌 입자들처럼 보인다. 그리고 끈이 진동할 수 있는 방식은 무한하다. 즉 배음은 무한히 많다. 따라서 더욱더 큰 질량을 지닌 입자들이 나옴으로써 가능한 입자의 수도 무한히 많을 것이다. 이것이 바로 강한 상호작용이 이루어지는 방식이었다.

이 기이한 시공간을 허용한다고 해도, 강력의 모형에 잘 들어맞지 않는 것들이 여전히 있었다. **타키온**tachyon이라는 기괴한 입자가 그러했다. 이 입자는 빛보다 빨리 움직이며, 다른 터무니없는 결과들을 낳곤 했다. 이것만 해도 심각한 문제인데, 두 번째 문제가 있었다. 바로 질량이 0인 입자다. 강한 상호작용을 하는 입자 중에는 그런 것이 아예 없는데 말이다. 이 입자의 또 한 가지 기이한 특징은 스핀이었다. 스핀이 파이 중간자처럼 0도 아니고, 광자처럼 1도 아니라, 2였다.

연구를 하면 할수록 상황은 더욱더 나빠지기만 하는 듯했다. 원래의 끈 모형에서는 전자와 쿼크처럼 스핀이 2분의 1인 입자가 아예 없었다. 그런 입자들까지 포함하기 위해 이론을 수정하자 때로 타키온이 제거되곤 했고, 이제 그 이론은 공간 9차원과 시간 1차원으로 이루어진 세계에 들어맞았다. 그러나 더욱 큰 대가를 치러야 했다. 스핀이 서로 다른 입자들 사이에 기이한 대칭이 생겨났다. 대학원생은 초대칭을 발견했다. 그러나 원하는 것이 그저 강입자의 특성을 모형화하는 것이라면, 이 초대칭은 이론이 원치 않은 방향으로 전개된 또 하나의 사례에 불과했다.

마지막으로, 우리의 딱한 대학원생이 이 단계에서 과제가 거의 불가능에 가깝다는 것을 알아차렸다는 말을 해야겠다. 계산은 대단히 어렵고 복잡했다. 그런데 얻은 보상은 쥐꼬리만 한 수준인 듯했다. 강한 상호작용의 새 이론인 양자색역학에 매달렸다면 계산도 훨씬 쉬웠을 것이고, 그 결과를 실험에 곧바로 그리고 성공적으로 적용할 수 있다는 보상을 얻었을 것이다.

이 이론을 강한 상호작용에서 관찰된 특성들과 일치시키려고 시도하던 이들은 1973년 양자색역학이 발견되면서 비참한 처지로 내몰렸다. 1974년에 대학원 과정을 시작한 나는 끈이론이라는 잘못된 길로 들어서지 않은 것이 다행이라고 느꼈고, 여전히 그 이론을 놓지 않으려고 하는 이론가들이 극소수 존재한다는 사실이 의아했다.

그러나 지금은 그렇게 고집을 부린 이들이 선각자였음을 안다. 실제로 끈이론의 구조가 너무나 놀라워서 자연에서 어떤 역할을 틀림없이 할 것이라고 믿은 물리학자들이 소수 있었다. 1974년 조엘 셰르크Joel Scherk와 존 슈워츠John Schwarz는 대담한 도약을 했다. 그들은 아인슈타인 이론의 양자판에서는 중력자의 스핀이 2라고 주장했다. 즉 사실상 끈이론이 강한 상호작용의 이론이 아니라 일반상대성의 이론이라고 주장한 셈이었다.

정말로 기이한 주장이었다. 우리의 딱한 대학원생은 일반상대성원리를 쓰라는 말을 듣지 못했다. 특수상대성 이야기만 들었다. 일반상대성 강좌는 이듬해나 되어서야 들을 예정이었으니까. 그러나 비록 제시한 차원의 수는 달랐지만, 아인슈타인이 요구한 것을 해낸 듯했다. 사실, 더 이전의 연구, 특히 스티븐 와인버그의 연구는 질량이 없고 스핀이 2인 입자를 상정하는 타당한 양자론이라면 아인슈타인의 원리를 필연적으로 통합하게 된다는 것을 보여준 바 있었다. 따라서 끈이론이 타당한 이론이라면, 그런 식으로 작동해야 했다.

셰르크와 슈워츠를 그토록 흥분시킨 것을 우리 대학원생은 아직 이해하지 못한 듯했다. 우리는 일반상대성의 양자론이 아주 높은 에너지에서 심각한 문제에 처한다고 말한 바 있다. 파인먼이 내놓은 규칙을 써서 계산을 시도하려고 해도 헛수고다. 그러나 끈이론은 다르다. (점과 반대되는) 선이 그 계산을 무의미하게 만드는 특정한 수학적 문제들과 그냥 무관하기 때문이다. 그래서 셰르크와 슈워츠는 끈이론이 타당한 중력 양자론을 내놓을 수도 있다고 주장했다.

그래도 이 모든 것이 좀 이상해 보였다. 26차원(우리 공간의 3차원 같은 25차원과 시간 1차원)을 이루는 것이 무엇이며, 그 이론의 한 형태에 등장하는 타키온은 또 무엇일까? 또는 적어도 타키온은 없지만 다른 기이한 것이 있는 10차원 판본은? 이런 모형들은 기껏해야 멋진 수학 모형처럼 보일 뿐, 현실 세계와 아무런 관계도 없는 듯했다.

그러나 셰르크와 슈워츠는 굽히지 않았다. 그들은 공간의 여분 차원이 통상적인 3개 차원과 같은 토대 위에 있지 않을지도 모른다고 주장했다. 존재하지만 우리가 못 보는 것일 수도 있다. 더 정확히 말하자면, 두 사람은 이런 차원들에서는 공간이 말려 아주 작은 원처럼 되어 있을지도 모른다고 했다.

공간은 3차원 이상의 차원을 갖고 있으며 다른 차원들은 아주 작다는 개념은 그 역사가 꽤 오래되었다. 20세기 초에 테오도어 칼루자Theodor Kaluza와 오스카르 클라인Oskar Klein이 제시한 바 있으며 아인슈타인도 큰 관심을 보였다. 사실 그 개념은 아인슈타인이 일반상대성과 전자기의 통일론을 추구하면서 살펴본 것 중 하나였다.

이 여분 차원이라는 개념이 무엇이고, 칼루자와 클라인은 그 뒤에 무엇을 했을까? 가장 먼저 깨달아야 할 점은 우리 뇌가 이런 개념을 고찰하도록 진화하지 않았다는 사실이다. 25차원은 커녕 4차원이나 5차원의 공간이 어떤 것인지 머릿속에 떠올리려는 시도조차 하지 말기를. 대신에 이런 여분 차원 개념을 그저 추상적인 수학의 산물이라고 받아들이자. 많은 이들이 고등학교 수학 시간에 이미 접한 개념들을 연장한 것이다. 17세기 프랑스 수학자 르네 데카르트는 평면을 x와 y의 좌표를 지닌 그래프나 지도로 생각하라고 가르쳤다. 평면 위 한 점의 위치는 x와 y의 값으로, 예를 들어 x=3, y=4이라면 (3, 4)로 나타낸다. 데카르트의 개념은 3차원으로 일반화할 수 있다. 공간 속 한 점의 위치를 x, y, z로, 즉 (1, 3, 5) 같은 3개의 숫자로 나타낼 수 있다. 이제 비록 실제로 그릴 수는 없지만, 우리는 수학적으로 더 나아갈 수 있다. 즉 4차원 (x, y, z, a)나 5차원 (x, y, z, a, b) 등으로 계속 진행할 수 있다. 이런 여분 차원들, 즉 네 번째나 다섯 번째 차원은 무한할 수도 있고, 원이나 구처럼 유한할 수도 있다.

칼루자와 클라인은 바로 이 추상적인 기본 틀 안에서 연구를 했다. 차원이 하나 더 많은 차원이다. 그들은 이 차원을 작은 원이라고 보았다. 비록 당시에는 이런 차원이 얼마나 작아야 할지 생각할 방법이 사실상 없었지만 그렇게 했다. 그들은 아주 흥미로운 발견을 하나 했다. 그들은 기본적인 이론 즉, 더 높은 차원의 이론에 일반상대성을 포함시켰다. 그러자 4차원의 관찰자가 볼 때는 일반상대성과 **동시에** 전자기가 저절로 출현하는 듯했다. 아인슈타인이 그토록 흥분한 것은 바로 이 때문이다. 더 높은 차원의 일반상대성은 어떻게든 간에 일반상대성과 전기와 자기의 통일 이론을 4차원에 남겼다. 어쨌든 셰르크와 슈워츠는 끈이론의 여분 차원 문제에 직면했을 때, 이런 식의 여분 차원 **축소화**compactification가 해법을 제공할 수도 있다고 주장했다. 아마도 이 모든 여분 차원들은 작고 축소화된 공간이고, 너무나 작아서 본질적으로 관찰할 수 있는 효과를 전혀 일으키지 않는다는 것이었다. 시공간은 4차원으로 보일 것이고, 아마 새로운 입자와 상호작용은 더 높은 차원에서 나올지 모른다. 이를 받아들인다면, 끈이론의 다른 바람직한 특징들도 살아남을 것이다. 이 이론은 이전에 제안된 것들과 근본적으로 다른 기본 틀로 전환되고 있었다. 끈이론은 이런 차이점들 때문에 4차원 일반상대성의 문제들에 시달리지 않은 채, 중력과 다른 상호작용들을 설명하는 이론일 수도 있었다.

모두가 이 인기에 편승한 것은 아니었다. 아니 인기 같은 것도 전혀 없었다. 바로 그 당시에 양자색역학이 새로 등장해 흥분을 불러일으키고 있었다. 양자 일반상대성은 대다수 물리학자들에게 별 관심거리가 아니었다. 조엘 셰르크는 1980년 겨우 34세의 나이에 세상을 떠났지만, 조엘 슈워츠는 마이클 그린(당시 런던 퀸메리대학교에 있다가 케임브리지대학교로 옮겨 뉴턴과 호킹이 있던 루카스좌 교수로 몇 년을 보냈고, 가장 최근에는 런던의 퀸메리대학교에서 일하고 있다)과 공동 연구를 계속했다. 그들은 초대칭 끈, 즉 초끈을 집중 연구하는 장기적인 연구 과제를 시작했으며, 그 이론을 진정으로 타당한 중력 이론으로 정립할 방법을 모색하고, 이를 계산할 기법을 개발하는 일에 몰두했다. 그들은 큰 발전을 이루었다. 그러나 다른 분야에서 장애물이 하나 출현했다.

에드워드 위튼은 이런 발전 양상에 큰 관심을 갖고 계속 지켜본 소수의 인물에 속했다. 프린스턴고등연구소에서 박사후 연구원으로 있을 때, 그와 점심을 먹으며 끈이론을 이야기했던 일이 떠오른다. 위튼은 그린과 슈워츠가 정말 중요하지만 매우 어렵기도 한 연구에 매달려 있다고 말했다. 그는 그 연구의 심각한 장애물들을 알아보고 있었다. 우리에게 그 주제를 연구하라고 부추기는 동시에 그는 흥미로우면서 아마도 궁극적으로는 자연법칙의 완벽한 토대를 제공할지도 모르는 이 연구가 해결하는 데 수백 년이 걸렸던 수학적 난제들과 비슷할 수 있다고 경고했다. 더 젊은 동료들과 나는 정중하게 웃음을 짓고는 연구실로 돌아가 당시 우리의 관심을 사로잡고 있던 것들을 계속 연구했다. 푸는 데 1,000년이 걸릴 문제는 흥미로울지 모르지만 대개 경력을 쌓는 데에는 별 도움이 안 된다. 그리고 당시에 존 슈워츠와 만났을 때 나는 그의 완고한 태도에 당혹스러움을 느낀 것이 사실이었다. 그 문제는 너무나 어려웠고, 가까운 미래에 흥미로운 결과가 나오리라는 전망이 전혀 보이지 않았다. 사실 당시에 존 슈워츠는 캘리포니아공과대학교에서 입지가 좀 불안정한 상태였다. 나는 그가 왜 주류와 아주 거리가 먼 문제에 정력을 쏟고 있는지 의아했다.

위튼이 이 이론의 난제들에 매달린 것은 어느 정도는 그것이 수학적으로 복잡한 양상을 띠고 있기에 흥미를 느껴서였다. 그러나 그는 끈이론에 존재하는, 결코 극복할 수 없을 것 같은 장애물에 보이는 어떤 구체적인 개념적 문제들도 염두에 두고 있었다. 그런 문제들은 기본적으로 두 유형이었다. 하나는 표준모형의 입자와 장을 끈이론에서 찾아내는 것과 관련이 있었다. 다른 하나는 끈이론의 결함일 가능성이 있는 것들, 즉 변칙 사례와 관련이 있었다.

위튼은 얼마 동안 칼루자-클라인 이론에 푹 빠져 있었다. 하지만 그 이론이 어떻게 적용될지 알려주는 명확한 규칙이 없다는 점 때문에 고심했다. 따라서 가능성이 무한히 많아 보였다. 끈이론을 기본 이론으로 삼는다면, 여분 차원의 수는 1, 2, 3, 6개가 될 수 있었지만, 7개도 될 수 있다는 단서들도 있었다. 그리고 이 여분 차원들은 어떤 모습일까? 6개의 원? 여분 차원이 2개라면 구일까? 더 많은 차원에서는 훨씬 더 기이한 대상이 있을까? 위튼은 이렇게 세부 사항을 명확히 하기가 어렵다는 점과 별개로, 이런 축소화한 공간에 어떤 최소 요구 조건이 있다는 사실을 깨달았다. 글루온, 광자, W, Z를 설명할 입자들을 충분히 얻는 것은 그리 어려워 보이지 않았다. 전자, 쿼크 같은 입자들은 얻을 수 있었다. 그러나 이런 요구 조건들 중에는 칼루자-클라인 이론에서 표준모형을 구축하는 데 심각한 지장을 초래하는 듯이 보이는 것들도 있었다. 표준모형은 한 가지 놀라운 특성을 지니는데, 이미 앞에서 말한 바 있다. 바로 패리티를 위반한다는 것이다. 즉 어떤 사건을 거울상과 구별할 수 있다는 것을 말한다. 위튼이 깨달은 점은 우리가 보는 세계가 더 높은 차원의 축소화에서 기원한다면, 그 사실을 알아차리기가 어렵다는 것이다. 그는 아주 정교한 수학을 써서, 더 높은 차원의 시공간에서는 일반상대성만으로는 패리티 위반이라는 놀라운 특징을 지닌 표준모형을 유도할 수 없음을 실제로 증명할 수 있었다.

따라서 표준모형에 나타나는 상호작용 유형들을 너무나 아름답게 설명하는 듯했던 칼루자-클라인 이론은 벽에 부딪친 듯했다. 위튼의 패리티 문제를 해결할 수 있는 가장 단순한 방법은 이 명백한 특징을 포기하고 표준모형의 양-밀스 이론이 더 높은 차원 이론에 이미 들어 있다고 받아들이는 것이다. 입자의 관점에서 보면, 이는 칼루자-클라인 이론이 광자, W 보손, 글루온을, 즉 그 이론의 **게이지 보손**을 지녀야 한다는 의미다. 그린과 슈워츠가 분류한 조끈이론들 중에서 한 부류는 표준모형의 것과 비슷한 여분의 게이지 장을 지니고 있었다. 따라서 표준모형이 더 고차원 일반상대성에서 출현해야 한다고 전제하지 않으면서 추가 차원의 축소화를 기꺼이 받아들이고자 한다면, 아마 우리가 아는 물리학을 받아들일 만한 수준으로 구현하는 이론도 찾을 수 있지 않을까?

그러나 위튼이 더 높은 차원의 이론에 제기한 두 번째 반론인 **변칙 사례**anomaly라는 장애물과 관련된 문제는 극복할 수 없어 보였다. 이미 4차원에서도 우리가 죽 나열할 수 있는 고전 장 이론들이 모두 양자론인 것은 아니다. 이 문제는 10차원이나 26차원이 아닌 다른 차원들에서 끈이론을 이야기할 때 나타나는 것들과 비슷하다. 즉 양자역학의 확률론적 해석은 유지될 수가 없다. 표준모형조차도 이런 변칙 사례들을 간신히 피하며, 그러다가 다소 복잡한 방식으로 함정에 빠지곤 한다. 그런데 더 높은 차원에서는 이런 조건들이 훨씬 더 많은 제약을 가하게 되며, 게다가 일반상대성까지 갖추어야 한다. 위튼은 이 모든 것들을 충족시키기가 거의 불가능함을 보여주었다. 사실 그는 알려진 초끈이론들 중 두 가지를 빼고 나머지는 모두 변칙 사례 문제를 겪는다는 것을 증명했다. 즉 이론들 중 겨우 두 가지만 수학적으로 타당하다는 의미였다. 그런데 그 두 이론에는 표준모형에서 게이지 보손의 역할을 할 수 있는 입자가 전혀 없다. 이는 많은 연구자들에게 끈이론의 사망 선고처럼 다가왔다. 나는 당시 위튼의 논증에 경외심을 느끼는 한편, 끈이론을 연구해야 한다는 의무감에 빠지지 않았다는 사실에 다시금 안도했다고 고백하지 않을 수 없다.

그러나 이번에도 그린과 슈워츠는 포기하지 않았다. 위튼의 논증이 꽤 일반적인 것처럼 보이긴 했지만 그들은 자신들이 수립한 끈이론에는 그런 일반론이 적용되지 않을 것이라고 확신했고, 변칙 사례들을 초끈이론에서 직접 계산하기로 했다. 그들은 놀라운 발견을 했다. 위튼의 말은 거의 옳았다. 무한히 많은 이론들의 집합에서 단 3개만이 수학적으로 정합성을 띠었다. 그리고 셋 중에서 단 하나만이 게이지 대칭을 보였다. 이런 대칭들은 표준모형의 대칭들을 포괄할 만큼 컸다. 하지만 이제 수수께끼가 하나 생겼다. 위튼의 논증은 왜 거의 언제나 들어맞았을까? 여기서 물리학의 역사에는 이러저러해서 참일 수 없음이 증명된 정리들로 가득하다는 말을 하지 않을 수 없다. 그런 정리들을 '막힌 정리no-go theorem'라고 한다. 그런데 이런 정리들 중에 빠져나갈 구멍이 있음이 드러나는 경우가 종종 있다. 증명이 실제로 잘못된 것이 아니라, 때때로 명확히 진술되지 않거나 중요성을 제대로 알아차리지 못한 가정이 있어서 예외가 허용되기 때문이다. 10차원에서 이론들의 변칙 사례들을 다룰 때 그런 일이 일어나기 마련이기에, 그린과 슈워츠는 찾아보기로 했다. 그들은 자신들이 계산한 것과 위튼이 계산한 것을 꼼꼼히 살폈고, 드디어 빠져나갈 구멍을 찾아냈다. 그런데 그들은 다른 놀라운 사실도 발견했다. 게이지 대칭을 지니면서 변칙 사례가 전혀 없는 이론이 있을 가능성도 있다는 것이었다. 당시에는 이 구조를 지닌 끈 이론이 전혀 없었다.

1984년 여름에 이루어진 이런 발견들은 큰 흥분을 불러일으켰다. 그들은 훗날 **1차 초끈 혁명**First Superstring Revolution이라고 불리게 될 것의 단초를 열었다. 앞서 위튼이 제기한 극복 불가능할 것만 같은 난제들을 딛고 이제 많은 이들은 곧 어떤 최종이론을 발견하게 될 것이라고 느꼈다. 나는 여전히 그 이론에 동조할 수 없었지만 혹시나 내가 중대한 흐름을 놓치고 있는 것이 아닐까 하는 걱정도 들기 시작했다. 프린스턴고등연구소의 동료인 네이선 세이버그는 내게 그 흐름에 뛰어들라고 재촉했다. 당시 그는 이스라엘에서 우리 연구소로 온 지 얼마 되지 않은, 꽤 젊은 연구자였다. 바로 그 전해에 우리는 이언 애플렉과 함께 초대칭 문제를 공동 연구하여 꽤 성과를 낸 바 있었다. 또 그 시기에 둘 다 아이가 생겼다. 이제 네이선은 거의 발로 차고 소리를 질러대는 수준으로 나를 끈이론으로 잡아끌었다. 그 분야는 어려웠고 나온 문헌도 모호했다. 다행히 그해 가을에 데이비드 그로스(양자색역학의 발전에 매우 비판적이었던 바로 그 사람)가 프린스턴대학교에서 끈이론 강좌를 연 덕분에 우리는 도움을 받을 수 있었다. 그로스는 대학원 때 끈이론을 공부한 적이 있었기에, 최근의 발전 양상을 곧 따라잡았다. 교실은 대학원생뿐 아니라 프린스턴대학교의 저명한 교수도 많이 와서 꽉 들어찼다. 모두 열심히 필기하고 숙제했다. 그런 와중에 데이비드는 제프리 하비Jeffrey Harvey, 에밀 마티넥Emil Martinec, 라이언 롬Ryan Rohm과 함께 새로운 유형의 끈이론을 구축하고 있었다. 그린과 슈워츠가 발견한 가능성의 나머지 부분을 메우는 이론이었다. '잡종heterotic'이라고 하는 이 이론의 세부 내용은 좀 전문적이다. 여기에는 많은 물리학자에게는 친숙하지만 대다수에게는 낯선 수학 분야인 군론group theory이 쓰인다. 그들의 이론은 일반상대성도 포함한 구조에 표준모형도 끼워넣을 가능성을 보여주는 특징들을 지녔다.

또 추가 차원의 문제가 남아 있었다. 모든 초끈이론은 10차원 이론이었다. 그러다가 1985년 초에 위튼은 필 캔덜러스Phil Candelas(텍사스대학교), 게리 호로위츠Gary Horowitz(UC산타바버라), 앤디 스트로민저Andy Strominger(하버드대학교)와 함께 끈이론이 우리가 일상에서 접하는 것과 같은 4개의 큰 차원과 6개의 작은 차원을 지닌다면 끈이론의 방정식이 풀린다는 것을 알아차렸다. 6개의 작은 차원은 칼라비-야우Calabi-Yau 공간이라는 특수한 유형의 공간이다. 이 공간을 처음으로 발견하고 탐사했던 두 수학자의 이름을 땄다. 그러자 놀라운 결과가 나왔다. 표준모형의 게이지 이론이 아주 자연스럽게 도출되었다. 계층 문제의 해법으로 제시되었던 형태의 초대칭도 거의 자동적으로 나오는 듯했다.

또 이 발견은 표준모형의 또 다른 오랜 수수께끼도 규명했다. 앞서 우리는 3세대의 쿼크와 경입자가 있다는 것을 알았다. 이 반복되는 구조는 수수께끼다. 1세대의 쿼크와 경입자만으로도 완벽하게 좋은 우주를 만들 수 있을 것 같았기 때문이다. 사실 제2차 세계대전 직후 뮤온이 발견되었을 때(아니, 더 정확히 말하면 그 정체를 파악했을 때), 이론가 볼프강 파울리는 '누가 주문했는가'라고 물었다. 그 뒤로 여러 해 동안 그 질문에 답하는 다양한 개념들이 쏟아졌지만, 그 어느 것도 설득력이 없었다. 축소화 끈이론들은 거의 언제나 이 기이한 반복 구조를 내놓았다. 어느쪽이냐 하면, 오히려 너무 많아서 당혹스러운 쪽이었다. 세대가 **너무 많을** 때가 많았다.

나는 여전히 거부감이 들었다. 그러다가 어느 금요일 오후 위튼과 대화한 뒤 생각이 바뀌었다. 이론들이 이렇게 발전되어 나가는 것에 회의적이면서도 좀 짜증까지 나 있었기에, 나는 위튼에게 이 기본 틀 안에서 계층 문제와 밀접한 관련이 있는 대통일이론의 오랜 문제 중 하나를 어떻게 풀겠냐고 물었다. 그는 인상을 찌푸리더니 좋은 답을 내놓지 못하겠다고 말했다. 나는 내가 초끈이론에 동조하지 못하는 사실이 정당하다는 생각에 우쭐했다.

다음 월요일에 데이비드 그로스의 강의가 시작되기 전 위튼과 마주쳤는데, 그는 나를 옆으로 데려가더니 말했다. "그런데 네 질문의 답을 찾았어…." 그는 프린스턴대학교 물리학과 건물인 재드윈홀 복도에 있는 칠판으로 나를 데려가더니 설명했다. 나는 완전히 이해하지는 못했지만, 요점은 충분히 알아들었다.

그리고 지금 나는 이 분야에 뛰어든 것을 잘했다고 느낀다. 골치를 싸맸던 물리학의 모든 기본 문제들이 해결되려 하는 듯하기 때문이다.

끈이론을 자연과 연결하는 것을 막는 방해물

다음 몇 달 동안 집중적인 연구와 발전이 이루어졌고, 거기에 나도 얼마간 기여를 했다. 그러나 네이선 세이버그와 나는 끈이론을 자연과 관련짓는 데 한 가지 근본적인 방해물이 있다는 것도 알아차렸다. 그 이론이 예측하는 것이 무엇인지를 정말로 알 수 있는가 여부와 관련된 것이다. 실제로 무언가 예측을 한다면 말이다. 그 문제는 다인-세이버그 문제라고 알려졌다. 이 문제를 이해하려면 양자전기역학으로 돌아가는 것이 도움이 된다. 파인먼, 슈윙거, 도모나가의 연구를 시작으로 아주 잘 이해된 이론 말이다. 그 이론에서는 계산하고자 하는 것이 무엇이든 간에 처음에는 아주 단순한 방법을 취할 수 있고, 대개는 꽤 쉽다. 우수한 대학원생에게 그 문제를 내면 며칠 안에 답을 갖고 돌아올 수 있을 것이라는 의미에서 그렇다. 그런 뒤 할 수 있는 만큼 더 정확히 계산한다. 대개 처음 구한 값을 보정하는 일은 그 값의 약 1,000분의 1 단위 정도까지 작은 규모에서만 이루어진다. 대학원생은 이 단계에서 몇 달이 걸릴 수 있다. 그리고 나면 더욱 정확한 계산을 할 수 있다. 이제 100만 분의 1 단위까지다. 숙련된 교수와 공동 연구자는 이 단계에서 몇 년이 걸릴 수도 있다. 그런 식으로 계산값을 계속 다듬어 나간다. 각 보정이 작은 이유는 양자전기역학에는 작은 양이 하나 있기 때문이다. 미세 구조 상수fine structure constant라는 이 값은 약 137분의 1이라고 잘 알려져 있으며 관습적으로 그리스 문자 α(알파)로 나타낸다. 첫 번째 간단한 계산은 α의 1제곱을 써서 한다. 다음의 더 어려운 계산은 α의 제곱을 써서 하며, 첫 번째 값보다 약 1,000배 작다. 그런 식으로 죽 이어진다. 약한 상호작용에서는 그 상수에 상응하는 양의 값이 약 30분의 1이다. 강한 상호작용에서는 이 근사값이 에너지에 따라 달라지며, 대형강입자가속기에서 힉스 입자를 생산할 때 이 작은 양을 α_s라고 하며 약 10분의 1이다. 작다는 것 외에는 이런 숫자들을 기억할 필요는 없으며, 작은 덕분에 정확한 예측을 할 수 있다.

끈이론도 그런 양을 지니고 있다. 대개 끈 결합 상수string coupling constant라고 부르며, g_s로 나타낸다. 값이 작을 때에는 g_s를 계산할 수 있고, g_s가 작을수록 계산은 더 정확하다. 양자전기역학이나 표준모형에서보다는 계산이 더 어렵다.[1] 사실, 그린과 슈워츠가 초기에 이룬 발전 중 상당 부분은 파인만의 것과 비슷하게 이런 계산을 할 규칙을 개발하는 것이었다.

이 이론에 존재하는 정말 놀라우면서 매혹적인 특징 중 하나는 이론 자체가 **우리 자신이** 어떤 현실에 존재하는지를 결정한다는 것이다. 표준모형에서는 미세 구조 상수 같은 3개의 수를 측정해야 한다. 그것들이 무엇이어야 한다고 선험적으로 알려주는 이론은 없다. 대통일이론에서는 상황이 좀 더 낫다. 결합 상수 하나가 결정되어 있어서다. 그러나 여전히 다른 두 수를 측정해야 한다. 하지만 끈이론은 다르다. 이론 자체에 결합 상수들이 결정되어 있다. 사실 쿼크와 경입자와 힉스 입자의 질량, 우주상수의 값, 교과서의 뒤쪽에 실린 표(또는 인터넷 검색)에서 찾을 수 있는 다른 모든 양이 이론 자체에서 도출된다. 바로 이것이 끈이론이 아마도 궁극의 이론일 수 있다고 보는 이유 중 하나다. 문제는 무언가를 계산하든 간에 계산을 쉽게 해줄 수 있는 작은 양이 있어야 할 이유가 전혀 없다는 것이다. 미세 구조 상수에 상응하는 g_s가 1 또는 3이나 π 같은 일종의 보편적인 수이어야 한다고 예상할지 모르겠다. 세이버그와 나는 g_s를 결정할 것이라고 예상할 수 있는 동역학이 작지 않은 값을 고정시킬 것임을 보여줌으로써 이 진술을 세밀하게 다듬었다.

다른 문제들도 있었고, 서로 관련이 있다는 것이 드러났다. 하나는 위튼이 처음부터 강조했던 것인데, 암흑에너지가 우리가 앞서 소박하게 추측한 것과 딱 맞는 값이라고 예상된다는 것이었다. 왜 그럴까? 이 문제에는 그 어떤 단순한 답도 나온 적이 없다. 이런 의문들에 대처하는 현명한 반응은 그냥 그 이론을 버리는 것일 수도 있으며, 많은 이론가들은 분명히 그런 관점을 취했다. 노벨상 수상자인 셸던 글래쇼와 폴 긴스파그Paul Ginsparg는 조롱까지 하면서 가장 강력하게 그런 견해를 피력했다. 긴스파그는 당시 하버드대학교 교수였고 그 뒤에 과학 출판을 인터넷 시대로 진입시킨 공로로 코넬대학교에서 맥아더상을 받았다. 그들은 〈필사적으로 추구하는 초끈Desperately Seeking Superstrings〉이라는 글에서 실질적으로 예측을 이끌어내기 어렵다는 점을 생각할 때 끈이론이 거의 비과학적이라고 비판했다.

하지만 이런 비판을 받는다고 해도, 끈이론은 통일 이론으로 나아가는 길에 놓인 무수한 장애물들을 피해나가는 놀라운 능력을 보여주기에, 계속 연구가 이루어지고 있다. 후속 발견들은 물리학자들이 어떤 궁극적인 통일 이론의 토대에 놓인 구조를 밝혀내고 있다는 견해를 뒷받침했다. 1990년대 중반에 '이중성duality'이라는 제목 아래 극적인 도약이 이루어졌다. **2차 초끈 혁명**Second Superstring Revolution이라고 불리게 될(1차 초끈 혁명은 변칙 제거 사례들이 발견되면서 빠르게 발전이 이루어진 시기) 이 도약은 1995년 로스앤젤레스의 서던캘리포니아대학교에서 열린 끈이론 연례 학술대회Strings Conference에서 에드워드 위튼의 발표로 시작되었다. 나는 그 학술대회에 충실하게 참석하는 편이 아니었지만, 어쩌다 보니 그해에는 참석을 했다. 정말로 행운이었다. 아직 파워포인트, 키노트 같은 발표 수단들이 널리 쓰이기 전이었다. 칠판을 쓰거나 아니면 투명 비닐 슬라이드에 마커로 적은 것을 오버헤드 프로젝트로 비추면서 발표를 했다. 위튼은 약 1시간 동안 무려 80장 넘는 장표를 보여주며 발표했다. 나뿐만 아니라 동료 연구자들 대부분이 학생들에게 1시간짜리 발표에서 장표를 약 20장, 많아도 30장을 넘기지 말라고 강조하곤 하는데 말이다. 60장을 보여준다면 대개 청중은 발표 내용에 흥미를 잃고 꾸벅꾸벅 졸 것이다. 하지만 이 발표는 아니었다. 슬라이드마다 완전히 새로운 내용이 담겨 있었고, 학계의 많은 이들은 즉시 거기에 실린 내용을 토대로 연구를 시작했다.

이 연구의 중요성을 이해하려면, 학술대회가 열리기 직전에 그 분야의 상황이 어떠했는지를 좀 이해할 필요가 있다. 당시 끈이론은 다섯 가지가 있는 듯했다. 위튼의 원래 검사법을 통과한 II형 이론 2개, 그린과 슈워츠의 견해에 부합되는 I형 이론 1개, 그로스와 공동 연구자들이 발견한 잡종 이론 2개가 있었다. 이이론들은 좀 뚜렷한 차이가 있다. 게이지 대칭을 지닌 것도 있고, 그렇지 않은 것도 있었다. 닫힌 끈, 즉 양끝이 붙은 끈만 지닌 이론도 있었고, 닫힌 끈과 열린 끈을 다 지닌 이론도 있었다. 그러나 위튼이 발표한 내용의 요지는 이렇게 전혀 다른 이론들처럼 보이는 것들이 모두 한 기본 이론의 구현 형태라는 것이었다. 예를 들어, 한 이론에서 작은 원으로 축소화한 것이 다른 이론에서 더 큰 원으로 축소화한 것에 해당했다. 한 이론의 작은 결합 상수는 다른 이론의 큰 결합 상수에 해당했다. 두 II형 이론은 축소화하자 서로 같아졌고, 두 잡종 이론도 마찬가지였다. II형 이론들은 적절한 상황에서는 잡종 이론들과 같아졌다. 이 이중성의 그물에 한 가지가 더 추가되었다. 10차원을 상정하는 듯한 IIA형 이론은 극도로 큰 결합 상수에서 11차원의 이론이 되었다. 11차원은 얼마 동안 특수한 것이라고 여겨졌다. 초대칭을 지닌 장 이론을 구축할 수 있는 가장 높은 차원이기 때문이다. 이이론은 끈과 비슷한 2차원 대상인 막membrane을 상정한다. 막은 사실 대기하고 있는 끈이다. 어느 차원이 작은 원이고, 이 막이 그 차원을 따라 원으로 말려 있다면, 남은 차원들에서는 끈으로 보일 것이다. 위튼은 이 11차원 이론에 'M-이론M-Theory'이라는 이름을 붙였다. 이때 M이 무엇을 가리키는지를 놓고 수수께끼 Mysterious, 막Membrane, 마법Magic 등 다양한 주장이 나왔다. 무엇을 가리키든 간에, 이런 연관성은 정말로 놀라웠다. 많은 이들에게는 그것이 가능한 양자 중력 이론이 하나뿐임을 시사하는 듯했다. 서로 아주 달라 보이는 여러 이론은 모두 한 구조의 일부라는 것이다. 아마도 좀 이상한 방식으로 우리가 그 구조와 마주친 것 같았다. 이론가들이 코끼리 우화에 나오는 맹인과 비슷한 단계에 있었던 듯했다.

로스앤젤레스에서 위튼이 한 이 발표는 연구 활동의 수문을 열었다. 몇몇 놀라운 발견들이 따라 나왔다.

한 걸음 물러나서 이 발전을 조망해보자. 앞서 대학원생에게 그 문제를 낸다는 예를 든 바 있다. 끈이론이 특수상대성과 양자역학의 규칙에 들어맞는다고 하자. 그러면 온갖 놀라운 일들이 일어난다고 했다. 그런 끈은 스핀이 2이며 질량이 없는 들뜬 상태를 지니며, (양자) 일반상대성의 중력자와 똑같이 서로 그리고 물질과 상호작용할 것이다. 그러나 그 학생 그리고 교수는 왜 그것이 참인지 (거의) 아무런 단서도 지니고 있지 않다. 우리는 이로부터 어떤 원리가 따라 나오는지는 열거하지 않았다. 본질적으로 그저 복잡성을 한 단계 더 높인 수준에서 대상들을 생각한다는 이 단순한 개념은 놀라울 만치 풍부한 결과를 내놓는다. 그러나 우리가 사실상 완벽하게 기술한 것이 아니라는 점이 껄끄럽다. 우리는 그저 계산을 위한 규칙 집합만 지니고 있을 뿐이며, 이 규칙들은 그 이론의 결합 상수가 극도로 작을 때에만 들어맞는다. 그 점은 세이버그와 내가 껄끄럽게 여긴 문제와도 관련이 있었다. 끈이론이 자연과 어떻게든 관련이 있다면, 그 이론이 무엇인지 전혀 알 수 없을 듯한 영역에서만 그렇다는 것이다. 아무튼 위튼의 발표는 완벽한 그림을 제공한 것과는 거리가 멀었지만, 더 큰 구조의 몇몇 측면들이 어떤 모습일지 단서를 제공했다.

위튼의 끈 이중성 그물web of string dualities은 압도적이긴 했지만, 설득력이 있으면서도 근거 없는 추측으로 틈새가 메워져 있었다. 미국 오스틴에 있는 텍사스대학교의 조 폴친스키Joe Polchinski는 앞서 끈이론에서 D-브레인D-brane이라는 대상을 발견한 바 있었다. D-브레인은 대통일이론을 이야기할 때 말한 자기단극과 다소 비슷한 역할을 했다. 이제 그는 이 대상이 바로 그 틈새를 메운다는 것을 알아차렸다. 그리하여 훨씬 더 압도적인 모습으로 끈이론의 전체 구조가 출현했다.

폴친스키의 발견을 토대로, 내 좋은 친구들인 톰 뱅크스Tom Banks(럿거스대학교에서 UC산타크루스로 이직), 윌리 피슬러, 스티브 셴커Steve Shenker(럿거스대학교에서 스탠퍼드대학교로 이직)과 레너드 서스킨드는 11차원 M-이론을 완벽하게 기술하는 이론을 내놓았다. 풀기 어려울 수 있지만 컴퓨터를 이용하면 특정한 규칙 집합을 써서 한정된 시간에 풀 수 있는 방정식 체계였다. 더욱 놀라운 점은 특정한 상황에서는 끈이론이 잘 이해된 양자장 이론과 동일하다는 (당시 하버드대학교에 있었고 지금은 프린스턴고등연구소에 있는) 후안 말다세나의 통찰이었다. 음의 우주상수(그리고 다양한 차원 수)를 지닌 우주에 해당하는 시공간에서의 끈이론이 그러하다. 일반상대성이론가들은 이런 공간을 반더시터르anti-de Sitter 시공간, 즉 AdS 시공간이라고 했다. 라이덴대학교의 빌렘 더 시터르Willem de Sitter의 이름을 땄다. 말다세나의 통찰은 관련된 장 이론이 속한 범주의 이름을 따서 AdS/CFT 대응성AdS/CFT correspondence이라고 한다. 2차 초끈 혁명은 지금까지 이어지고 있다.

딱히 세이버그와 내가 제시한 문제를 풀었다고는 할 수 없지만, 이런 결과들은 많은 통찰을 제공했고 다른 물리학 분야들에도 유용하다는 것이 드러났다.

D-브레인과 호킹 역설

D-브레인은 위튼의 끈 이중성 그림에 있는 틈새를 메우고 행렬 모형Matrix Model과 말다세나의 AdS/CFT 대응성의 토대를 제공하는 한편으로, 두 하버드 이론가인 캄란 바파Cumrun Vafa와 앤디 스트로민저의 손에서 호킹의 수수께끼에 답할 수 있었다. 요지는 그들의 발견이 폴친스키의 놀라운 통찰에 토대를 두긴 했지만, D-브레인 자체는 사실 좀 단순하다는 것이다. 그것을 이용하면 첨단 컴퓨터 대신에 종이와 연필만으로 온갖 계산을 할 수 있다. 스트로민저와 바파는 특정한 D-브레인 집합이 블랙홀

이며, 양자역학 규칙을 써서 그 엔트로피를 계산하는 것이 어렵지 않다는 사실을 깨달았다. 계산하면 정확히 베켄슈타인-호킹의 계산과 동일한 결과가 나온다. 이론상 이는 양자역학과 상대성의 모든 규칙에 들어맞는다. 따라서 역설은 전혀 없다.*

사실 이 계산 결과가 그 문제를 추상적인 방식으로 해결했지만, 많은 물리학자들은 미진하다고 여겼다. 그 계산은 천체물리학적인 블랙홀과 그리 닮지 않은 상황을 전제로 하므로, 호킹의 논리에 무엇이 잘못되었는지 이해하기가 어렵다. 일반상대성이 작동하는 방식에는 우리가 아직 제대로 이해하지 못한 중요한 무언가가 남아 있다. 가장 최근에 폴친스키 연구진은 이를 **방화벽 역설**firewall paradox로 정립했다. 블랙홀의 지평선에서는 흥미로운 일이 전혀 일어나지 않는다는 말을 흔히 한다. 독자가 블랙홀의 중력에 끌려서 자유낙하를 하는 로켓에 타고 있다면 지평선을 지나도 알아차리지 못할 것이다. 멀리서 지켜보는 친구의 눈에는 독자가 사라지고 이윽고 블랙홀 중심의 특이점에서 종말을 맞으리라는 것을 알아차림에도 그렇다. 그러나 양자역학적으로 특정한 가정들을 써서 호킹 역설을 제거한다면, 그런 일이 일어날 수 없다고 나온다. 즉, 폴친스키 연구진은 로켓이 고에너지

---

* 이 분석에는 몇 가지 미묘한 사항이 있다. D-브레인 집합은 사실 계산이 쉬운 영역에서는 블랙홀이 아니다. 그러나 계산 결과는 쉬운 영역과 어려운 영역 양쪽에서 다 참임이 드러났다. 실제 계산은 주어진 에너지에서 계의 수많은 양자 상태를 계산하는 과정을 수반한다. 이 에너지는 엔트로피와 관련이 있다.

복사의 폭격을 받을 것이라고 주장했다. 그러나 AMPS 역설로 알려진 다른 가능한 해법들도 있으며, 뱅크스, 센커, 서스킨드 등 이 문제를 해결하겠다고 매달린 이들 사이에서 이는 열띤 논쟁거리로 남아 있다. 안타깝게도 폴친스키는 뇌암으로 2018년 세상을 떠났다.

끈이론의 초창기에는 그 이론이 **유일한** 중력 이론이라는 믿음이 널리 퍼져 있었다. 2차 초끈 혁명을 통해 이 믿음은 더 강화되었다. 즉 기존의 서로 전혀 달라 보였던 몇 개의 이론들이 하나의 동일한 이론의 각기 다른 부분인 것처럼 보였다. 하지만 문제가 남아 있었다. 일반상대성이론과 양자역학을 통합하는 단 하나의 가능한 이론이 있지 않을까? 우리가 끈이론이라고 부르는 것이 이 이론이 구현 가능한 형태들이 이루어내는 공간에서 그저 일부분에 해당하는 것은 아닐까? 이 질문은 풍경landscape이라는 기본 틀 안에서 더욱 시급한 양상을 띤다. 다음 장에서 살펴보기로 하자.

14장

우주의 풍경과 실체

끈이론은 매우 인상적이다. 아주 단순한 값들을 입력하면, 특수상대성원리와 양자역학의 규칙에 들어맞으면서 아인슈타인의 일반이론과 표준모형을 포함하는 구조가 도출된다. 양자장이론에서 일반상대성을 생각할 때 예견되는 무한이라는 문제에 시달리지 않으며, 적어도 일부나마 이해된 방식으로 호킹이 제기한 문제도 해결한다.

끈이론은 다른 놀라운 특징도 지니고 있다. 10차원 시공간에서 가장 단순하게 정립되긴 하지만, 4차원으로 쉽게 구현할 수 있다는 것이다. 표준모형의 게이지 보손뿐 아니라 쿼크와 경입자의 세대 반복 구조도 보여줄 수 있다. 자연의 모든 상수들은 이 이론 내에서 계산할 수 있다. 거기에서 끝이 아니다. 끈이론은 계층 문제를 풀 것이라고 예견했던 대통일이론에서 제시하는 것들과 비슷한 구조들, 자기단극, 초대칭을 지닌다. 게다가 열거한 특징들은 아직 절반에도 못 미친다. 종합하자면, 궁극 이론일 가능성이 있어 보인다.

실제로 영국 이론가 존 엘리스John Ellis는 이를 만물의 이론 Theory of Everything이라고 불렀다. 좀 잘난 척하는 양 들리지만, 엘리스는 그 이론을 무의 이론이라고 경멸하는 비판가들에게 반발하여 한 말이었다. 아무튼 그 이론이 인상적인 성취를 이루었긴 하지만, 우리가 자연의 완전한 이론을, 아니 단편적인 이론이라도 이해하려면, 아직 갈 길이 멀다.

눈에 확 띄는 몇 가지 문제가 있다. 그 이론의 방정식들이 우리 주변 세계를 닮은 해를 지니긴 하지만, 전혀 다른 특성을 지닌 해도 많다. 차원 수, 게이지 장의 수, 쿼크와 경입자의 종류와 수, 입자 사이의 상호작용 말이다. 이론의 관점에서 볼 때, 놀라운 차이점 중 하나는 초대칭의 양이다. 우리가 계층 구조를 풀기 위해 제시했던 초대칭은 4차원에서 나타날 수 있는 가장 작은 유형의 초대칭이다. 그것은 엄격할 필요가 없기에 흥미롭다. 즉 깨질 수 있다. 이 점은 중요하다. 초대칭이 자연의 대칭이라면 엄격할 수가 없기 때문이다. 예를 들어, 자연에는 모든 특성이 전자와 똑같으면서 스핀만 다른 입자가 없다. 그런데 초대칭이 더 많아진다면 깨짐은 본질적으로 불가능하다. 깨진 초대칭은 복잡하지만 풍성하다. 깨지지 않은 초대칭은 단순하면서 지루하다. 지루하다는 말은 결코 과장이 아니다. 앞장에서 기술한 이중성의 모든 현상들은 대칭이 부과하는 모든 제약을 이용하는 최소 수준을 넘어선 초대칭을 지닌 계에서만 이해할 수 있다. 그러나 끈이론에서 가장 잘 이해된 우주가 살기에 가장 지루한 곳이라는 점은 여전히 사실이다. 달리 말하자면, 이론가는 초대칭을 써서 6차원이나 8차원을 이해하기는 쉽지만, 그런 차원의 물리학 그리고 화학은 우리가 아는 생명 같은 것은커녕 아마 별이나 은하도 생성하지 못할 만큼 빈곤할 것이다.

그런데 이런 지루한 우주들이 아무리 마음에 안 든다고 해도, 그것들을 배제할 논리가 전혀 없다. (사람들이 찾아본 바) 수학적 모순도 없고 사라지게 할 수 있는 어떤 기이한 동역학을 적용할 수도 없다. 사실 끈이론에서 우리 주변에 있는 것들과 정말로 비슷해 보이는 상태들이 존재한다는 것도 매우 추정적이다. 그럼에도 나와 동료들은 굴하지 않고 끈의 실재를 추측하는 논문들을 계속 내고 있다. 불행히도 이런 논문 중에서 끈이론을 토대로 무언가 예측을 내놓았다고 말할 수 있는 것은 한 편도 없다. 대개 논문 저자들은 끈이론의 어느 특정한 해를 선호하고, 독특하면서 표준모형을 넘어서는 특징을 선택한다. 그러나 이 선택은 임의적일 뿐 아니라, 저자는 자신의 제안에 담긴 두 커다란 문제를 못 본 척한다.

가장 근원적인 문제는 암흑에너지다. 나는 암흑에너지가 우주상수라고 가정할 것이다. 끈이론이 발전하기 전까지 이론가들은 이 문제가 아무리 성가셔도 그냥 무시할 수 있었다. 나름 좋은 변명거리가 있었는데 양자장론에서는 원칙적으로 우주상수를 예측할 수가 없다는 것이다. 우주상수는 그냥 하나의 숫자다. 아주 기이한 숫자일지 모르지만, 손댈 여지가 전혀 없다. 하지만 끈이론이 등장하면서 상황이 달라졌다. 끈이론은 모든 것을 예측할 수 있어야 하며, 우주상수가 그것이 예측의 첫 번째 대상임이 드러났다. 이미 끈이론의 초창기에 위튼은 우주상수에 어떤 기적 같은 일이 벌어질 수도 있지 않을까 생각했다. 어떤 이유로 그냥 0이 나올 수도 있지 않을까?

깨지지 않은 초대칭이 있을 때, 당시 알려진 끈 방정식의 해에서는 우주상수가 0이었다. 그러나 초대칭이 깨진다면, 초대칭 깨짐의 에너지 규모가 우주상수를 설정할 것이라고 예상할 수 있다. 위튼은 학생인 라이언 롬에게 이 문제를 맡겼다. 롬은 초대칭이 없는 상태에서 초끈이론의 축소화를 연구했다. 결과는 흥미로운 동시에 실망스러웠다. 우주상수를 계산할 수는 있었다. 그런데 그 값은 연구자가 소박하게 예상한 값과 딱 들어맞았다. 위튼은 끈이론이 지닌 기적 같은 특성, 즉 변칙 사례의 제거, 세대의 출현, 양자 중력 문제의 해결 같은 일들을 해낸다고 종종 언급하곤 했지만, 우주상수 쪽에서는 기적이라고는 전혀 일어나지 않았다. 그 뒤로 수십 년에 걸쳐서 더 많은 끈이론들과 많은 축소화가 연구되었지만, 유망해 보이는 설명은 전혀 나오지 않았다.

대신에 우주상수 문제에는 다른 해결책, 전혀 다른 종류의 해결책이 나왔다. 이 해결책은 많은 물리학자들의 머리를 쥐어뜯게 만들었지만 놀라운 성공을 거두어왔다. 부담스러운 전문 용어를 소개하기 전에 단순한 질문을 하나 생각해보자. 사람들은 왜 지구의 표면에 있을까? 지구는 좀 예외적인 곳이다. 현재 우리는 다른 많은 별에 그 주위를 도는 행성들이 있다는 것을 알고 있고, 많은 외계행성에 액체로 된 물을 비롯하여 우리가 아는 생명의 성분들이 존재할 수 있다는 증거가 점점 나오기 시작하고 있지만, 우주에서 그런 행성 표면의 비율은 터무니없이 낮다. 설령 모든 별에 우리 태양계 같은 행성들이 있다고 해도, 아마 10^{40}분의 몇 수준일 것이다. 여기서 대다수는 이렇게 반응할 것이다. 답은 명백하다고. (설령 우리에게 친숙한 생명과 전혀 다른 형태의 생명까지 포함시킨다고 해도) 생명이 텅 빈 우주 공간이나 별에 아주 가까운 곳에서는 발달하지 못하리라는 것은 거의 확실하다. 지구 표면 같은 예외적인 곳에서만 출현할 수 있다. 너무 뜨거우면 안 된다. 생명은 아마 액체 물을 필요로 할 것이다. 더 무거운 원소들도 충분히 공급되어야 한다. 그리고 이런 것들은 거의 최소한의 요구 조건일 것이다. 그런 행성이 있기만 하다면, 그중 일부에는 아마 지적 생명체가 있을 것이며, 우주의 이런 예외적인 곳들에서 생명을 발견할 수 있을 것이다.

와인버그는 뱅크스의 제안에 따라서 지구 생명의 문제와 연관지어서 우주상수 문제에 접근했다. 그는 어떤 의미에서 우주가 우리가 현재 볼 수 있는 것보다 훨씬 더 크며, 이 '메타버스' 또는 '멀티버스(다중우주)'의 각지에서 자연의 상수들, 특히 우주상수가 서로 다른 값을 지닌다고 상상했다. 그런 뒤 이렇게 물었다. 이 멀티버스의 어느 지역에서 관찰자를 찾을 수 있을까? 이는 지구형 행성에서 생명을 찾는 우리 문제와 매우 흡사하지만, 행성을 얼마나 많이 찾아낼 것인지는 어려운 문제다. 대신에 와인버그는 이렇게 물었다. 다른 측면들에서는 우리 우주의 것과 똑같은 법칙들을 지닌 우주들에서, 우주상수가 어떤 값이어야 은하와 별이 존재할까? 이 질문은 답하기 그리 어렵지 않다는 것이 드러났다. 자연법칙이 우리의 것과 동일하다는 가정은 우주상수가 없을 때 빅뱅 이후에 별이 생기기까지 10억 년이 걸린다는 의미다. 우주상수가 음수라면, 우주는 중력 붕괴를 일으켜서 기본적으로 별과 행성이 형성되기 한참 전에 거대한 블랙홀과 비슷한 것이 된다. 우주상수가 절댓값으로 극도로 작지 않은 한, 즉 극도로 작은 수의 음수가 아니라면 그렇다. 우주상수가 양수라면, 다른 문제가 생긴다. 우주상수가 아주 작지 않은 한, 별이 형성될 기회를 얻기 전에 우주가 인플레이션 때처럼 극도로 빠르게, 지수적으로 팽창하기 시작한다. 이런 상황에서는 정상적으로 결합하여 별을 형성할 물질들이 결코 응집되지 않는다.

그래서 와인버그는 우주상수(즉 암흑에너지)가 그저 0이라는, 당시에 인기 있던 개념을 버리고 별이 형성될 수 있는 정도의 아주 작은 값이어야 한다고 주장했다. 충분히 딱 맞게 작아야 했다. 이 작다는 것 자체가 이미 아주 기묘했기 때문이다. 그보다 더 작은 값이라면 별이 생길 가능성이 더욱 줄어들 테니까. 계산 결과는 그 뒤에 발견된 값에 아주 가까웠다. 아마 이것이 이 놀라운 발견의 예측이었다고 주장할 수도 있을 것이다. 솔직히 말하자면, 이 논리를 가장 단순하게 정립한 형태에서, 그는 우주상수가 그 뒤에 관측된 값보다 약 100배 더 크다고 예측했지만, 꽤 훌륭한 수준이었다. 이유는 다음과 같다.

1. 기존 방식을 통해 예측했다면 나올 값과 120차수 치이가 난다. 따라서 한두 차수가 다를 뿐이라는 것은 엄청난 발전이다.
2. 그 뒤에 우주상수가 이전에 탐색했던 값보다 겨우 조금 더 작다는 것이 발견되었다.
3. 이 논리는 꽤 엉성했다. 더 다듬었으면 그 차이도 줄였을 것이다.

(모든 사람이 동의하는 것은 아니지만) 와인버그는 큰 성공이라고 주장할 수 있는 것과 동시에 판도라의 상자를 연 셈이기도 했다. 매우 흥미로운 결과이면서도 많은 이들에게는 과학을 하는 과정 자체를 위협하는 것처럼 비쳤기 때문이다. 자연법칙의 일부 또는 전부가 관찰자 그리고 생명이 존재하는 데 필요하기에 지금과 같은 형태를 취하고 있다는 이 개념을 인류원리anthropic principle라고 한다. 사실 와인버그는 이 원리의 다양한 형태들을 구분했다. 한 극단에서는 종교적 관점을 취할 수도 있다. 어떤 궁극적인 존재가 인간이 존재할 수 있도록 이런 방식으로 법칙을 설정했다는 것이다. 그러나 와인버그는 어떤 의미에서는 지극히 반종교적인 관점을 취했다. 우리의 존재는 그저 우연이라는 것이다. 우리는 거대한 우주에서 상상할 수도 없이 작은 티끌에 불과할 뿐 아니라, 우리가 우주라고 생각하는 것 자체도 우주들의 우주에서 티끌 하나에 불과하다. 우리가 이 우주에 존재하는 이유는 별과 은하 그리고 생명을 허용하는 극도로 희귀한 우주 중 하나에 있기 때문이다. 그는 이를 **약한 인류원리**weak anthropic principle라고 했다.

과학자 중 종교 활동을 하는 사람은 극소수에 불과할 것이고 그 어떤 근본적인 의미에서도 스스로 신앙인이라고 말할 사람은 훨씬 더 적은 것이 사실이지만, 자신이 신앙인이라고 말하는 과학자조차도 종교가 과학적 탐구에 개입하도록 허용하지 않는다고 말할 것이다. 그들은 편견 없이 자연을 연구해야 한다고 믿는다. 그러나 대부분의 과학자, 특히 대부분의 이론물리학자는 자연에 일종의 질서가 있다고, 따라서 어떤 근본적인 단순성이 있다고 믿는다. 아인슈타인은 유명한 말을 남겼다. "우리가 이해할 수 있다는 것이야말로 세계의 영원한 수수께끼라고 할 수 있다." 역사적으로 이 견해는 소수의 원리와 압축된 방정식을 통해 아주 다양한 현상들을 설명함으로써 과학의 성공에 기여했다. 인류원리가 작동한다면, 이 견해는 뒤집힐 것이다. 단지 우주상수를 설명하기 위해 터무니없을 정도로 많은 다양한 우주가 필요할 것이다. 적어도 10^{120}개이며, 자연의 다른 상수들과 자연법칙의 기본 구조조차도 이런 식으로 정해진다면 훨씬 더 많을 것이다. 자연은 불합리할 만큼 복잡할 것이고, 자연법칙의 의미 자체도 불분명해질 것이다. 많은 이들에게는 진정한 이해를 달성한다는 목표를 포기해야 하는 것처럼 느껴진다.[1] 원자의 속성을 계산하는 것처럼 우주상수를 계산할 수 있다면, 훨씬 더 흡족할 것이다.

끈이론, 적어도 초기 단계의 끈이론은 하나의 기본 구조를 바탕으로 어떻게든 간에 모든 자연법칙과 모든 자연상수를 이해할 수 있을 것이라는 낙관론을 낳았다. 언젠가는 과학자들이 우리가 관찰하는 모든 자연법칙, 모든 자연상수, 그밖에 알고 싶어 하는 다른 모든 것을 알아낼 것이라는 희망이었다. 그 전까지 많은 이들은 우주상수를 일종의 예외적인 대상으로, 즉 훨씬 더 먼 미래에나 해결될 문제라고 여겼다. 그런데 인류원리를 기꺼이 고려하기로 하자 판도라의 상자가 열린 것이다. 아마 우주상수만이 아니라 자연의 많은 상수들, 아니 더 나아가 모든 상수들과 모든 법칙도 인류원리를 고려함으로써 정해지는 것이 아닐까? 별의 존재는 우주가 충분히 오래되어야 하는 것 말고도 많은 것들에 달려 있다. 예를 들어, 약력의 세기가 지금과 전혀 달랐다면 별은 타오르지 않았거나 너무 빨리 타버렸을 것이다. 전자가 지금보다 훨씬 무거웠다면 원자와 분자 그리고 고체 물질은 지금과 전혀 다른 특성을 지녔을 것이고, 우리가 아는 생명은 존재할 수 없었을 것이다. 이런 문제들을 생각하면 할수록 가능성 그리고 가능한 우주를 연구하는 이들은 점점 더 극도로 혼란에 빠진다.

끈이론은 그 많은 가능한 상태를 상정할 수도 있다. 우리는 다양한 차원, 다양한 쿼크와 경입자의 수를 이야기했지만, 그런 방식으로 우주를 설명하려면 그것만으로는 부족하며 여러 차수에 걸친 규모가 필요하다. 이제 좀 친숙해진 10의 거듭제곱으로 표현하자면 적어도 10^{500}에 달하는 크기의 수가 필요하다. 우리는 일상생활에서 조 단위의 수도 접하긴 하지만 상상하기는 어렵다. 그러니 이 정도의 수는 아예 상상이 불가능하다. 우주의 모든 원자 하나가 우주이고, 그 우주에 우리 우주만큼 많은 원자가 들어 있다면, 원자가 약 10^{500}개에 달할 것이다. 우리 주변의 세계를 이런 식으로 설명한다면 감당할 수 없이 너무 많은 것이 동원되는 셈이다. 최소한의 법칙만으로 우주를 창조하는 자의 입장에서 보자면 이는 생명을 탄생시키는 방법치고는 너무나 복잡하다. 그래서 와인버그의 주장에 내가 보인 반응은 이런 식이었다. 하하, 아주 탁월하긴 하지만 자연은 그런 식으로 작동하지 않을 것이 확실해.

돔 뱅크스, 네이선 세이버그와 나는 회의적인 입장에서, 그런 엄청난 수가 나올 가능성이 있는지 살펴보았다. 우리는 실망하면서도 한편으로는 안도했다. 끈이론에서는 그런 일이 일어나지 않는다는 것을 얼마간 확신할 수 있는 결과가 나온 것이다. 몇 년은 더 마음 편하게 잘 수 있었다.

그런데 조 폴친스키와 (현재 UC버클리에 있는) 라파엘 부소 Raphael Bousso가 더 설득력 있는 주장을 내놓았다. 앞서 전하와 자하를 이야기하면서, 양쪽이 다 존재한다면 디랙의 단극 논리에 따라서 양쪽 다 양자화해 있을 것임을 살펴보았다. 즉 1, 2, 3 하는 식으로 값을 셀 수 있다는 뜻이다. 폴친스키와 부소는 끈이론으로 볼 때 축소화한 차원에 많은 유형의 자하와 전하가 때로 수백 가지도 들어 있을 수 있다고 했다. 이 전하와 자화는 종류에 따라 저마다 다른 값을 지닐 수 있다. 예를 들어 각각이 -5에서 +5 사이의 값을 지닐 수 있고 종류가 500가지에 달한다면, 전하와 자하의 가능한 조합이 10^{500}가지에 달할 것이다. 이런 양이 어떤 축소화한 차원들에 빽빽하게 들어 있다면, 각각의 전하와 자하는 각기 다른 가능한 우주를 나타낸다. 따라서 다음과 같은 것이 필요할 수도 있다. 연속된 점들의 집합을 매끄러운 모양의 대상 같은 연속체와 비교하면서, 부소와 폴친스키는 이를 '불연속체discretuum'라고 했다. 거의 연속체를 이루고 있지만 사실상 엄청나게 많은 불연속적 점의 집합을 가리킨다. 레너드 서스킨드는 나중에 이를 풍경이라고 했다.

나는 여전히 회의적이었다. 톰 뱅크스는 학생인 루보스 모틀Lubos Motl(현재 체코 보수파 블로그를 운영 중이다) 그리고 나와 함께 부소와 폴친스키의 주장이 끈이론에서 실현될 가능성이 낮은 이유들을 죽 열거한 논문을 썼다. 나는 좀 더 오래 푹 잤다. 그런데 특정한 끈 모형을 꼼꼼히 살펴보던 스탠퍼드대학교 연구진이 부소-폴친스키 주장을 훨씬 더 설득력 있게 수정한 판본을 내놓았다. 끈이론, 일반상대성, 우주론의 전문가들로 이루어진 샤미트 카치루Shamit Kachru, 레나타 칼로시Renata Kallosh, 안드레이 린데Andrei Linde, 산디프 트리베디Sandip Trivedi 연구진이었다. 그들은 뱅크스, 모틀, 내가 제기했던 모든 반대를 거의 다 설득력 있게 규명했다. 나를 비롯한 많은 이들은 그 논문이 아마도 맞을 것이라고 판단했다. 이 논문은 아주 유명해져서 저자들의 이름 첫 글자를 따서 KKLT 논문이라고 불린다. 인용 횟수가 거의 3,000건에 달한다(산디프는 인도 뭄바이의 타타기초연구소Tata Institute for Fundamental Research, TIFR의 소장이다).

끈이론이 우주들의 방대한 풍경을 낳을 수 있음을 받아들이려면, 우주상수뿐 아니라 더 일반적으로 자연법칙에 인류원리가 적용된다는 것을 받아들여야 했다. 뱅크스와 나는 박사후 연구원인 엘리 고르바토프Elie Gorbatov(나중에 금융업계로 진출해서 성공했다)와 함께 이것이 무슨 의미일지를 생각했다. 우리는 좋든 싫든 간에 그 쟁점과 별개로, 인류원리가 몇 가지 실질적인 난제를 안고 있다는 것을 알아차렸다. 와인버그는 인류원리를 동원함으로써, 우주상수가 예상했던 것보다 훨씬 작은 이유가 무엇인가라는 문제를 푼다. 그러나 작은 값을 취하는 자연의 상수들은 많이 있으며, 그런 값들은 **생명의 존재에 아무런 영향을 미치지 않는 듯하다**. 강한 상호작용의 θ 값은 그런 놀라운 사례다. 우리는 그 값이 극도로 작아야 한다는 것, 10^{-10} 미만이어야 한다는 것을 안다. 그런데 이 값이 훨씬 더 크다고 해도, 심지어 약 1이라고 해도, 우리 주변의 우주에는 아무런 영향도 미치지 않을 것이다. 그 정도로 극적이지는 않아도 비슷한 상수들은 더 있다. 따라서 적어도 자연의 상수 중 일부는 인류원리를 고려하는 것이 답이 아닐 수 있다. 물론 이런 값 중 일부는 인류원리의 제약을 받은 자연의 다른 값들과 연결되어 있다.

절망한 이들도 있다. 계층 문제를 생각해보라. 그것도 우주상수 문제와 똑같은 것일 수 있다. 아무튼 우주상수를 설명하기 위해서 엄청나게 많은 우주가, 그중에서도 충분히 작은 우주상수를 지닌 우주들이 있다는 것을 받아들인다면, 힉스 질량의 값도 엄청나게 다양할 수 있다. 이 힉스 질량은 앞서 말한 인류원리를 토대로 선택될 수도 있다. 충분히 뜨거우면서 거주 가능한 행성을 조성할 정도로 오래 사는 별은 현재 값에 가까운 힉스 질량을 필요로 할지도 모른다. 그렇게 본다면 대형강입자가속기 실험 결과들의 계층 구조는 초대칭이나 테크니컬러나 다른 어떤 설명도 필요로 하지 않는다. 이 주제는 내 동료들 사이에서 열띤 논쟁거리가 되었다.

이 주제 전체는 지금도 논쟁거리로 남아 있다. 일부 이론가들은 KKLT 연구가 이런 엄청나게 많은 상태들이 존재한다는 것을 설득력 있게 정립하지 않았다고 본다(그리고 수학자가 말하는 의미에서 그것을 증명했다고 주장할 사람은 아무도 없을 것이 확실하다). 톰 뱅크스는 이런 현상들이 끈이론의 실제 특성이 아니라는 주장을 다소 설득력 있게 계속 주장한다.

나를 비롯한 일부 연구자들은 인류주의적 풍경 개념이 옳을 수도 있다는 개념을 적어도 잠정적으로 취해서, 그 개념이 우리를 어디로 이끌어갈지를 물었다. 우리는 회의주의를 잠시 보류함으로써 완전히 절망한 태도를 택하지는 않기로 했다. 내 접근법은 이런 질문을 하는 것이었다. 풍경에 속하는 좀 많은 우주들로 이루어진 부분집합에서 전형적인 답을 지닐 만한 일반적인 질문들은 무엇일까? 암흑물질이나 인플레이션을 설명할 수 있는지의 여부에 초점을 맞출 수도 있다. 나는 한 가지 단순한 질문에 초점을 맞추었다. 관찰자를 지닐 법한 풍경의 어떤 우주에도 참이어야 하는 질문이다. 사실 그 질문은 와인버그의 것보다 훨씬 더 근원적이다. 부소와 폴친스키의 체계에서 대부분의 우주는 전반적으로 불안정하다. 방사성 입자와 핵처럼, 붕괴할 것이다. 붕괴는 대개 아주 빨리, 1초가 되기 한참 전에 일어날 것이다. 짐작할 수 있듯이, 이는 바람직하지 않다. 우리는 얼마 동안이라도 존속하는 우주를 상정한다. 이 매우 사변적인 질문을 다루기 전에, 어느 정도 답을 내놓을 수 있는 질문을 하나 살펴보자. 앞으로 약 1조 년 사이에 우리 우주에는 어떤 일이 일어날까?

우리 우주의 운명

풍경을 보면 우주는 오고 또 간다. 여기서 질문이 떠오른다. 우리가 관측할 수 있는 이 우주의 운명은 어떨까?

나는 우주를 알면 인류의 삶이 나아질 것이라는 희망을 갖게 되는지 아니면 절망에 빠지게 되는지 종종 질문을 받는다. 너무 노골적이어서 좀 당혹스럽기도 하지만, '신이 있나요?'라는 질문도 종종 받는다. 나는 흡족한 답을 갖고 있지 않으며, 결코 사람들에게 신앙을 버리라고 강요하고 싶지도, 존재의 의미를 설명하는 어떤 신비한 이야기를 믿도록 유도하고 싶지도 않다. 나는 스티븐 호킹이 무신론을 자긍심의 표지로 삼았다는 말을 한 바 있다. 그런 태도도 좋지만 개인적으로 나는 신을 믿든 안 믿든 간에 우리가 세계를 개선하려면 남들과 협력해야 한다고 믿는다. 아인슈타인은 나와 비슷한 견해를 지니고 있었다. 그는 결코 인간사에 개입하는 전능한 존재를 믿지 않았지만, 인간이 자연을 이해할 능력을 지닌다는 사실에 경이로워했다. 나는 삶에 의미와 가치를 부여하는 요소인 양자역학(또는 음악, 미술, 문학)

을 이해하는 우리의 능력에 무언가가 있다는 느낌을 갖지 않을 수 없다. 그러나 스티븐 와인버그는 과학에서 배운 것들과 우주에 관한 우리 지식을 더 냉혹한 방식으로 제시한다. 나는 거기에서 멈칫한다. "우주는 이해할 수 있는 것처럼 보일수록, 더 무의미해 보이기도 한다."[2]

우주의 최종 운명을 생각하다 보면 자신도 모르게 와인버그의 관점을 채택할 수도 있겠지만, 그럼에도 흥미롭다. 나는 천문학자 동료인 그렉 라플린Greg Laughlin(여러 해 동안 산타크루스에 있다가 지금은 예일대학교에서 일하고 있다)의 세미나에서 그의 발표를 들으면서 이 문제를 처음 진지하게 접했다. 또 그는 미시간대학교의 천문학자 프레드 애덤스Fred Adams와 공동으로 「죽어가는 우주: 천체물리학적 대상들의 장기적인 운명과 진화A Dying Universe: The Long-Term Fate and Evolution of Astrophysical Objects」라는 논문도 썼다. 제목이 말해주듯이 죽음을 내다보는 글이다. 이 책에서 탐사를 마치고 나면 우리는 그렉보다 더 먼 미래를 내다보게 될 것이다.

10의 거듭제곱이라는 관점에서, 우리는 이 질문을 다른 시간 규모에서 생각할 수 있다. 우리는 빅뱅 이래로 약 130억 년이 지난 시점을 살고 있다. 인류, 더 나아가 생명의 입장에서 보자면 우리는 황금기에 있다. 빅뱅 이후 처음 수십억 년 동안, 우주는 그다지 생명이 살 만한 곳이 아니었다. 그러나 초기 세대의 별들은 더 무거운 원소들을 대량 생산했다. 탄소, 산소, 철 같은 원소들이었다. 이런 별들의 잔해는 새로운 별뿐 아니라 우리가 현재 알고 있듯이 수많은 행성의 원료가 되었다. 이런 원소들이 없었다면, 적어도 우리가 아는 생명도 존재할 수 없었다. 그러나 수십억 년이 지나면 우리 태양도 다 탈 것이고, 우리 주변의 별들도 같은 운명을 맞이할 것이다. 얼마 동안은 새로운 별들이 계속 생기겠지만, 이윽고 별의 형성도 끝이 날 것이다. 우주의 나이가 약 10^{14}살이 되었을 때 빛은 모두 사라질 것이다. 차가운 별, 주로 백색왜성만 남는다. 이런 별들은 때로 충돌하면서 약간의 빛을 내기도 하겠지만, 약 10^{23}년 이후에는 이런 충돌도 더 이상 없을 것이다. 그 사이에 죽은 별들은 서서히 은하에서 떨어져나갈 것이다.

그러나 최악의 상황은 아직 오지 않았다. 첫째, 암흑에너지를 다룬 장에서 살펴보았듯이, 현재 우주는 지수적으로 팽창하기 시작하고 있다. 10^{14}년이면 우주는 엄청난 크기로 팽창해 있을 것이다. 지수가 몇 자리 차이가 날 수 있겠지만, 약 $10^{4,000}$배쯤 커져 있을 것이다. 이는 우리가 아는 은하들이 대개 서로 아주 멀리 떨어져서 보이지 않게 된다는 의미이다. 독자가 한 원자에 앉아 있다면, 평균적으로 가장 가까운 원자도 너무 멀어서 보이지 않는다는 의미이다. 더 정확히 말하자면, 우리 은하의 잔류물들은 서로 상상할 수도 없을 거리만큼 뿔뿔이 흩어진다. 공간은 주로 텅 비어 있게 된다.

상황은 더 나빠진다. 죽은 별들이라는 이 작은 섬들도 사라질 운명이다. 우리는 모든 물질이 방사성을 띤다고 주장했다. 양성자는 이윽고 붕괴한다. 얼마나 오래 걸릴지는 모른다. 약 10^{33}년을 넘는다는 것만 안다. 약 10^{35}년이 걸린다고 하자. 양성자가 붕괴하면 양전자, 중성미자, 광자가 생길 것이다. 양전자는 전자와 소멸하면서, 마찬가지로 광자를 생성할 것이다. 이 과정을 지켜볼 수 있다고 하자. 모든 일이 한꺼번에 일어나지는 않을 것이다. 주변에 있는 광자들은 처음에는 아주 에너지가 많겠지만, 우주 마이크로파 광자의 사례에서 보았듯이, 우주가 계속 나이를 먹음에 따라 그 에너지는 줄어들 것이고, 은하들 사이의 거의 텅 빈 공간을 방황할 것이다.

따라서 본질적으로 우리 주변에 보통물질이 전혀 없는 시점에 이른다. 사실상 에너지가 **아주** 낮은 광자 몇 개만 있을 것이다. 암흑에너지와 연관된 일종의 호킹복사다. 또 대다수 은하의 중심에는 (활성 은하핵이라고도 하는) 거대한 블랙홀이 남아 있겠지만, 그 블랙홀도 호킹복사를 통해 붕괴할 것이다. 에너지의 대부분을 아주 낮은 에너지로 전환하면서다. 이 과정은 **아주** 오랜 시간이 걸릴 것이다. 양성자 붕괴에 필요한 시간보다 훨씬 더 길 가능성이 높다. 에너지의 목록에서 더 중요한 점은 암흑물질이다. 암흑물질의 운명은 그것이 무엇이냐에 달려 있다. 그것이 윔프의 형태라면, 그중 상당수는 시간이 흐르면서 서로 충돌하여 에너지를 복사로 전환할 것이다. 암흑물질이 액시온의 형태라면, 이 붕괴에는 양성자의 수명보다 훨씬 더 긴 시간이 걸릴 가능성이 높다. 붕괴 산물은 에너지가 아주 낮은 광자다. 어느 수준에서 보자면, 이런 것들은 지엽적인 문제다. 우주의 나이가 1조 년 수준의 오차를 감안해서 10^{100}년이라면, 모든 것이 사라진다. 우주는 열적 죽음에 이른다.

따라서 미래는 암울하다고 할 정도로 춥고 어둡다. 그러나 풍경이 있다면, 이야기는 훨씬 더 복잡하다. 방금 기술한 것은 **우리 우주**의 운명이다. 그러나 풍경에서는 우주들이 끊임없이 태어나고 죽을 것이다. 우리 우주가 지금처럼 오래 존속해왔다는 사실 자체는 대단히 놀라우며, 이 모든 일이 어떻게 돌아가는지를 알려주는 단서임이 거의 확실하다. 문학과 일상 대화에서 우리는 때로 사람들이 방사성을 띤다는 식으로 비유적으로 말하곤 한다. 문제는 그런 우주 중 상당수는 우주 전체가 방사성을 띤다는 것이다. 그런 우주 중 대부분은 생성된 직후에 빠르게 붕괴한다. 그런데 우주가 방사성을 띤다는 것이 무엇을 의미할까?

방사성을 띤 불안정한 우주

양자역학에는 우리가 일상생활에서 접할 가능성이 없는 것들이 많다는 점을 살펴보았다. **터널링**tunneling이라는 놀라운 현상도 그렇다. 그림에서처럼 언덕을 올라 넘어간다고 하자.

목표로 삼은 봉우리는 B이며, 독자는 A에서 잠시 멈추어서 물을 마시고 휴식을 취한다. B에 다다르려면 많은 일을 해야 할 것이다. 일단 꼭대기에 다다르면, 내려가는 길은 수월하다.

양자역학에서는 언덕을 넘는 일을 할 필요가 없다. 말 그대로 터널로 지나갈 수 있기 때문이다. 요점은 양자역학적 입자, 이를테면 전자나 알파 입자가 언덕 꼭대기에 있을 수 없다고 확실히

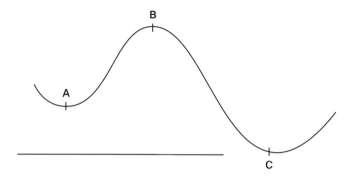

터널링

말할 수 없다는 것이다. 고전 입자라면 거기까지 올라갈 에너지가 부족할 상황에서도 그렇다. 양자역학에서는 불확정성 덕분에 입자가 짧은 시간 동안 에너지 보존을 위반할 수 있다. 우리는 그 입자가 굴을 파서 언덕을 뚫는다고 생각할 수 있다. 그것이 터널링 효과다. 입자가 반대편으로 나오면, 에너지 보존은 다시 성립된다. 이 현상은 많은 전자기기의 토대를 이룬다. 또 퀴리 부부가 연구한 라듐의 방사성 붕괴에서도 중요하다.

라듐은 양성자가 88개이며, 중성자의 수는 다양하다(즉 동위원소가 여럿 있다). 한 동위원소는 중성자가 138개고 반감기가 약 1,600년이다. 양성자 2개와 중성자 2개로 이루어진 헬륨핵을 방출하면서 붕괴하여 양성자와 중성자가 더 적은 핵(라돈)이 된다. 이 붕괴의 이론은 1928년 조지 가모가 내놓았다. 빅뱅 이론의 발전에 중요한 역할을 한 바로 그 사람이다. 그는 커다란 핵을 더 작은 핵에 알파 입자가 결합된 것이라고 생각할 수 있음을 알아차렸다. 알파 입자는 탈출하려면 그림에서처럼 에너지 언덕을 기어올라야 한다. 라듐핵은 언덕을 오를 확률이 낮으며, 붕괴에는 아주 긴 시간이 걸린다. 플루토늄도 이런 식으로 붕괴하며, 원자로의 중요한 핵연료이자 반응 부산물이다. 플루토늄의 반감기는 수십만 년이다. 핵폐기물의 처분이 큰 문제인 것도 바로 이 때문이다. 거의 지질학적 시간 동안 이런 물질을 안전하게 격리 보관할 필요가 있다.

풍경 개념이 옳다면, 우리 우주는 작은 우주상수를 지닌다. 그리고 우리 입자가 언덕을 통과하듯이, 우리 우주와 에너지 장벽을 통해 격리되어 있는 우주상수가 더 작은(에너지가 더 적은) 다른 우주들이 있다(더 정확히는 이것을 우주가 아닌 **상태**라고 말해야 할 것이다. 다른 우주는 터널링 이후에야 출현하기 때문이다). A에 있는 등산객이 C에서 출발한 것과 같다. B에 갈 수 있다면, 에너지 즉 우주상수를 더 낮출 수 있다. 고전역학에서는 이런 일이 불가능하다. 그러나 양자역학은 이야기가 다르다. 하지만 이제 우리는 **우주**가 어떻게 터널을 뚫는지 알아야 한다. 그런 일이 어떻게 일어날까? 이 과정의 이론은 고인이 된 시드니 콜먼이 내놓았다. 그는 명석하면서도 유머 감각도 뛰어나 누구나 좋아했던, 하버드 대학교의 괴짜 교수였다. 외모도 알베르트 아인슈타인과 꽤 닮았는데, 그 점을 대놓고 써먹곤 했다. 콜먼은 풍경을 걱정한 것이 아니라(그가 이 논지를 펼친 것은 풍경 개념이 나오기 훨씬 전이었다) 표준모형 같은 양자장 이론에 이미 우리 우주가 불안정할 가능성이 담겨 있음을 우려했다.

알파 입자의 사례에서, 우리는 언덕에 터널을 뚫을 수 있다면, 다른 바닥 상태, 즉 '진공'에 다다를 수 있다. 아인슈타인의 상대성원리에 따라 우주의 모든 곳에서 그렇게 하기란 본질적으로 불가능할 것이다. 서로 멀리 떨어진 지역들이 동시에 조화롭게 움직여야 할 테니까. 그러나 콜먼은 물이 끓는 것과 비슷한 방식으로 일이 전개될 수 있다고 설명했다. 난로로 주전자의 물을 가열할 때, 어느 시점에 이르면 물이 증기, 즉 수증기로 전환되기에 알맞은 에너지를 지니게 된다. 주전자 전체에서 한꺼번에 그런 일이 일어나는 것은 아니다. 대신에 수증기 방울이 형성되어 수면으로 올라와서 터진다. 주전자 뚜껑을 아주 꽉 닫을 수 있다면 방울들은 서로 충돌할 것이고, 서서히 모든 액체가 수증기로 변할 것이다.

콜먼은 우주에서 물이 끓는 것과 같은 일이 일어난다고 설명했다. 작은 영역에서 장벽을 통과하는 터널이 생기면 '방울', 즉 가짜 진공에 둘러싸인 진짜 진공 영역이 출현한다. 수증기 방울처럼, 이 방울도 커진다. 사실 아주 빠르게, 곧 거의 광속에 다다르는 속도로 커진다. 방울들은 서로 격렬하게 충돌하면서 충돌의 잔해(입자, 아마도 뜨거울 것이다)가 생길 것이고 이윽고 남은 우주는 더 낮은 에너지 상태가 된다.

이 우려는 이미 표준모형에서도 제기되었다. 힉스 입장의 질량을 고려하고 우리가 고에너지 이론을 아주 잘 이해하고 있다고 가정할 때, 우리 우주보다 에너지/우주상수가 더 작은 상태가 있다는 것이다. 콜먼이 개괄한 방법을 써서, 우리는 우주의 반감기를 계산할 수 있다. 다행히도 우주의 현재 나이보다 훨씬 더 큰 규모의 차수다. 아무튼 이 계산을 하는 사람은 실제로 아는 것보다 힉스 입자의 특성을 훨씬 더 많이 안다고 가정해야 한다. 그렇긴 해도 우리는 그 가능성이 있음을 인정해야 한다. 콜먼은 이 주제를 다룬 논문에 이렇게 썼다. "진공 붕괴는 궁극적인 생태 재앙이다. 새로운 진공에는 자연의 새로운 상수들이 있다. 진공 붕괴 이후에는 우리가 아는 생명도 우리가 아는 화학도 존재할 수 없다. 그러나 새로운 진공이 우리가 아는 생명까지는 아니라고 해도 적어도 기쁨을 알 수 있는 어떤 구조를 얼마 동안 유지할 것이라는 가능성으로부터 우리는 늘 금욕적인 위안을 얻을 수 있을 것이다."

그런데 풍경 개념이 옳다면, 이 문제 즉 우리가 사는 우주가 영원하지 않다는 문제는 필연적으로 생긴다. 사실 와인버그의 기본 개념은 우리 우주상수가 아주 작은 이유가 우리 우주가 음수와 양수를 포함해 우주상수로서 가능한 값을 지닌 수많은 우주 중에서 선택되었기 때문이라는 것이다. 이런 일이 어떻게 일어나는지 현재 우리는 구체적으로는 전혀 알지 못한다. 믿을 만한 풍경 이론이 있다면, 이런 질문을 하고 싶을지도 모른다. 빅뱅 이전에는 무엇이 있었을까? 아무튼 우리 우주는 더 높은 에너지를 지닌 우주로부터 터널링을 통해 생겨났을 수도 있다.

그러나 나는 그런 도전적인 의문들은 제쳐두고 우리 우주의 반감기에 초점을 맞추자고 주장한다. 표준모형에 관한 우려를 다룰 때 말했듯이 이 반감기는 우주의 현재 나이보다 훨씬 클수록 나을 것이다. 만약 이 반감기가 현재의 10분의 1이라면, 우리가 지금 여기에 있을 가능성은 거의 0일 것이다.

왜 반감기에 초점을 맞추어야 할까? 단순하게 설명해보자. 여기에서 인류원리를 다시 동원해보자. 그럴 때 인류, 더 나아가 우리 자신이 존재해야 한다는 요구 조건이 대단히 중요할 것이다. 나는 그렇다면 인류원리가 우리가 내일이 아니라 오늘 살아 있는 것만을 요구할 수도 있으며 그렇다면 종말이 가까이 와 있다고 해도 개의치 않을 것이라는 생각이 든다. 더욱 심하게 말하자면 **내**가 우주를 관측할 수 있도록 오늘 살아 있기만 하면 될 수도 있다. 그래서 나는 그 대신에 풍경을 실제로 예측 가능하게 만들 수도 있는 설명을 내놓았다. 이 점을 이해하려면 콜먼의 연구로 돌아가는 것이 도움이 된다. 학생인 프랭크 드 루치아Frank De Luccia와 함께 쓴 논문에서 콜먼은 일반상대성을 전제로 터널링 문제를 살펴보았다. 여기서는 다른 점이 두 가지 있었다. 우리 우주처럼 우주상수가 거의 0에 가까운 우주에서 출발하여 음의 우주상수를 지닌 우주로 붕괴한다면, 우주는 일반상대성이론가들이 특이점이라고 부르는 것(아마도 블랙홀과 비슷한 무엇)이 되면서 재앙으로 종말을 맞이할 것이다. 사실 나는 앞에서 콜먼이 한 농담의 뒷부분을 빠뜨렸다. 그는 '기쁨을 아는' 구조를 향한 희망을 피력한 뒤 이렇게 썼다. "기쁨을 알게 될 가능성은 지금 제거되었다."

그러나 콜먼과 드 루치아는 다른 가능성도 발견했다. 몇몇 상황에서는 여기에 중력을 집어넣으면 붕괴가 아예 일어나지 않는다는 것이다. 자연이 초대칭이라면 안정한 우주라는 조건이 충족된다는 것이 드러났다. 자연은 분명히 정확한 초대칭이 아니지만, 적절한 의미에서 근사적으로 초대칭일 수 있다. 나는 박사 후 연구원 귀도 페스투치아Guido Festuccia와 학생인 알렉스 모리스Alex Morisse와 함께 계층 문제를 논의할 때 상정했듯이 초대칭을 상정하면, 우주가 상상할 수도 없이 긴 반감기를 지닐 수 있다는 것을 보여주었다. 10^{100}은 구골이라고 한다. 반감기는 $10^{구골}$에 달할 수도 있다. 이 수를 구골플렉스라고 부른다. 내가 과학에 푹 빠진 중학생 때 처음 들었던 수다. 마침내 써먹을 기회가 생겼다.

인류원리의 원칙적인 사용이란?

이는 인류원리를 사려 깊게 사용하는 것처럼 보이는 동시에, 풍경과 그 원리를 사용할 때 도출되는 예측이기도 하다. 문제는 이 자체가 대형강입자가속기에서 초대칭을 볼 수도 있으리라는 예측이 아니라는 것이다. 그런 예측을 하려면 입력할 것이 더 많아야 한다. 우리 중 몇몇은 이 문제에 매달려 있으며, 현재로서는 어떤 답도 내놓을 수가 없다. 초대칭이 곧 출현한다고 예측할 수 있다면 정말로 대단한 일일 것이다.

답은 계층 문제 자체에 있을지도 모른다. 앞서 말했듯이, 약한 상호작용의 세기는 생명에 중요한 역할을 할 가능성이 있다. 아마도 풍경의 상태들 사이에서 이 크기를 결정하는 것이 힉스장

(그리고 본질적으로 힉스 질량)이므로, 인류원리는 낮은 우주상수뿐 아니라 작은 힉스 질량도 선택할지 모른다. 아마 작은 힉스 질량을 지닌 상태들이 더 많기에, 초대칭도 더 낮은 단계에 있는 것일 수 있다. 이런 주장이 많은 이론가에게는 설득력이 있어 보이지만, 럿거스대학교의 스콧 토머스Scott Thomas와 나는 반드시 그럴 필요는 없다고 지적했다. 암흑물질의 밀도와 같은 다른 사항들도 인류원리를 통해 선택될 가능성이 있지만, 그 방면으로 나온 논증들은 적어도 아직까지는 설득력이 적다.

풍경 관점이 해결해야 할 다른 문제들도 있다. 궁극적으로 상황이 매우 만족스럽지 못하다. 많은 물리학자들처럼 풍경 가설을 추하다거나, 뒷받침하는 증거가 없다거나, 심지어 비과학적이라는 이유로 그냥 내칠 수도 있다. 그러나 그런 태도 자체도 과학적으로 보이지는 않는다. 아직 다른 설명이 나오지 않은 질문들도 있으며, 우리는 풍경 가설을 적용하기 위해 필요한 특징들 중 적어도 일부를 지닌 이론 구조(끈이론)를 갖고 있다. 그냥 풍경 관점을 택할 수도 있지만, 현재로서는 풍경 가설에 어떤 과학적 탐구를 할 완전한 이론 틀 같은 것이 전혀 나와 있지 않으며, 사실들을 이 관점과 조화시키기가 어렵다는 점을 인정해야 한다. 나는 이 점이 몹시 불편하다.

이론물리학의 주사위 굴리기

상상할 수도 없이 큰 규모에서 상상할 수도 없이 작은 규모로 나아가면서 자연의 몇 가지 큰 의문들을 살펴보는 우리 여행은 이제 끝나가고 있다. 이 책에서 우리는 많은 도전적인 개념을 접했다. 때때로 너무 난해한 수준까지 들어가곤 했는데, 독자의 용서를 구한다. 나는 잘 이해된 우주의 특징들, 실험을 통해 잘 뒷받침되는 좋은 이론들, 설득력 있게 설명할 수 있고 실현 가능한 실험을 통해 연구한다는 희망을 품을 수 있는 이론들, 타당하거나 또는 그다지 타당하지 않은 추측의 세계에 속한 이론들을 독자에게 전달하기 위해 애썼다. 나는 앞으로 수십 년 사이에 인류가 우리의 질문 목록에 있는 많은 것들의 답을 찾아낼 것이라고 낙관한다.

특히 입자가속기는 질량의 기원과 계층 문제라는 수수께끼를 풀어낼 것이다. 물리학자들이 탐사하는 에너지가 점점 더 커지고 거리의 척도가 점점 짧아짐에 따라서, 가속기는 점점 더 커지고 비용이 늘어났다. 20세기의 4분기 내내 그런 시설은 전 세계에 극소수였다. 미국에는 롱아일랜드의 브룩헤이븐국립연구소, 시카고 인근의 페르미랩, 멘로파크의 스탠퍼드선형가속기센터가 있었다. 세계의 다른 지역을 보자면, 제네바의 유럽입자물리연구소 CERN, 도쿄에서 멀지 않은 곳의 고에너지가속기연구기구 KEK 그리고 베이징에도 가속기가 있었다.

수십 년 동안 가속기 기반 고에너지 입자물리학 연구를 이끌었던 미국은 2008년 페르미랩에 있던 마지막 대형 가속기의 가동을 멈추었다. 대형강입자가속기 LHC가 가동되고 있으므로 거기에 많은 자원을 투입하는 것은 무의미했다. 대신에 이 연구소는 유럽입자물리연구소의 미국 내 연구 중심지 중 한 곳이 되었다. 현재 세계의 입자물리학 실험은 스위스 제네바에 있는 대형강입자가속기가 주도하고 있다. 예산 측면에서 보면, 연간 약 10억 달러(공식적으로는 스위스 프랑으로 표기한다)의 예산이 드는 100억 달러 규모의 시설이다. 대형강입자가속기는 세 가지 대규모 실험을 수행한다. 더 규모가 큰 쪽인 두 실험에는 각각 약 3,000명의 인력이 참여한다. 유럽입자물리연구소는 이 사업에 가장 많은 예산을 투입하고 연구 방향을 정한다. 유럽입자물리연구소는 23개 회원국과 터키, 인도, 파키스탄을 비롯한 몇몇 준회원국의 협의체다. 미국과 러시아 연합은 옵서버로 참여한다. 미국은 사용료를 내고 장비와 인력을 현물 지원한다.

대형강입자가속기는 앞으로 적어도 20년은 운영될 것이다.

이 가속기는 측정한 특성들이 표준모형으로 예측한 값에 들어맞는지 여부를 꼼꼼히 검토하면서 힉스 보손을 점점 더 정확히 측정할 것이다. 성능을 개선하면서 초대칭을 비롯해 계층 구조에 관한 다른 가능한 설명을 찾는 일도 계속될 것이다. 그러나 물리학자들은 계속 더 큰 에너지를 갈망한다. 에너지를 10배 더 늘리면 초대칭 같은 것이 드러나리라는 주장도 있다. 현재 유럽입자물리연구소 소장인 파비올라 자노디Fabiola Gianotti는 훨씬 더 크고 더 높은 고에너지를 내는 시설을 건설할 계획을 갖고 있으며, 약 2040년까지 첫 단계를 끝낸다는 구상이다. 중국과 일본도 대규모 시설을 구상하고 있다. 이런 계획들은 모두 예산과 과학 구성원 양쪽으로 매우 국제적인 양상을 띨 것이다. 비용을 분담한다고 해도 아주 많은 예산이 들 것이며, 각국에서 다른 거대과학 사업들과 함께 예산을 따내려는 경쟁이 벌어질 것이다.

미국에서는 앞으로 몇 년 동안 중성미자를 둘러싼 의문을 푸는 쪽으로 많은 실험이 집중될 것이다. 페르미랩에서 중성미자를 생성한 뒤 사우스다코타의 홈스테이크 광산에 있는 거대한 검출기로 검출할 예정이다. 이 실험은 깊은 땅속 중성미자 실험Deep Underground Neutrino Experiment의 약자인 DUNE으로 불린다. 우리 우주의 물질과 반물질의 비대칭을 생성하는 데 중성미자가 중요한 역할을 했을 가능성을 뒷받침할 증거를 찾아낼지도 모른다.

천체물리학과 우주론 분야에서는 암흑물질의 성질을 탐사하고 암흑에너지가 정말로 우주상수인지를 밝혀내려는 관측 및 실험 연구가 계속되고 있다. 은하와 우주마이크로파배경복사 연구는 우주의 역사를 점점 더 상세히 밝혀내고 있다. 현재 몇몇 퍼즐이 남아 있다. 다양한 방식으로 파악한 우주의 나이에 관해 작긴 하지만 불일치가 지속되고 있다는 것이 한 예다. 이는 일부 실험에 전반적으로 문제가 있다는 점을 반영하는 것일 수도 있지만, 우리가 우주 역사의 어떤 요소를 놓치고 있음을 시사하는 것일 수도 있다.

나는 이론 측면에서도 많은 발전이 있으리라고 낙관한다. 지리적으로 이론 연구는 가속기 기반의 물리학과 대규모 천체물리학 및 우주 탐사보다 더 분산되어 이루어지고 있다. 미국에는 국립 연구소도 있지만, 미 전역의 대학교들에서도 많은 연구가 이루어지고 있다. 이는 어느 정도는 이론가들이 비교적 예산을 적게 잡아먹는다는 사실을 반영한다. 모든 대륙(잘 모르긴 하지만, 남극대륙을 제외하고)의 여러 나라에서 이론물리학 연구가 활발하게 이루어지고 있다.

이론 연구는 다양한 방향으로 뻗어 나간다. 이론가는 예산 부담이 적으므로 다양한 쪽으로 기웃거릴 수 있다. 하지만 순수 이론 연구든 실험의 표적이 될 만한 연구든 간에 어느 한 이론가가 유망해 보이는 개념을 떠올릴 가능성은 그리 크지 않다. 내놓은 개념이 참이면서 실험을 통해 검증되기란 훨씬 더 어려우며, 이는 극소수의 이론가만이 그러한 성취를 이룰 것이다.

현재 누군가가 하고 있거나, 앞으로 할 예정이거나, 적어도 앞으로 할 가능성이 있는 실험을 계획하거나 해석하는 일과 깊은 관련이 있는 활동을 주문할 수도 있다. 그런 연구는 실험의 개발이나 해석을 뒷받침할 이론을 제공할 수 있다. 전자는 대형강입자가속기와 앞으로 건설될 가속기에서 표준모형 과정들을 처리하는 속도를 개선하는 계산, 초대칭 같은 것들을 검출할 확률 계산을 포함한다. 현재와 미래의 실험으로 암흑물질을 직·간접적으로 검출하려고 계획한 연구도 많다. 실험에 가까운 연구는 실제 가속기 데이터를 분석하는 것이다. 특히 표준모형과 일치하지 않는 사례들을 조사하여 때로는 새로운 현상일 가능성이 있다고 보고 이에 대한 설명을 제시하고, 때로는 표준모형의 예측이 진정으로 신뢰할 만한 것인지를 판단하는 것이다. 산타크루스의 동료인 볼프강 알트만쇼퍼Wolfgang Altmannshofer는 b 쿼크를 포함한 중간자들에서 관찰되는 변칙 사례들을 집중적으로 연구하고 있다. 암흑물질 실험들에도 대체로 같은 말이 적용된다. 내 동료인 스테파노 프로푸모Stefano Profumo는 암흑물질의 다양한 모형들을 다 좋아하면서, 어떤 가능한 천체물리학적 설명을 전제하지 않은 채 암흑물질 후보를 발견하는 일에 나서야 한다고 주장한다. 내 동료인 스테파니아 고리Stefania Gori는 별난 유형의 암흑물질을 탐색할 수 있는 실험을 제안해왔다.

많은 이론가들은 더 사변적인 쪽에 관심을 기울이며, 앞서 말했듯이, 우리 질문 목록들 사이를 여기저기 들쑤시며 돌아다닐 수도 있다. 나는 중력과 양자론을 조화시키는 문제에 있어서 상당한 발전이 이루어질 것이라고 예상하며, 우주의 구조, 빅뱅의 의미, 암흑에너지의 본질을 이해하는 쪽으로 발전이 이루어질 가능성이 크다고 본다. 우리 이론가들은 특권을 지닌 사람들이다. 나는 어떤 날에는 초기 우주의 액시온 생산 문제를 연구할 수도 있다. 또 어떤 날에는 쿼크의 질량을 연구할 수도 있고, 또 다른 날에는 풍경에서 상태들의 안정성을 살펴볼 수도 있다. 연구를 위해 많은 연구비를 따와야 한다는 걱정 같은 것을 할 필요도 없으며, 다양한 연구 계획은 내 일자리의 전망이나 안전을 개선할 가능성이 크다. 그러나 내가 어느 날 흥미로우면서 타당한 가설을 찾아내고 발전시킬 가능성은 그리 크지 않다. 그런 가설이 자연에서 참임이 드러날 확률은 훨씬 더 낮다. 그래도 나는 이 길을 걸으면서 마주친 온갖 행운에 감사하는 마음이다.

감사의 말

이 책이 나오기까지 많은 이들에게 엄청난 빚을 졌다. 다년간 산타크루스에 있는 캘리포니아대학교 과학 저술 프로그램을 맡은 로버트 아이리언은 함께 커피를 마시며 핵심은 취하되 대중에게 호소력을 지니는 책으로 바꾸려면 무엇이 필요한지 일깨워주었다. 또 세 권의 걸작을 내놓은 저자로서 집필 계획과 집필 전략에 관해 폭넓게 조언해준 그레이엄 파멜로께 깊은 감사를 드린다. 더욱 고맙게도 그는 자신의 저작권 대리인인 토비 먼디까지 소개했다. 덕분에 내 집필 계획은 더욱 개선되었고, 훨씬 더 나은 초고를 쓸 수 있었다. 더튼의 담당 편집자인 스티븐 모로도 집필 계획을 살펴보고 통찰이 엿보이는 제안을 했다. 그리고 원고를 이리저리 대폭 수정하는 과정에서 길잡이가 되어주었다. 내 아이들에게도 말했지만, 그가 한 수백 건의 평은 내가 여러 해 동안 많은 논문을 비판한 업보라고 해야 할 것이다. 하지만 그 결과 훨씬 더 흥미롭고 잘 읽히는 책이 되었다고 본다.

또 이런 주제들에 관해 가르침을 주고 내 연구에 중요한 역할을 한 많은 과학자 동료들에게도 큰 빚을 졌다. 특히 이언 애플렉, 니마 아르카니하메드, 톰 뱅크스, 앤 데이비스, 사바스 디모폴로스, 윌리 피슬러, 디미트라 카라발리, 치아라 나피, 고인인 앤 넬슨, 요시 니르, 리사 랜들, 고인인 분지 사키타, 네이션 세이버그, 야엘 샤드미, 유리 셔먼, 마크 스레드니키, 레너드 서스킨드, 스콧 토머스, 에드워드 위튼에게 감사를 표하고 싶다. 또 여러 도움과 지원을 준 산타크루스의 동료들에게도 인사를 드린다. 조지 블루먼솔, 샌드라 파버, 라자 구하타쿠르타, 하워드 하버, 조엘 프리맥, 하트머트 새드로진스키, 에이브 세이던 등 많은 동료들이 과학자이자 교사로서의 내 삶에 중요한 영향을 미쳤고, 이 책의 내용에도 많은 도움을 주었다. 또 오랜 세월 연구자로 일하는 동안 내게 큰 만족과 기쁨을 주며, 과학과 의사소통 기법에 가르침을 준 여러 박사후 연구원, 대학원생, 대학생 들에게도 고맙다는 말을 전한다.

마지막으로, 가족의 사랑과 지원이 없었다면 이 모든 일은 불가능했을 것이다. 아내인 멜라니 애런, 우리 아이들 애비바, 제레미, 시프라 애런다인, 매트 피들러에게 고마움을 전한다. 이들 모두가 내가 하는 모든 일에 예리하지만 다정한 비판을 해주었고, 덕분에 나는 엄정하면서도 솔직한 태도를 유지하며 과학과 삶 양쪽 모두에서 중요한 것에 초점을 맞출 수 있었다.

역자 후기

우주는 우리의 상상을 자극한다. 밤하늘을 채운 별빛이 까마 득히 먼 곳에서 오며 이미 수억 년, 수십억 년 된 것임을 알고 있 다고 해도 그렇다. 그런데 평범한 우리 같은 사람들이 펼치는 상 상은 물리학자들이 펼치는 상상에 비하면 아무것도 아니다. 거 의 밋밋하다고 할 수 있을 수준이다.

다중우주 같은 이론들이 대중문화에 스며들면서 우리의 상상 력도 조금 풍부해졌지만, 물리학자들이 펼치는 상상 가득한 착 상 중에는 아직 대중 사이에 제대로 퍼지지 못한 것도 많다. 물 론 물리학자들은 상상이 아니라고 말하겠지만.

양자역학, 상대성이론, 끈이론 등 첨단 물리학 분야에서 탁 월한 연구 업적을 쌓아온 저자는 이 책에서 물리학자들의 생각 이 어디까지 나아가고 있는지를 설명한다. 이 책에는 갈릴레오 와 뉴턴에서부터 아인슈타인과 보어를 거쳐서 최근에 노벨상을 받은 이들에 이르기까지, 많은 물리학자들이 나온다. 그들이 어떤 일을 했으며, 그런 일들이 서로 어떻게 연결되는지를 개괄한다. 그리고 거기에서 그치지 않고 실험으로 검증하기 어려운, 아니 실험을 과연 할 수 있을지조차 장담할 수 없는 개념과 착상으로 나아간다. 기존에 관찰과 실험을 통해 쌓인 엄밀한 과학 지식과 복잡하기 그지없는 수학에 토대를 두지 않았다면, 상상의 날개를 펼친다고 보아도 무방한 영역이다.

빅뱅 이전에는 무엇이 있었을까? 우리 우주가 아닌 다른 우주들도 존재할까? 어딘가에 나와 똑같은 존재가 존재할까? 우주는 몇 차원일까? 우리가 흔히 접하는 물리학 책은 주로 빅뱅에서 시작하는 표준모형을 토대로 하고 있기에 이런 질문들은 거의 다루지 않거나, 그냥 가볍게 훑고 넘어간다.

반면에 이 책은 아예 그런 질문들에 초점을 맞춘다. 그리고 그런 연구를 하는 물리학자들이 어떤 일을 하고, 어떤 성과를 내고 있고, 어떤 계획을 세우고 있는지를 소개한다. 과학소설의 영역에 속해 있던 것들이 거의 다 첨단 물리학의 연구 대상이 되어 있다는 느낌까지 받는다. 물리학자들이 어디까지 상상의 날개를 펼치고 있는지 느껴보기를.

이한음

주

1장

1 에이브러험 페이스Abraham Pais 인용.《신은 미묘하다: 알베르트 아인슈타인의 과학과 생애Subtle Is the Lord: The Science and the Life of Albert Einstein》, 1982, reprint 2005, 14.

3장

1 유튜브에 동영상이 실려 있다. https://www.youtube.com/watch?v-Oh1pdSZQZII

2 리튬 같은 특정한 핵에는 약간의 불일치가 있다. 이것이 이런 동위원소들의 양을 제대로 계산 혹은 측정하지 못한 결과인지, 아니면 더 중요한 일이 일어남을 알려주는 것인지를 놓고 논란이 있다.

4장

1 에이브러험 페이스 인용.

2 에이브러험 페이스 인용.

3 에이브러험 페이스 인용.

4 에이브러험 페이스 인용.

5 에이브러험 페이스 인용.

6 그레이엄 파멜로는 이 제목으로 디랙의 탁월한 전기를 냈다.《가장 이상한 사람: 폴 디랙의 숨겨진 삶The Strangest Man: The Hidden Life of Paul Dirac》, 2009.

7 허수나 복소수에 친숙한 독자를 위해 말하자면, 파동함수는 사실 복소수다. 실수 부분과 허수 부분으로 이루어져 있다. 확률은 실수 부분을 제곱한 값과 허수 부분을 제곱한 값의 합이다. 여기에서 많은 기이한 효과들이 나타난다.

8 에이브러험 페이스 인용.

9 여기서 내가 슈뢰딩거의 방식을 좀 변형시키긴 했지만, 핵심은 포착했으리라고 믿는다.

5장

1 여기서는 독자가 텅 빈 공간을 움직인다고 가정한다. 도중에 산이 있다면 문제가 생길 수도 있지만, 기본 법칙의 문제는 아니다.

6장

1 나는 과학 작가 나이절 콜더가 해설하는 텔레비전 프로그램에서 약력을 우주 연금술사라고 표현한 말을 처음 들었다.

2 수명이 유달리 긴 것은 중성자와 양성자 사이에 약간의 질량 차이가 있기 때문이다.

8장

1 이는 표준모형 상호작용의 세기를 더 정확하게 측정했기 때문이기도 하고, 상호작용들의 통일이 초대칭 이론에서 훨씬 더 잘 이루어진다는 것이 알려졌기 때문이기도 하다.

9장

1 강한 상호작용 이론에서 양성자 질량과 플랑크 질량의 비율은 양성자의 질량에 양자색역학의 독특한 수의 지배를 받는 아주 작은 수를 곱한 공식으로 나타낸다. 두 쿼크가 10^{-32}cm 거리 안에 있을 때 힘의 세기를 나타낸다.

2 안정한 입자가 전혀 없다고 봄으로써 회피하는 방법도 있지만, 이는 다양한 실험 결과들과 긴장을 빚으며, 대체로 기존 사실들과 잘 들어맞지 않는 경향이 있다.

3 네이선 세이버그는 이 분야의 연구로 맥아더상, 브레이크스루상 등 여러 상을 받았다. 이미 맥아더상과 필즈상을 받은 바 있는 에드워드 위튼은 최근에 브레이크스루상과 미국물리학회의 우수연구업적상을 수상했다.

13장

1 수정은 대개 첫 번째 항보다 약 1,000배 작다. 다양한 수정이 실제로 α를 수반하며, 4π로 나누기 때문이다.

14장

1 데이비드 그로스는 한 학술대회에서 윈스턴 처칠이 제2차 세계대전 때 강조했던 말 "결코, 결코 포기하지 맙시다"를 인용하면서 바로 이 말을 했다.

2 스티븐 와인버그, 《최종이론의 꿈: 자연의 궁극적인 법칙을 찾기 위한 과학자들의 탐색Dreams of a Final Theory: The Scientist's Search for the Ultimate Laws of Nature》, 1993, Vintage, reprint 1994.

찾아보기

우주로 가는 물리학

1판 1쇄 발행 2022년 12월 28일

지은이 · 마이클 다인
옮긴이 · 이한음
펴낸이 · 주연선

(주)은행나무
04035 서울특별시 마포구 양화로11길 54
전화 · 02)3143-0651~3 ｜ 팩스 · 02)3143-0654
신고번호 · 제1997-000168호(1997. 12. 12)
www.ehbook.co.kr
ehbook@ehbook.co.kr

ISBN 979-11-6737-241-3 (03420)